心理学大全集

读心术

我知道你在想什么

张弋洋 编著

成都地图出版社

图书在版编目（CIP）数据

读心术:我知道你在想什么／张弋洋编著. -- 成都：
成都地图出版社，2019.3
（心理学大全集；1）
ISBN 978-7-5557-1108-7

Ⅰ.①读… Ⅱ.①张… Ⅲ.①心理学 – 通俗读物
Ⅳ.①B84 – 49

中国版本图书馆 CIP 数据核字（2018）第 287489 号

编　　著：张弋洋
责任编辑：游世龙
封面设计：松　雪
出版发行：成都地图出版社
地　　址：成都市龙泉驿区建设路 2 号
邮政编码：610100
电　　话：028 – 84884827　028 – 84884826（营销部）
传　　真：028 – 84884820
印　　刷：河北鹏润印刷有限公司
开　　本：880mm × 1270mm　1/32
印　　张：30
字　　数：600 千字
版　　次：2019 年 3 月第 1 版
印　　次：2019 年 3 月第 1 次印刷
定　　价：150.00 元（全五册）
书　　号：ISBN 978-7-5557-1108-7

前　言

　　美国著名心理学家艾伯特·赫拉伯恩曾提出过一个公式：信息交流的结果 =7％的语言 +38％的语调语速 +55％的表情和动作。 由此可知，人们在人际交往中，多达 93％的信息是通过非语言方式传递的，读懂和使用身体语言具有重要的意义。

　　在识别身体语言方面，美国联邦调查局（简称 FBI）的特工人员有着独到的研究和丰富的经验，他们致力于身体语言的破解工作，可以通过罪犯、恐怖分子、间谍的面部表情、手势、身体距离、姿势甚至包括服装、饰品来揭秘其真实的思想、意图和真诚度。 FBI 关于身体语言方面的知识和技能值得我们借鉴和学习，可以帮助我们更好地理解周围人的感觉、思想和意图，从而在人际交往中占据主动地位。

　　身体语言在日常生活中起着不容忽视的作用。 积极有效地运用身体语言有助于人们走向成功。 在商业谈判中，如果不懂得察言观色，读不懂对方的微表情，可能很难达成共识，到最后使谈判无法顺利进行；在面试中，积极的身体语言可能使面试者得到一份满意的工作；第一次约会时，无意识的错误举止或许会扼杀一段美满的姻缘。 身体语言就是这么神奇，它无处不在，无时不在，等待那些有心人来发掘，帮助他们走向成功。

　　本书是一本研究有关身体语言及人际交流的书籍，全面地介绍了身体语言在实际的人际交往中所起的作用。 在任何场合、任何地点，人们每时每刻都在与人交流，因此，读懂他人的身体语言，对我们取得成功至关重要。 本书可以教会读者读懂他人的身体语言，在关键时刻解除对方的心防，帮助读者找寻藏在细节里的线索，是一本人们在任何场合都能用得着的沟通指南。

2018 年 8 月

目 录
CONTENTS

第一章

读人先读心：读懂人性的心理效应

暗示效应

这天，美国某大学心理系的一位教授在课堂上向学生们郑重地介绍了一位来宾——科罗博士，说他是世界著名的化学家，已经得过很多大奖。科罗博士在大家的掌声中从皮包中拿出一个装着液体的玻璃瓶，高傲地说："这是我正在研究的一种物质，它的挥发性很强，但是对人体无害，当我拔出瓶塞，它马上会挥发出来。它气味很小，当你们闻到气味，请立刻举手示意。"

说完话，博士拿出一个秒表，计算时间，同时拔出了瓶塞。一会儿工夫，只见学生们从第一排到最后一排都依次举起了手。在课堂即将结束的时候，心理学教授告诉学生，科罗博士只是本校的一位老师假扮的，而那个瓶子里装的物质只不过是蒸馏水。

心理系的学生之所以"睁着眼睛说瞎话"，是因为受到了"科罗博士"的暗示。他暗示瓶子里装的是一种他正在研究的物质，因为挥发速度很快，加上气味很小，所以学生们就相信了，并且似乎真的闻到了某种特殊物质的气味。 人们总结发现，巧妙的暗示会在不知不觉中误导我们的判断力，对我们的思维形成一定的影响，造成我们行为的些许改变或者偏差。 在心理学中，人们将这种通过语言、行动、表情或某种特殊符号对他人的心理和行为产生影响，从而使他人接受暗示者的某一观点、意见或按暗示的方式活动的现象称为"暗示效应"。

在我们日常生活中暗示效应应用得非常普遍，每天都会有不同程度的暗示来影响着人们的思维。 例如：一道新菜上来，你提起筷子尝了一尝，发现没有什么特别的味道，但等主人详细介绍之后，你再一次品尝时却渐渐体会到了菜的新奇和特殊。 在商场购物也是同样的道理，你发现有一款新电脑上市，虽然在你看来这款电脑和其他的款式没有什么区别，软件方面也是相差无几，但是经销售员详细介绍后，你再看这款电脑就觉得它确实有与众不同之处，这就是所谓的暗示效应。

再比如，上班的时候有同事突然对你说："你今天的脸色不太好，是不是病了？"这句不经意的话起初你还不太注意，但是，慢慢地，你真的会觉得自己头重脚轻，浑身隐隐作痛，似乎自己真的病了。 最后，自己越想越不对劲，自己也越来越担心，于是就到医院做了一番检查，当权威的医生向你宣布"没病"之后，你顿时觉得浑身轻松，充满活力。 这些现象有时只在人的一念之间，虽然看起来有些不可思议，但是，这都是经常发生的事情，事实上，也大多是暗示效应在起作用。

春节联欢晚会上，赵本山、范伟等人表演的小品《卖拐》令人捧腹不已，至今为人津津乐道。小品寓意主要是讽刺那些骗人、坑人的奸商，而最让人啼笑皆非的是范伟饰演的那位买拐者，他在卖拐者逐步的心理暗示下产生了错觉，真的认为自己的腿有毛病，最后买下了那副拐。人们在啼笑皆非的同时也会说："太傻了，让人卖了，还替人家点钱呢！"但这样的愚者是否"纯属虚构"？事实上，在商家的虚假宣传中，上当受骗者不在少数。并不是说上当的人都是愚蠢的人，上当的人其实并不愚蠢，有些甚至非常精明，这些人往往是在不知不觉中上当受骗，属于非强迫性受骗。

　　所谓暗示主要是指人或环境以非常自然的方式向个体发出信息，而个体会在无意之间接受了这种信息，从而做出相应的反应，这也是一种常见的心理现象。巴甫洛夫认为：暗示是人类最简化、最典型的条件反射。暗示分自暗示与他暗示两种。

　　自暗示指的是自己使某种观念影响自己，对自己的心理施加某种影响，使情绪与意志发生作用。例如，在早上起床的时候去照镜子，这个时候有人发现自己的脸色不太好，并且觉得上眼睑浮肿，如果刚好是昨晚睡眠质量不佳，这时马上就产生不快的感觉，甚至会怀疑自己是否得了病，继而觉得自己全身无力，于是认为自己不能上班了，需到医院就医。这就是对健康不利的消极自我暗示作用。而有的人则刚好相反，当在镜子里看到自己脸色不好，由于睡眠不好而造成精神萎靡不振、眼圈发黑时，马上用理智控制自己的紧张情绪，并且暗示自己这个现象是正常的，也是暂时的，只要到户外活动活动，呼吸一下新鲜空气就会好的。于是经过调整后精神就慢慢振作起来，最后高高兴兴去工作了。这种积极的自我暗示，有利于身心健康。

他暗示指的是个体与他人交往中产生的一种心理现象，主要是他人对自己的情绪和意志发生作用。

例如在三国时期魏国曹操的部队在行军路上，由于天气炎热，加上是正午时分，士兵们都口干舌燥。曹操见此情景，思考片刻后大声对士兵说："少安毋躁，前方有梅林。"士兵一听精神大振，并且立刻口生唾液，加快步伐。

曹操巧妙地运用了"望梅止渴"的暗示，目的是用来鼓舞士气。曹操的暗示是起积极作用的，但现在有些家长、老师对孩子的暗示却是简单粗暴的消极状态，如此一来，效果自然不佳。

人总会在不知不觉中接受各种暗示，那么人为什么会出现这种状态呢？要想回答这个问题，我们必须对一个人进行决策和判断的心理过程有一个初步的了解。这一因素主要是由人格中的"自我"部分综合了个人需要和环境限制之后做出的。这样主观的决定和判断，在生活中我们称其为"主见"。一个非常"自我"的人，通常就是我们所说的"有主见""有想法"的人。但人不是万能的，没有绝对的"自我"，更没有完美的"自我"，所以"自我"并不是任何时候都是正确的，也并不总是"有主见"的。所以说"自我"的不完美以及"自我"的部分缺陷，就给外在影响留出了空间，给别人的暗示提供了机会。

暗示效应在本质上就是用别人的智慧及想法，影响或者干脆取代自己的思维和判断。 这些心理过程通常都发生在潜意识中，也就是在潜移默化中发生。 就好比刚学话的小孩子，只要大人说什么，他都会在不知不觉中模仿着。 还有一种情况就是人们也会在毫无知觉的情况下接受自己喜欢、钦佩、信任和崇拜的人的影响与暗示。 这种对于自主判断的部分放弃有很重要的意义，可以使人们能够接受智者的指导，作为不完善的"自我"的补充。 当然，这都是暗示作用积极的一面，这种积极作用的前提是一个人必须有充足的自我和一定的主见，暗示此时只能起到"自我"和"主见"补充与辅助的作用。 积极暗示对于被暗示者来说就像是如虎添翼。比如，一名运动员的成绩已经十分优秀，这时候，他非常敬佩的恩师在旁边轻轻暗示："你能行，你是最优秀的，你一定能得冠军！"正是这一暗示，激发了他全部的潜能，使他在比赛中真的得了第一。 如果没有恩师的正面暗示，也许，这名运动员的成绩就不会这么理想。

　　暗示除了有积极方面的影响，当然也会有比较消极的一方面，那就是容易受人操纵、控制，成为受害者。 在我们日常生活中，要将暗示效应的积极作用发挥得恰当得体，要远离暗示的消极作用，这样我们才能不断地进步。

标签效应

在 1972 年的时候，出现过著名的"假病人实验"，这个实验主要是由美国斯坦福大学心理学系的教授罗森汉恩博士来进行的。 当时，罗森汉恩博士招募了八个人来假扮病人，他们分别是五名男性以及三名女性，这其中包括有一位精神病学家，一位画家，一位二十多岁的研究生，一位家庭主妇，一位儿科医生，三位心理学家。 这些假病人都告诉精神病医院的医生，他们幻听严重。 除此之外，他们所有的言行完全正常，并且给问诊者的信息都是真实的，当然除了自己的姓名和职业以外。 最后，他们八人中有七人被诊断为"狂躁型抑郁症"。

当这八个假病人被关入精神病医院后，他们所有的行为表现都很正常，没有再出现幻听的情况，也没有任何其他精神病理学上的症状，但是却没有一个假病人被医护人员识破。 结果这些假病人陆陆续续要求出院时，医护人员却不肯放行。 原因是因为他们已经被贴上"精神病"的标签，医生认为这些病人的病情在不断加剧，"妄想症"越来越严重。精神病院的医护人员甚至发明了一些精神病学上的新术语来描述这些假病人的严重"病情"，假病人与人闲聊被看作是"异常交谈行为"，他们甚至认为假病人做笔记都是一种精神病病情的新发展，以至于"做笔记"被护士当作病状以"异常书写行为"记录在他们的病历中。也就是说，这些原本是没病的人，在贴上精神病标签之后，就顺理成章变成精神病患者，这就是我们所谓的标签效应。

当一个人被贴上某种标签时，他就会相应地做出自我印象管理，使自己的行为与所贴标签的内容相符。这种现象是由于被贴上标签而引起的，故称为标签效应。

通过上面的实验不难看出，罗森汉恩的研究有力地揭示了诊断标签的危险性——标签效应：一旦医护人员确立对某人的印象，认为对方患有精神分裂症，就会不自觉把他的一切行为和举止视为反常。由此可见，有的时候"病人"是没有问题的，出现问题的反而是"医生"的眼力和判断力。

心理学认为，之所以会出现标签效应，原因在于"标签"具有一定程度的导向作用，无论是"好"是"坏"，它对一个人的"个性意识的自我认同"都有强烈的影响。有的时候给一个人"贴标签"的结果，恰恰是使其向"标签"所喻示的方向发展。当然，如果你被贴上的是积极的标签，那么对你的影响就是正面的；反之，如果你被贴上一个消极的标签，那么对你的影响就是负面的。

心理学家克劳特曾做过这样一个实验：他要求一群参加实验者对慈善事业做出捐献，然后根据他们是否有捐献，分别被说成是"爱心人士"和"冷漠的人"。当然，还有一些参加实验者则没有被下这样的结论。不久以后，当实验者再次要求这些人进行捐献时，发现那些第一次捐了钱并被说成是"爱心人士"的人这次捐得更多，而那些第一次被说成是"冷漠的人"，这次捐献得更少。实验结果显而易见，如果你被贴上了好的标签，那么你会表现得更积极；如果你被贴上了不好的标签，那么结果是截然相反的。

从上面的实验中我们可以看出标签效应对生活的影响。除此之外，标签也会影响到孩子的一生。美国一位著名的棒球选手被邀请到监狱里与犯人交流，他进去后首先给犯人们讲的是自己成长的故事。在他幼年第一次玩棒球时，无意间就把父亲的牙打出了血，父亲没有责骂他，反而称赞说："孩子，你将来一定能够成为一名出色的棒球选手。"第二次玩棒球时，他又不小心把家中的窗户玻璃打碎了，父亲依然赞许道："孩子，相信你将来一定会成为世界冠军。"

棒球选手讲完这个故事后，犯人们都有所感悟，纷纷议论起来。这时，一位犯人站起来说："你的故事让我想起了小时候的经历，我们遭遇的状况相同，但唯一不同的是父亲的回答，我的父亲当时就呵斥我将来一定会成为一名罪犯。"

由此可见，在孩子成长的道路上标签效应的重要性。在学校里，有的教师对学生期望值太高，而孩子学习成绩总是不尽如人意，上课反应迟钝，思维能力较差，学习效率不高，为此常受到老师的斥责，父母也失望至极，在家宣称自己的孩子是"朽木不可雕""不是读书的料""和别家孩子没法比"。时间长了，孩子便会产生自己确实不行的感受，丧失了自信心，学习成绩一落千丈，最后任意放纵，破罐子破摔。如果当时家长采取其他方式来进行教育，不是指责孩子，而是说些鼓励的话，那么结果也许就会不一样。

现在深入探讨，假如一个孩子老是被家长说成笨孩子，那么孩子自己也肯定会怀疑自己的能力，久而久之，孩子也会逐渐失去自信，慢慢认同家长的说法；假如一位员工老是被老板责怪办事效率低，那么他也会怀疑自己的能力，从而对自己失去信心。毕竟员工不是自己的孩子，因此管理者也不会像父母那样表现出太多的语言不满。但是在实际生活中，不满的态度不一定完全是通过语言表现出来的，如果你对一个人的态度很消极，就算你闭口不言，你的行为也会深深地出卖你，有时候一个眼神、一个动作都会将你的内心世界表露无遗，而这些非语言的信号就足以给员工贴上"标签"了。

也许会有管理者说："员工又不是孩子，他们有着成熟的思维，骂他笨他真的就以为自己笨啊？我说他没前途他真的就觉得自己没前途吗？我这样责怪他，只是'激将法'，本意是想让他变得好一点的。"这样的观点似乎也有一定的道理，因为有心理学家就在研究中发现，在标签效应当中，假如贴的"标签"比较消极和反面，那么被贴"标签"的人也有可能因为心理不平衡从而产生与所贴"标签"内容完全相反方向的行动，也就是说这种"激将法"有的时候也会起到一定的推动作用。 但是，在使用激将法的时候，一定要根据被贴标签者的情况来进行判断，有的时候他们能够理解管理者的苦心，有的时候则不能理解管理者的行为，这种时候管理者就没有达到预想的结果，结果反而会适得其反。 因此，我们必须弄清楚，假如你想让负面的"标签"产生正面效应的话，则必备两个前提条件：首先，被贴"标签"者必须能够理解所贴"标签"的意义，是否是处于客观、公正的立场；其次，被贴"标签"者需要具有一定的独立性。

无论是对自己的孩子，还是对待公司标签的下属，你是否尝试过转变一下对待他们的态度呢？ 如果你的孩子被你贴上"不听话"的标签，那么他的言行在你心中真的会改变吗？ 假如你是一位领导者，在管理下属方面是否愿意反思一下自己的态度呢？ 那些被你贴上了"能力差"标签的下属，他们的行为在你眼中真的是像你想象和预计的那样吗？ 为了更好地避免这种错误的观念所带来的不良后果，在工作当中管理者最好把注意力放在员工所完成目标任务的程度上，而不要总是把眼光停留在员工的某些缺点上，毕竟每一个人都不是完美无缺的，这是一个无法避免的事实，领导者要做的就是在工作的过程中，尽量做到让员工扬长避短。

曾经有学者分别调查过高血压患者和健康人，并对其进行了对比研究，他们发现高血压患者的"生活质量"，特别是在睡眠和记忆力方面明显比健康人差。所谓生活质量是指平常的工作状况、适应程度、情绪变化、思维转换、生活满意度及社会支持等。

高血压患者"生活质量"下降的重要原因，除了疾病本身以外，还有一方面，就是标签效应。人们发现，高血压这一慢性疾病，在没有诊断出结果之前，症状并不明显，患者也没有感到不舒服。然而，一旦确诊并告之，患者便被贴上"高血压病人"的标签，那么状况就会出现，他们会立即紧张起来，并经常会有头痛、头涨，甚至手脚麻木、睡眠不良、食欲下降等种种不适的现象出现。如果遇到挫折或烦恼，症状就更突出了，并会形成恶性循环——这就是标签效应的结果，这也是标签效应的负面影响。

那么，人们如何将标签的正面影响发挥得淋漓尽致呢？又怎样合理利用标签效应来提高自己的自信心呢？一个有效的方法是，实施积极的自我暗示训练。

首先，在实施自我暗示前，必须根据自己的实际情况来设置积极的暗示语言。目的就是给自己打气，让自己重新树立自信。如"我一定行""我是最棒的""我能做得更好"等。

其次，当暗示语设置好以后，就要开始准备实施。当清晨起床之后，你站在镜子前，看着镜子中的自己，感受一下自己的状态。如果感觉自己此刻不是非常清醒，可以先暗示自己"我感觉十分精神，状态非常好！"而后，看着镜子中的自己，想象那种振奋的感觉由内而外散发出来。

最后，需要勤加练习，多结合生活实践。因为早上镜子前的自我暗示只是一个开始，如果不把积极的自我暗示与日常的学习、生活相结合，也只能是昙花一现。因此，要非常注重标签效应，要学会放大自己对成功的感受，让积极的自我暗示发挥作用。

贝尔效应

　　弗洛伦丝·查德威克是世界著名游泳选手。 在 20 世纪 50 年代初期，她想再创一项非同凡响的纪录，超越两年前只身横渡英吉利海峡的成绩。 经过慎重考虑后，她决定从卡德林那岛游向加利福尼亚。 经过精心准备，她整装待发，但是在出发的那一天海面上雾气缭绕，能见度非常低。 她在海里游了 16 个小时以后，嘴唇冻得发紫，全身不停地颤抖着，她不断向前游去， 等到精疲力竭时她抬头发现眼前白茫茫一片，四周的模糊不清让她感到深深的恐惧，她努力看，可仍看不见海滩，甚至连确保她安全的小艇也模糊不清了。 她感到失败正笼罩着自己，她犹豫了，环境的恶劣，加上茫茫大海中无法找到目标，她无法坚持下去，游了一会儿后她最终决定放弃了，她摇摇手向小艇上的人请求："把我拖上去吧，我游不动了。"

　　船上的人劝道："加油，只有 1 英尺就到了，你再坚持一下，就会成功！"全身疲乏的她听不进去劝说，她继续请求：

"还是把我拖上去吧！ 我没有力气了！"同伴们没有办法，只得把瑟瑟发抖、浑身湿透的查德威克拉上小艇。 上岸后，查德威克立刻找到了目标，原来海滩就在她的眼前。 后来，接受记者采访时，她一脸的悔色，说："如果我当时看到了海岸，就一定会坚持游完全程的，但是大雾让我失去了那次成功穿越海峡的机会。"

不久之后，查德威克认识到，自己失败的原因并不单单是大雾的阻碍，而是她自己丧失了信心。 她后来才意识到大雾不仅迷惑了她的视线，同时也迷惑了她的心灵，自己没有信心才会选择了放弃。

两个月后，查德威克调整心态再一次尝试穿越那片海域。 似乎是上天再一次开了玩笑，这次，也同样是浓雾弥漫的天气和冰冷刺骨的海水，但她咬咬牙，最终坚持了下来。心中的信念和上一次的经验指引着她不断奋力地向前游，最后，她做到了，也成功了！ 这个故事充分反映了心理学中贝尔效应的作用。 所谓贝尔效应指的是希望成功，成功的景象就会在内心形成。 只要是有了成功的信心，那么成功就有了一半把握，这是美国学者贝尔提出的。 游泳选手查德威克在两次自我能力的挑战中，信心使得她战胜了自己内心的害怕和失望，最终她征服了海峡，也征服了自己。

在现实生活中，每一个人都会有梦想，每一个人也都有实现自己梦想的可能，前提是你需要拥有实现梦想的信念。不过在实现梦想的路上，也相继会出现绊脚石，在成功的潜流里，同样会有暗礁，就像阻碍查德威克横渡海峡的迷雾。这个时候我们不能让雾迷蒙了自己的双眼，更不能被它"俘虏"。 前方一切的困难与挫折，都不能阻挡你前进的步伐，只要你坚定自己的信念，就能够越过绊脚石，躲过暗礁，除去障碍，成功就在前方。 精神的力量是巨大的，当人类有信念做支撑的时候，才能够战胜那么多的艰难困苦。 让绊脚石、暗礁都成为你走向成功的垫脚石，要知道，没有挑战就不会有成功。

曾经在一个荒无人烟的沙漠里，有一个旅行者艰难地移动着。 突如其来的沙暴使他迷失了前行的方向，同时也吹走了他装水和干粮的背包。 旅行者万念俱灰，他舔了舔干裂的嘴唇，茫然地看着混沌的天空，准备迎接死亡的来临，无意间他摸到了身上鼓起的口袋，居然还有一个青色的梨子。 旅行者惊喜地欢呼着。 他紧握梨子，独自寻找出路。 每当干渴、饥饿难耐时，他就看看攥在手中的梨子，吞吞口水，抿抿嘴唇，陡然精神倍增。 一天、两天、三天过去了，旅行者终于凭借着顽强的毅力走出了沙漠。 手中那个自始至终都未曾咬过一口的青梨，已如老人干瘪褶皱的脸，但他却像攥着宝贝般紧紧地握在手里，许多年以后他仍然保留着这枚珍贵的梨核。

可见，精神的作用是非常巨大的，旅行者坚定的精神令人称赞，但更让人惊叹的是：一个在平时微不足道的青梨居然会有如此不可思议的神奇力量支撑起人的信念，这份信念是最终成功的保障，更是托起人生大厦的坚强支柱。 人生旅途中，不会总是一切事遂人愿。 但是只要有这份信念在，就等于有了立身的法宝，信念可以说是人们希望的长河。 一旦丧失了生活的信念，那么人的生命也会迅速枯萎。 没有了信念的人就没有了生活的方向，更别说能让我们继续勇往直前。

美国纽约有一位年轻警察名叫亚瑟尔，在一次追捕行动中，他的左眼和右腿膝盖不幸被歹徒用冲锋枪射中了，伤势比较严重。 三个月后，亚瑟尔治愈出院，他从一个英俊的小伙儿，瞬间变成了又跛又瞎的残疾人。

媒体都争相报道了亚瑟尔的光荣事迹，纽约市政府和其他组织也都积极授予他许多的勋章和锦旗。 当记者问到他今后有什么打算，将如何面对自己的命运时，他坚定地答道："我只知道歹徒还没有抓到，这就是我的目标。"回答这句话时，他完好的右眼透露出一种令人战栗的愤怒之光。 此后，亚瑟尔不顾别人的劝阻，放弃优越的休养条件，多次参与抓捕那名歹徒的行动。 为此，他几乎跑遍了整个美国。 有一次，他为了一个微不足道的线索，去了欧洲。

功夫不负有心人。 9 年后，那个歹徒终于被抓获，并且得到应有的惩罚。 这主要是亚瑟尔的功劳，他又一次成为人们心目中的英雄，被媒体尊称为全美最坚强、最勇敢的人。 但是，半年后，让人感到意外的是，亚瑟尔在卧室里割腕自杀了。 人们从他的遗书中明白了他自杀的原因：这些年来，我活下去的信念就是抓住凶手，这也是我唯一的心愿……现在，伤害我的凶手已就地正法。 在那一刻，我发现自己生存的信念顿时消逝。 似乎没有什么值得留恋的事情了。 从那以后，我逐渐在意自己的伤残状况，并为此感到绝望，这是以前未曾有过的。

从亚瑟尔的案例中我们可以看出，在人的一生中，也许什么都可以缺少，一条腿、一只眼，但唯独不能缺少信念。因为在生活中，我们要想成功，要想达成自己的目标，坚定信念是必要的一个条件。如果没有了信念就没有了前进的方向，就容易迷失自我，因此，人们活着就一定要有信念，因为信念能让你更加成功，信念可以让你找到生活的勇气。

人们耳熟能详的名著有很多，相信《简·爱》也会是其中之一，这是英国作家夏洛蒂的得意之作。在夏洛蒂很小的时候，她就认为自己在文学方面很有天赋，她立志长大后要成为一名伟大的作家。中学毕业后，她便开始为自己的理想而奋斗。一次，她向父亲透露了这一想法，父亲听后却摇摇头说："写作是一条艰难的路，一般人很难成功，你还是安心教书吧。"她相信自己的才能，不为外界因素所动摇。于是，她提笔写信给当时闻名遐迩的罗伯特·骚塞。两个月后，她如愿以偿收到了回信：文学领域风险很大，你那习惯性的遐想，可能会让你思绪混乱，你不适合这个职业。这封日夜期待的信件让她伤心了好几天，即便如此，夏洛蒂仍相信自己一定会在文学方面有所作为。

从此，她开始了艰辛的创作之路，终于，她完成了让世界瞩目的长篇小说《教师》《简·爱》，成为著名的作家。在人的一生中，总潜伏着改变命运的力量。如果你满怀信心，憧憬着成功的图景，加上付出的努力与汗水，那么，你想要的"世界"最终就会出现。在生命的长河里，有可能是功成名就，也可能会是碌碌无为。这两种截然不同的人生取决于你心中是否有成功的信念！

或许通往成功的道路布满荆棘。但有的时候，成功并不像你想象的那么难，只要你拥有必胜的信念，那么成功就在你的眼前，关键看你是否好好地把握。

20 世纪 50 年代中期，一位韩国留学生到剑桥大学主修心理学。在喝下午茶的时候，剑桥大学咖啡厅或茶座总会聚集一些成功人士，这个韩国留学生经常跑去与他们聊天。他们当中有诺贝尔奖获得者，还有一些学术权威以及创造经济神话的人。这些人说话幽默风趣，举重若轻，他们大都认为自己的成功是一种自然的过程，并且是一件顺理成章的事。日子一久，韩国留学生便发现自己被国内一些成功人士欺骗了：那些人总夸大自己创业的艰辛，并且会用自己的成功经历去吓唬那些还没有取得成功的人，然后用自己的心得体会加以装饰。

通过观察，韩国留学生决定研究一些成功人士的心态，然后进行总结，找到其中的规律。不久，他将研究成果《成功并不像你想象的那么难》作为毕业论文，提交给现代经济心理学创始人威尔·布雷登教授。布雷登教授认真读后，惊喜万分。随后，布雷登给他的剑桥校友朴正熙——当时韩国政坛的权威人物写信。并在信中介绍道，"我不敢说这篇文章对你会有很大的帮助，但我确信它肯定比你的任何一个政令产生的震撼都要大"。

正如威尔·布雷登所预言的，这篇文章果然给韩国带来了巨大的效益，鼓舞了许多正在奋斗的人。传统观念认为成功与"头悬梁，锥刺股""三更灯，五更鸡""劳其筋骨，饿其体肤"有重要联系，而这篇文章却从另一个视角来告诉人们：成功不一定非要经历这些过程。 只要你对自己感兴趣的东西树立自信，坚持不懈，就会成功，因为你有足够的时间和智慧去圆满地做完一件事。 后来，这位青年也用事实证明了这一点，他顺利成为韩国泛业汽车公司的总裁。 由此可见，做任何事情都要有一个明确的目标和一个坚强的意志力，这样你才会到达胜利的彼岸，否则你将一事无成。

马蝇效应

思科是全球最大的网络解决方案供应商，企业一向奉行"员工是最大的智力资本"的行业准则，整个公司上上下下都非常重视对员工的工作回报。

思科推出了假期实习学生使用股票期权的政策，以此来吸引更多的优秀在读学生毕业后来他们公司工作。这种做法，在业界是首创。他们还规定，每位到思科的实习生可得到 500 股公司的股票期权，同时保证股票期权的认购价将于下月的董事会会议上决定。而所获股票期权将分阶段在 5 年内实现。具体做法是，工作一年后，就有购买总授予量 1/5 股票期权的权利。工作第二年，可购买的授权计量将转为逐月计算，即每多工作一个月，可购买的期权总量就增加总授予量的 1/60。对实习生而言，他们在思科的所有实习时间都将计入工作时间，也包括上课期间的实习时间。这种方法得到广泛的关注，人们越来越喜欢这种可累积的方式。尽管他们只有毕业后在思科工作才能享受这些期权，但思科的信誉是非常有保证的，公司也绝对会履行自己做出的承诺。思科的这种政策，使得学生明白了努力才能成功的道理，这些期权就会在毕业前因一次或多次分股而变成一个极为诱人的资本。

思科深深地明白，人才是高科技公司不可或缺的重要因素，而这种思想也指引着思科招到了大量的"最好、最聪明的人才"，成为网络解决方案供应领域的佼佼者。一匹非常懒惰的马，只要身上有马蝇叮咬，它也会精神抖擞，快速奔跑。而对一个公司来说，这种能使得员工像马儿一样欢快地跑起来的因素就是激励政策。也就是著名的马蝇效应。

马蝇效应来源于美国前总统林肯的一段有趣的经历。

1860 年，美国总统大选结束后几个星期，大银行家巴恩得知参议员萨蒙·蔡思是个非常有野心的人，于是他便对林肯说："你要小心萨蒙·蔡思这个人，千万别将此人选为你的内阁成员。"林肯疑惑地问："这是为什么呢？"巴恩答道："因为他说他比你伟大得多。"林肯笑笑，然后故作惊讶地问："哦！那么你知道还有谁认为自己比我还要伟大吗？"巴恩很奇怪林肯的问题，于是就问道："不知道！你为什么这样问？"林肯回答道："因为我要把他们都收入我的内阁。"

正如银行家所说，蔡思果然是个比较狂野的人物，不过，他也是个能力十足的人物。林肯非常器重他，任命他为财政部长，平时也尽量减少与他的摩擦。但是蔡思有强烈的权力欲，狂热地追求最高领导权，而且忌妒心非常强。本想做总统的他在大选中失利，随后他便期待着自己能当上国务卿。

但是，林肯却将职位给了西华德，萨蒙·蔡思只有无奈地坐在第三把交椅上。正因为如此，他恨极了林肯。

随后，蔡思的许多做法让《纽约时报》主编亨利·雷蒙特非常不满。于是，雷蒙特收集蔡思的资料，交给林肯并对他说："蔡思不满足现在的职位，他想谋求总统之职。"林肯的脸上浮起他那特有的幽默神情，说："雷蒙特，你也是来自农村的，你应该知道什么是马蝇吧？小时候，我和我兄弟在肯塔基老家的一个农场耕玉米地，我吆马，他扶犁。但是马十分懒惰，怎么抽它都是慢腾腾地移动，可有段时间它却跑得飞快，简直可与专业赛马相媲美。到了地头，我立刻寻找原因，很快就发现它身上有只非常大的马蝇，于是，我就顺手打落了马蝇。回家后，我的兄弟便责备我不该这样做，并解释说正是马蝇才让马快速奔跑的。"林肯停了停，接着说，"总统欲其实就是蔡思先生身上的马蝇，只有这种思想才能使蔡思不停地为国家工作，所以我是绝对不会打落它的。"这就是马蝇效应的来历。

麦当劳公司一直都非常重视员工的工作热情，努力为勤奋上进的年轻员工提供许多晋升的机会。根据公司的规定，年轻员工只要表现出色，不论学历背景，都可以在进入麦当劳8～14个月后成为一级助理，也就是经理的左膀右臂。如果接下来的表现仍比较突出，则会被提升为经理，正式成为白领阶层，享受丰厚待遇。在麦当劳的晋升机制中还有这样一条规定：才华横溢且工作出色的管理人员如果没有预先培养自己的接班人，那么公司则不会考虑他的升迁问题。如此一来，每个管理人员都会考虑到自己的前途和声誉，尽可能地培养接班人，并竭尽所能为新成员提供成长发展的机会。由于这样一条机制，麦当劳公司从未出现过人才紧缺、青黄不接的情况。其实，这也是马蝇效应。所以说马蝇效应在一定程度上可以带来让人意想不到的效果。

众所周知的 IBM 公司一直都在对外宣称，它寻求的是最"合适"的员工，而不是工作最优秀的员工。在"合适"这个标准中，除了工作能力要突出这个硬指标外，还包括更多的软指标，其中最为关键的是，员工必须认同 IBM 公司的核心价值观，比如成就客户、创新为上、诚信服务以及团队精神、执行能力、必胜心等。在这个大的前提下，那些个性化比较强的员工也都可以得到支持和培养。

在管理界有一个经典故事经常被人们引用，这个故事来源于新近翻译出版的 IBM 商业魔戒三部曲之《小沃森传》。1947 年，小沃森刚刚接手 IBM 销售副总裁的职位。他上任后不久，有一个中年人沮丧地来到他的办公室，递上了辞职申请，因为他原来的导师柯克和小沃森是竞争对手，他确信小沃森主政后会想方设法把他挤走。这个中年人就是曾任销售总经理的伯肯斯托克，此人才华横溢但一度受挫。听完他的讲述以后，小沃森笑着说："如果你有才华，就可以尽情地展现出来，不论是在我的领导下，还是在柯克的领导下，这并没有什么矛盾与区别。现在，如果你认为我不够公平，你可以辞职。但如果不是，你就应该留下来，因为这里有很多机会，而我也会一视同仁。"伯肯斯托克最终留了下来，并在后来为 IBM 立下了卓著功勋。后来，小沃森感叹说："在柯克死后，留下他是我最正确的做法。"事实上，小沃森不仅挽留了伯肯斯托克，同时还提拔了一批他并不喜欢但却有真才实学的人，有的还委以重任。

这个故事体现的精髓，后来构成了 IBM 企业文化的一个重要"营养来源"。如今也已经成为 IBM 人力资源工作的宗旨，那就是"吸引、激励、留住行业中最好的人才"。当然，从另外一个角度来说，伯肯斯托克也确实是 IBM 历史上一只很大、很厉害的马蝇。

名片效应

　　名片效应指的是在人际交往的过程中，如果表明自己的态度和价值观与对方相同，就能够比较容易使对方找到相互之间的相似性。

　　周经理是某公司的老板，最近公司的运营状况有些问题，资金出现周转不灵的情况，本来他是想去贷款的，但是银行驳回了他的请求。就在一筹莫展的时候，他忽然想起了邓主管。邓主管是一家大公司的管理人，此人非常富有，但是却非常吝啬，人称"铁公鸡"，有的时候简直是一毛不拔。可是眼下的情况也只有去碰碰运气了。

　　周经理经过片刻的思考后，制订出一套应对方案。之后，他与邓主管约定了见面的时间。

　　到了约定的那天，周经理特地换了一身比较廉价的衣服，又借了一双带补丁的皮鞋，然后便乘车前往。可是在车子离邓家还有 200 米时，他就下了车，然后用尽力气跑到邓主管家。当时的天气潮湿且炎热，邓主管见到满头大汗的周经理，便诧异地问道："咦，你这是怎么回事？"

"自行车半路上坏了，我怕赶不上时间，让您久等，只好推着车子跑来了。"周经理一边擦汗一边说。

"那你怎么不坐计程车呢？"邓主管继续问道。

"你不知道，我一向很小气的，坐计程车要花很多钱，我不舍得，加上我又没有私车，既然父母赐给双脚，那么，我可以在赶时间的时候，充分利用它，这样既省钱又强身。总之，我比较吝啬，也比较节省，鞋子破了都舍不得再买一双，可不像邓大主管。计程车只有你们这样的人才可以坐嘛！"周经理回答道。

周经理事先调查过邓主管没有小车。

"我也很吝啬啊，所以也没有自家的轿车。"邓主管谦逊地说。

听到这里，周经理立马接口道："不，您和我不同，您是非常节俭，而我才是小气鬼呢，您不知道，大家都在背后叫我'严监生'呢。"

"但是我以前都没听说过你是这种人，其实，我才真是被人称作小气鬼呢。"邓主管一脸的惊奇。

"哎呀！这是哪儿的话，邓主管，要知道人不吝啬的话，财富不易积累；所以，人不能太大方。我们应该小气、更小气，把钱用在刀刃上，无论如何不能浪费钱财呀。"周经理感叹道。

"你说得太对啦！"邓主管不禁一拍双腿，猛地站了起来，显然，他对周经理的话产生了深切的共鸣，立刻就有一种相见恨晚的感觉。接着，周经理就有意无意地说出了自己所遇到的困境，邓主管这一次非常慷慨，很爽快地就把钱借给了周经理。

为了尽快促成人际关系的建立，这个时候，恰当地使用"心理名片"就显得格外重要，可以说只要掌握了"心理名片"的应用艺术，那么对于人际交往以及处理人际关系都具有非常大的实用价值。

所谓名片效应指的是：要让对方接受你的观点、态度，你就要把对方与自己视为一体，在开始的时候就向对方传播一些他们所能接受和熟悉并喜欢的观点或思想，然后再慢慢进入主题，逐渐将自己的观点和思想渗透到对方内心中去，使对方产生一种印象，似乎双方的思想观点都是相近的。只要表明自己与对方的态度和价值观相同，那么就会使对方感觉到你与他有更多的相似性和共同性，从而很快缩小与你的心理距离，此后更愿与你接近，形成良好的人际关系。

既然"心理名片"如此重要，那么我们应该更好地去运用它。概括起来，主要是从以下两个方面去做：

首先，要善于捕捉对方的信息，总结并归纳出一些独特的优势劣势，在把握真实态度的前提下，进而去寻找一些积极的，你可以接受的观点，然后进行提炼，从而形成一张有效的"名片"。

其次，要学会寻找时机，能够恰到好处地向对方出示自己根据"名片"打造出的形象，得到对方的认同与感叹，只有这样，你才可以达到你的目的。

从前有一个年轻人想找一份工作，但是应聘很多家单位都被拒之门外，他感到十分沮丧与无可奈何。　几天后，他抱着最后的一线希望又来到一家公司应聘，不过不同的是，这次他在去应聘之前，先收集了该公司老总的有关资料，惊喜地发现这个公司老总以前也有与自己相似的经历，于是他如获至宝，当下想到对策。　在见到老总之后，他就与老总畅谈自己的求职经历，还有自己怀才不遇的愤慨，果不其然，他慷慨激昂的一席话博得了老总对他的赏识和同情，最后他如愿被录用为该公司的业务经理。

除此以外，还有一个真实的案例：松下幸之助是日本松下电器公司的总裁，他出身贫寒。　在年轻的时候，为了糊口，他曾到一家电器工厂去求职，但是这家工厂的人事主管看着面前衣着肮脏、身体瘦小的小伙子，觉得很不理想，于是就打发他说道：“我们现在暂不缺人，你要不一个月以后再来看看吧。”

这么委婉的推辞，人们都会明白其中的含义。　但让人意外的是，一个月后松下真的来了，而且没有任何改变，如此这样反复数次后，主管就只好对松下直接表明了自己的态度：“你穿这身脏兮兮的衣服是进不了我们工厂的，实在不好意思。”听完后，松下回去就立即借钱买了一身整齐的衣服穿上，然后继续去面试。　负责人看他如此实在，就只好说：“关于电器方面的知识，你知道得太少了，按照规定，我们还是不能要你。”没想到两个月之后，松下再次出现在人事主管面前，并且对他说：“这两个月我已经学会了不少有关电器方面的知识，您看我哪方面还有差距，我一项项来弥补。”

这位人事主管紧盯着态度诚恳的松下，考虑了许久才说道："我在这一行干了几十年，以前从来没有遇到像你这样来找工作的。我真佩服你的耐心和韧性。"松下幸之助这种不轻言放弃的精神就在主管的心目中形成了一种非常好的名片效应，后来让他如愿以偿地得到了这份工作。而松下本人最终也通过自己一步步的努力，逐渐成长为电器行业的佼佼者和日本的"经营之神"。

首因效应

　　这天，乐涛急急忙忙地赶往公司参加最后一轮的面试，当他气喘吁吁地赶到考场时，主考官王总已起身，正收拾着桌上的资料。乐涛说了句抱歉，王总抬头瞟了一眼面前的乐涛，只见他一头乱糟糟的头发下一张通红的脸，豆大的汗珠从额头上冒出，身上穿的是一件与裤子不搭的红格子衬衣。王总看到这种情况一脸狐疑地问道："你，研究生毕业？"乐涛尴尬地点头说是。

　　王总用手指了指椅子，示意他坐下。接下来，满腹疑虑的王总问了几个专业性很强的问题。乐涛让自己的心渐渐平静下来，随后有条有理地回答着。最后，王总经过再三的思考，决定录用乐涛。上班的第一天，王总就把乐涛叫到办公室，说："看到你的第一眼，我就不想录用你。你给我的第一印象实在是让人不敢恭维，姑且不说穿着，看到你满脸通红正在流汗的窘态，还有一头散乱的头发，给人不修边幅的感觉，简直不敢相信你是个研究生，我还以为一个自由散漫的社会小青年走错了地方呢。 如果不是看在你问题回答得很出色，我绝对不会录用你的。"

乐涛听了，不好意思地讲道："是这样的，在我来考场的路上，发生了一起车祸。 我帮司机把伤员抬上的士，又送去医院。 等到忙完走出医院时，我发现自己的衣服沾上了血渍。 可回家换衣服时又发现我的衣服还没干，最后在无奈的情况下，我只得穿了我弟弟的衬衫。 为赶上最后的面试，我拼命地奔跑。 接下来的情况就是一副落魄狼狈的样子……"

王总听完他的解释后恍然大悟，在夸奖他有助人为乐好品德的同时，也告诫他以后与陌生人见面要注意自己给别人的第一印象。

在我们日常交往的过程中，第一印象是非常重要的。 第一印象效应也叫首因效应，主要指的是人与人第一次交往中给人留下的印象，在对方的头脑中形成，并且占有着主导地位。 通常情况下人们第一次接触时会留下深刻的印象，并且持续较长的时间。 首因效应实际上就是第一印象对客体的社会认知产生的重要影响。

一位心理学家曾做过这样一个实验：他让两个学生都做对 30 道题中的 15 道，然后安排让学生 A 做对的题目出现在前 15 题，而让学生 B 做对的题目尽量出现在后 15 题，最后请一些被试者对两个学生进行评价：经过对比，谁更聪明一些？结果发现，多数被试者都认为学生 A 更聪明。

为官者都知道在刚上任的时候要烧好三把火，普通老百姓也都明白"下马威"的功效，我们每个人都懂得给别人留一个良好的第一印象。 从心理学的角度来讲，第一印象的获取主要是来自性别、年龄、长相、形象、姿势等各种外在信息。而通常情况下，一个人的体态和姿势、谈吐等信息会在一定程度上反映出一个人的内在素质。

在某大学刚开学的时候，一位新生前来登记报到，只见他衣冠不整，头上的帽子也歪到了一边，站在桌前报出自己名字"曹宇"时，他的左腿还不老实地抖动着制造"人造地震"。 这些都给他的班主任刘老师留下了极糟的"第一印象"。 "这个学生肯定是个调皮捣蛋、不爱学习的学生。"刘老师在心里默默地想。

于是，他非常严肃地对曹宇说："请把你的帽子戴好，整理一下衣服，腿如果没有病的话，请不要抖动！"面对曹宇这么个吊儿郎当的学生，刘老师自然是特别留意：他是不是有逃课的坏毛病？ 是不是常在班上拉帮结派、打架闹事？ 是不是不会尊敬老师？ 于是，在选班干部的时候，刘老师根本没有把曹宇纳入考虑范围之内。 过了几个月，刘老师发现这个曹宇并不像自己想象的那么坏，他既不旷课也不打架，且遵守学校纪律，有时还会热心地为班上做好事，课余时记日记、写文章，而且还在校播音室里朗诵英语作文呢！

这时，刘老师决定找曹宇谈一次话，经过一番交流后，又深入了解到：性情温和、待人有礼貌的曹宇与同学相处得十分融洽，同学们都喜欢他。 之所以在报到那天衣冠不整、歪戴帽子、左腿抖动，主要是因为他那天感冒了，而且又在长途汽车上颠簸了很长时间，头昏脑涨的。 在行车时，他把脑袋伸出窗外呕吐，为了安全起见，他就把帽檐儿拉向了一边。

在下车以后，他也忘了自己的"光辉形象"了，所以给班主任刘老师留下很差的第一印象，导致自己竟然成了老师密切"关注"的对象。

在第二个学期，鉴于曹宇的良好表现，刘老师就让他担任了班干部。最后事实证明，曹宇的确干得很出色。

假设在一开始的时候，曹宇就注重给老师一个良好的第一印象的话，那么他也就不至于成为班主任密切"关注"的对象。

首因效应就是你留给别人的第一张名片，当然，这也是一种有限效应，当很多信息结合在一起时，人们通常会更倾向于前面所获得的信息，即使留意到后面的信息，但也会认为后面的信息是偶然的，而非本质的。人们平时比较习惯于用前面的信息去解释后面的信息，虽然有的时候后面的信息与前面的信息不一致，但人们也会认同前面的信息，以此形成一个整体一致的印象。

首因效应往往表现的只是一个片面的形象，不能以偏概全。真正的形象还是需要在以后的相处中才能慢慢体现，日子久了才能更好地发挥出来。虽然首因效应在生活中发挥着非常重要的作用，但是，"路遥知马力，日久见人心"。有的时候虚假的第一印象，也有可能会蒙蔽我们的双眼，带来不可弥补的错误。《三国演义》中"凤雏"庞统当初准备效力东吴，他主动去面见孙权。可孙权见到庞统相貌丑陋，心中便有几分不悦，又见他态度傲慢，更是暗地不爽。

最后，这位惜才如命的孙仲谋就这样把与诸葛亮齐名的能人给拒绝了。虽然当时有鲁肃等人苦言相劝，但是依然改变不了结局。 其实，礼节、长相和才华是没有直接关系的，可礼贤下士的孙权依然无法摆脱第一印象给自己造成的偏见，所以才会那么执着。 由此可见，首因效应的影响有多大。 不过不得不承认的是，首因效应对人们的人际交往有着非常大的影响，如果你留给别人的第一印象好，那么你就会得到别人的好感，有的时候可能就是因为你的形象而失去了展示自我才华的机会。

投射效应

从前有一个中年人，特别喜爱旅游。他每年行走多个国家。有一次他去非洲某个国家游玩，回来后非常郁闷，他无数次地对身边的朋友抱怨道，那里的人是全世界态度最差的人：就连飞机乘务员从来也都是面无表情的，还有计程车司机的态度蛮横，让人气愤，餐厅服务员更是傲慢无礼，弄得自己游玩的心情都没有了。所到之处民风一点都不友善。后来，这位旅游爱好者在无意间看到这样一段话："世界是一面镜子，每个人都能在其中看到自己的影像。"他看后陷入了深深的沉思中，不断揣摩，最终领悟到其中的哲理，自己之所以那么厌恶这个国家，原来是他看待这个国家的角度不对。等到自己下次有机会再次去那个国家时，他想到的是先改变自己。果不其然，几年后，他再一次踏上非洲的旅程，一路上他都以微笑示人。结果这一次，他发现这个国家的乘务员、计程车司机、餐厅服务员等每个人都是面带微笑，非常友善。这就是心理学中的投射效应。这里主要指的是以己度人的思想，并且认为自己具有某种特性，他人也一定会有与自己相同的特性，从而将自己的感情、意志、特性投射到他人身上并强加于人的一种认知障碍。

要知道，世界如此宽广，并不是每一个人的爱好、兴趣、习俗都一样。自己喜欢的，别人不一定就喜欢；自己讨厌的，别人也不一定讨厌。在这种人际认知的过程中，人们常常假设他人与自己具有相同的兴趣爱好或行为习惯等，往往认为别人理所当然地知道自己心中的想法。

从前，有一个人特别喜欢吃芹菜，他便以为别人也像自己一样喜欢吃芹菜，所以不管走到哪里他都喜欢向别人推荐芹菜，认为所有的人都会像他一样喜欢芹菜，以至于沿路都闹了不少笑话。投射效应就好像是我们只能看见别人脖子后面的灰，却看不见自己脖子后面的灰。因此，投射效应能够让我们看到别人身上的缺点，但是却看不到自己身上所存在的问题。"以小人之心，度君子之腹"就很明显地反映了投射效应。投射效应容易让人们陷入主观世界，从而影响人们对客观世界的正确认知。其实，大千世界就是每个人内心的缩影，而投射效应则缩小了人们的思想视野，让一切变得狭隘起来，这样容易导致对事物的看法停留在自己的内心环境里。这就像是一个坏人的眼中所看到的全部都是坏人，而一个有着优秀品质的人，他看到的则都是人性中的闪光点。这种思想犹如井底之蛙一般，看到的天只有井口大，看到的东西也是井口大。

有一天，宋朝著名才子苏东坡与友人佛印和尚在路上偶然相遇。东坡见佛印身披黄袍袈裟，身材高大、魁梧，便想借机捉弄一番，于是走上前去，笑呵呵地对佛印说："佛印兄呀，你知道你看上去像什么吗？"佛印先是一愣，之后便傻傻地问道："东坡兄，你看我像什么？ 你说说看。"东坡摇摇折扇，慢条斯理回答道："你呀，看上去像一堆大粪。"东坡满以为佛印听后会勃然大怒，却不想佛印微微一笑，点头问道："东坡兄，你知道你看上去像什么吗？"东坡听此一问，便想佛印的目的肯定是想以其人之道，还治其人之身，于是，他忙小心地问道："那你看我像什么？"只见佛印一字一句道："东坡兄，你一袭学士长袍，满面红光，活像一尊佛啊！"说完还向东坡鞠了一躬。 东坡听完后有些丈二和尚摸不着头脑，心道这和尚是不是有毛病。 回到家后，东坡将此事与苏小妹讲起，小妹听完连声说："哥哥，你输了，你还是不如佛印！"东坡一惊，忙问："这是怎么回事？"小妹说："哥哥呀，你真糊涂！ 难道你不知道佛教里有句话叫'心中有佛，见人是佛''心中有大粪，见人是大粪'吗？"东坡顿时满面羞愧。

所以说如果你心中想的是好的，那么所表现出来的自然也是友善的；但是你心中想的是不好的，那么所表达出来的也是不好的想法。

在我们的现实生活中，投射效应主要有两种表现形式：

首先是感情投射。 认为别人的爱好、憎恶与自己相同的人，会不自觉把他人的特性纳入自己的主观世界，然后用自己的思维方式来假定别人的行为模式和自己类似。 自己非常喜欢某一样东西就会侃侃而谈，而自己不喜欢的事物则很少注意去倾听。 大千世界，肯定每一个人的想法是不同的，因此，不要随意把自己的想法强加于别人身上。

其次是认知缺乏客观性。对于自己喜欢的人或者事物，越看越觉得完美无缺；对于自己不喜欢的人或者事物，同样越看越认为是一无是处。这样一来就可能出现过分地赞扬和吹捧自己喜欢的人与事物，而过分地指责自己所讨厌的人与事物。这种现象就容易造成两极分化的趋势。

大千世界，把自己的感情投射到他人身上进行美化或者丑化，理所当然地会逐渐失去客观性，这样更加容易陷入偏见的泥潭。

投射效应的发生与情境也是密不可分的。有些人遭遇某种特定的生活事件后，各种心理特性就会产生一系列的连锁反应，这个时候会形成一个特定的心态："感时花溅泪，恨别鸟惊心。"当一个人兴奋的时候他也许看什么都觉得高兴，头脑处于持续发热状态；而当他不高兴的时候，他觉得周围的一切都是如此乏味，越想越消极。这就是投射效应的表现形式。

倘若你对某人心怀敌意，你就会觉得对方的一举一动似乎都对自己不利，以至于他拍你一下肩膀，你也会认为他在挑衅你，随口开一句玩笑，觉得他是在嘲笑你。这也可以解释生活中为什么有些微不足道的小事能够激起双方的愤怒，从而发生打架斗殴、拼个你死我活的现象。教师也经常受投射效应的影响，在盛怒之下，教师会觉得所有的学生都在和自己作对，自己被孤立起来；心情烦躁时，会发现学生总是在出错，令人气愤；但是在高兴的时候，教师又会发现学生的优点特别多，与学生相处得也格外和谐。

人们发现自己本身具有一些缺点时，为了找到心理短暂的平衡，会把这些缺点投射到别人身上，认为别人也有这种缺点，"五十步笑百步"说的也是同样的道理。如果说自己认为逃跑是一件很难堪、很耻辱的事情，但是发现他人也逃跑后，那么这种耻辱的心理就会快速减轻。这也是一种常见的自我保护措施，可以让自己的心灵得到安宁，不过如此一来就会影响到对人和事的正确判断，会让自己的认知产生严重的偏差。在现实生活中，人们也更容易见到有些人会把不好的特征投射到自己尊敬的人身上，以达到减轻自己心理压力的目的，以这样的想法"他都会这样，何况我一个无名小卒呢？"来为自己减压。

投射效应产生的影响是负面的，但是这种情况也是可以克服的，这就要求我们首先能够正确、理性地认知自己和他人，做到严以律己、宽以待人，尽可能避免用自己的标准去判断周围的人，这样才可以防止"以小人之心，度君子之腹"情况的发生。

晕轮效应

晕轮效应，又称"光环效应"，指的是人们对他人的认知与判断首先是根据个人的好恶而得出的，然后再从这个判断推论出认知对象的其他品质的现象。如果认知对象被贴上正面的标签，那么他就会被"优秀"的光圈笼罩着，并被赋予一切优良的品质；如果认知对象被贴上反面标签，那么他就会被"消极"的光圈笼罩着，他所有的品质都会被认为是恶劣的。

从前，有位养鸡人受当时政治环境的影响非常讨厌传教士。在他的印象里，绝大部分传教士都是虚伪的人，比较做作，善于伪装自己，尤其有些家伙，满口的仁义道德，背地里却两面三刀，专门干一些让人不齿的勾当。养鸡人对这些人恨之入骨，为了满足"替天行道"的正义感，他有事没事便到处散布谣言，说些中伤传教士的坏话。

一天，有两个传教士登门买鸡。养鸡人毕竟是个商人，所以他并不拒绝这单生意，于是，便让他们在偌大的鸡场里随意挑选。过了许久以后，两人却挑中了一只没毛、秃头又跛脚的公鸡。

养鸡人看后有些疑惑，便主动问道："你们为什么要买这只奇丑无比的病鸡呢？"传教士回答："我们打算为你的鸡做广告，把你的鸡放在修道院院子里，并用木板写明此鸡的来处。"养鸡人听了，急忙摇手："不行！我的鸡都肥肥壮壮、漂漂亮亮的，很少会有这种情况，这一只因为爱打架，所以才会变成这一副丑样。你们拿它对外做广告，会坏我养鸡场的名声，你们还是换换吧，哪只都比这只强。"传教士笑道："你也明白这个道理。同样，将心比心，因为我们当中有少数几个传教士行为不检点，你就四处散布谣言说所有的传教士都如此，那么，对我们来说，你这样做公平吗？"霎时，养鸡人满脸愧色。

晕轮效应最早是由美国著名心理学家爱德华·桑戴克提出的。在20世纪20年代时他发现，人们对他人的认知和判断往往都是只从局部出发，然后慢慢扩散出去，最后得出整体印象，也就是会出现以偏概全的局面。而晕轮效应所产生的知觉的品质或者特点，就会像月亮形成的光环一样，向四周弥漫扩展，最终将其他的品质和特点掩盖起来，产生一种"光环效应"。

一个人如果做出了一件非常轰动的事情，那么接下来往往也会在其他方面被这件事情的"光环"所笼罩。有的时候一个人仅仅就是因为一个微小的失误而导致一辈子都会被贴上坏人的标签。

在1961年4月12日时，人类实现了飞天的梦想。当加加林在太空飞完108分钟，按下"25"那个神秘密码以后，东方1号飞船降至700米高空，随后，加加林平安着陆。这个年轻的上尉，完成了世界上首次载人宇宙飞行，光荣地成为人类历史上第一位太空飞人。

在加加林平安落回地球的那一刻，整个世界都沸腾了起来。全世界各大电台、报纸竞相报道这位第一太空飞人。在庆功晚会上，他被安排与火箭之父罗廖夫并肩坐在一起，然后与当时的苏共中央总书记赫鲁晓夫握手，交谈，与政要名人拥抱举杯，胸前都挂满了荣誉的勋章。接下来，他的军衔很快地从上尉升到少校，顺利从茹科夫斯基军事学院毕业后，立刻又成为高等军事学院研究生。加加林的生活也发生了翻天覆地的改变，他的一举一动都备受人们的关注，连他的微笑也被人们赋予了传奇的色彩，他向后梳的发型也成为风靡一时的时尚。人们以是他的朋友为荣，以为他服务是一种骄傲，甚至觉得与他共进盛宴也是一种享受。

在这之前，加加林认为赫鲁晓夫简直是天上的神，现在，他发现自己也是如此。于是，他有些迷失了。此后，他常常无视交通法规，驾着国家赠送给他的伏尔加小轿车在街道上肆意飞驰。

有一天，他闯了红灯，还撞翻了一辆正在行驶的汽车，两辆车都破损严重。幸运的是，他和另一辆车的司机都只受了些皮外伤。当警察赶到出事地点时，一眼就认出了加加林，连忙举手行礼，并微笑地保证"追究肇事者的责任"。身边那位受害的退休老人，也发现眼前站的是加加林，于是强忍着痛赔起笑脸。随后，警察拦下一辆过路汽车，众星捧月般把加加林送上车，下一步，准备将所有的责任都记在老人身上。

加加林坐在车内，心情久久不能平静，他的脑海里总浮现着老人的苦笑和滴血的伤口，这让他幡然醒悟，原来，英雄犯的错也会让执法者是非不分；对英雄的深爱，也会让退休长者违心顶罪。加加林想到了从前，他纯朴的本性开始复苏了。他让司机迅速返回出事地点，当着警察和老人的面诚恳认错，并且主动帮老人修好车，还承担了所有的费用与责任。

人身上本没有光环，甚至上帝也是如此。光环是被其他人附加上的，一旦光芒四射，平凡人也能够成为"上帝"；如果去掉光环，上帝也会发现自己其实就是一个凡人。当你被别人公认为非常优秀与伟大的时候，你身上就有无数的闪光点，这个时候即使你犯错误，周围人也都不会觉得是你的错；但是如果你是一个平凡的人，当你有一点点瑕疵的时候，就会遭到非议，甚至会不断追究你的责任，有的时候事实本是如此。

光环效应可以大大增强人们对未知事物认识的可信度以及说服力，因此，人们在认识这一事物的过程中会有着"好者越好，差者越差"的印象。好者即使是犯再大的错误也可以当作是微不足道；普通人即使是犯一点小错误，也会被看成是严重的一件事情。

也有这样一句俗语"情人眼里出西施"，这也是一种光环效应。当然，这也是一种很普遍的心理现象：当你发现自己深爱对方时，总会特别专注、迷恋和欣赏对方的美，这种光环效应的产生也会推及对方的其他方面，以至于对方的一切都是美好的，他身上的缺点也会被当成优点来欣赏。例如，一位青年男子非常喜欢一位少女，她脸上的雀斑，在他心目中，也成了"天空中闪烁的星斗"，楚楚动人，让他迷恋不已。

从心理学的角度分析，每一个人都有无意识中迎合光环效应的习惯。打个比方说，某天你在路上突然遇到一位明星，虽然不是你的偶像，但是你会不自觉地找他签名；当朋友相聚时会热烈谈论一些成功人士，这个时候你也会自然地提出某位名人来进行比较；而且生活中有大部分人都会迎合权威，选择用权威的观点为自己佐证，有的时候即便自己的观点是正确的，也会放弃自我的主张和观点。

每一个效应都会有两面性，既有积极的一面，也有消极的一面。因此，在人际关系中，晕轮效应也有以下弊端：

第一是表面性。在我们对某个人的了解还不够深入的情况下，晕轮效应只能够让我们关注于一些外在的特征。虽然人们的个性品质与外在特征并无实质联系，但是我们却很容易通过外在的特征来判断内在的实质。

第二是遮掩性。很多时候，我们发现的事物个体特征并不能反映事物的本质，但是我们却习惯于由部分推及整体，如此下去，我们也就会得出片面的结论。人们常说的"一见钟情"往往指的是被对方的某一方面所吸引，而对方其他的方面，实际上可能并不是像自己想象中的那么优秀。

第三是弥散性。我们对一个人的整体印象如何，有的时候也会连带影响到和这个人有关的事情上。所谓"爱屋及乌""厌恶和尚，恨及袈裟"等就体现出晕轮效应的弥散性。

那么，在现实的生活中，我们应该如何克服晕轮效应的这些弊端呢？

首先，不要把自己的看法强加到对方身上。

其次，第一次和对方接触时，不要轻易下结论。

再次，不要"以貌取人"。

酸葡萄效应

在山脚下有一个葡萄园，绿色的葡萄架上，挂着一串串沉甸甸的、晶莹剔透的葡萄，紫的像玛瑙，绿的像翡翠，看上去是那么诱人。望着这些已经熟透了的葡萄，谁不想摘一串以解口馋呢？这个时候，有一只狐狸路过葡萄园，它闻香走到葡萄架下，看到这饱满的葡萄不禁垂涎三尺。但是这葡萄太高了，根本够不着啊！狐狸想了想，向后退了几步，憋足了劲，猛然跳起来，不过可惜的是，还差半尺才能够得着。狐狸安慰自己，没有关系，再来一次，这一次结果还是一样。接着反复蹦几次后效果越来越差了，距离也越来越远，狐狸折腾一番后实在是跳不动了。这时候，吹来一阵微风，葡萄上的绿叶沙沙作响，从葡萄架上飘下来几片枯叶子。

狐狸看着叶子心里不禁又在盘算着：要是能够吹下来一串葡萄就好了！于是，它仰着脖子，耐心等候，但是等了好一阵，它发现一点希望都没有，那几串挂在架上的葡萄，纹丝不动。唉！狐狸叹了口气。忽然间，它笑了起来，自己安慰自己说："那葡萄肯定是生的，所以才会这般坚固，葡萄肯定也是又酸又涩！ 哼！ 这种酸葡萄，就是白送给我，我也不吃！"最后，狐狸一脸得意地走了。 当人们达不到自己所定的目标时，就会不自觉对自己加以安慰，这就是所谓的酸葡萄效应。 也就是人们常说的"吃不到葡萄说葡萄酸"。

当人们在追求某一目标失败时，为了冲淡自己内心的不安，让自己得到短暂的平衡，往往会将目标进行贬低，聊以自慰。 或者说当别人做得比自己成功的时候，而自己却怎么也达不到那个高度，这时候自己会安慰自己，做得那么成功也未必是好事啊，现在的我才是最无忧无虑的时候，就算成功了也不能改变什么，这一现象称为"酸葡萄"效应。

酸葡萄这则寓言在世界上广为流传，而心理学中也就有了"酸葡萄心理"这个专业术语，用来解释合理化的自我安慰，它也是人类心理防卫功能最为重要的一种。

寓言中的狐狸遇到"挫折"或"心理压力"时，自己最后采取的是一种"歪曲事实"的消极方法，这样做的目的是为了取得"心理平衡"。 那么，人又何尝不是如此？ 鲁迅先生笔下的"阿 Q"就能够很好地反映出这一点。 当他在被人打时口中或心中念的一句就是"反正是儿子打老子"，于是也就把皮肉之苦给忘记了。 在现实生活中，很多人也会经常采用"阿 Q 精神"来缓解自己的压力以获取"心理平衡"。 毋庸置疑，它们确实也有着实际的意义和作用，特别是当人们认为自己对所面临的压力已经是无能为力的时候，那么适当采用这种应付方式可以避免走向极端。 当然，我们也不能够总是停留在"心理平衡"上，而应该在事后采取积极措施，尽快将问题解决掉。 当你的工作已经竭尽全力的时候，但还是没有见老板给你涨工资，这时你就会不由自主出现自我安慰的心理：比上不足比下有余，别人的工资还有比我还少的，我这算不错的了。 这样自己心里也就找到了安慰，也找到了平衡。

生活中，当我们遭受到挫折时，我们就会情不自禁地找各种理由来安慰自己。 比如说，有一位学生没有考上自己梦寐以求的名牌大学，而是仅仅考取了一所一般大学，这个时候就会在心里默默念叨说，名牌大学其实也没什么大不了，再说那里竞争太激烈了，说不定我拼命学习也跟不上，而在一般大学里学习，说不定我非常轻松地就能够名列前茅了，更何况名牌大学出来的也不一定比从这所大学毕业出去的强，我宁当鸡头也不愿当凤尾。 又比如说，有一名普通干部在竞争部门经理的时候落选了，当时心里有些失落，回家后也是闷闷不乐的，但是后来自己也想开了：职务越高，责任就会越重，那么承担起来也会更费力，如此劳心劳力会让自己身体吃不消的，还不如当个平民百姓更好，乐得逍遥自在，而且还可以有更多的时间来钻研业务和处理个人问题。 这样一想，他的情绪很快就恢复常态，不再烦恼了。

与"酸葡萄心理"相反，有的人得不到葡萄，而自己现在只有柠檬，于是就会对外宣称自己的柠檬是甜的。 这种没有承认自己达不到的目标或得不到的东西不好，却百般强调，凡是自己认定的较低的目标或自己所拥有的东西都是好的，借此来减轻内心深处的失落和痛苦的心理现象，被称为"甜柠檬"效应。

"酸葡萄"与"甜柠檬"效应在日常生活中都是十分常见的心理现象，在心理学中也是合理化作用的典型表现。当然，这两种效应都是指个人的行为不符合社会价值标准或未达到所追求的目标，为减少或免除因挫折而产生的焦虑或者烦恼，为了保持自尊，而对自己不合理的行为给予一种合理的解释，让自己能够快速接受现实。

　　在学校教育管理中，也存在"酸葡萄"与"甜柠檬"效应的合理运用。因为学校的生活、学习压力都非常大，当学生过分沉浸在由于困难或目标未竟而导致的心理不安、紧张乃至消沉的负面情绪中，教师可运用"酸葡萄"与"甜柠檬"效应，来帮助他们摆脱这种过度的焦虑带来的对身心健康的危害，这样做有利于及时调整心态，确立下一阶段的前进目标并为之努力。

　　所以说运用"酸葡萄"与"甜柠檬"效应，可以有效地缓解心理压力。不过，要注意的是，作为一种应对挫折的心理防御形式，无论是其中的"酸葡萄"效应还是"甜柠檬"效应，当学生的需要根据自己的实际情况适当地应用，这样才能减轻心理压力。

　　而作为引导学生全面发展的教育工作者也必须清醒地认识到，在大多数情况下，"酸葡萄"与"甜柠檬"效应也会引起消极的反响。一方面，它能够为学生自身所受挫折找寻借口，学生明知自己存在的缺点和问题却不能正面、理性地面对，这样做在最终结果上无助于问题的解决，有时候还会导致个体自我萎靡，随后形成不良的道德意识和行为习惯，最后悔恨不已；另一方面，这种心理也非常容易蜕化学生的奋进意识和正面看待事物的习惯，会逐步在师长和学生之间失掉信任，一旦落入恶性循环之后便很难自拔。

　　所以在教育活动中，让学生能够全面、合理地认识自我是首先要面对的问题。 其次，教师要尽可能避免这种自欺欺人的意识不断蔓延，教会学生能够养成"自我反思、自我追问"的习惯，通过对"我是谁、我能做什么"等问题进行不断自省，实现真正意义上的自我认知升华。 酸葡萄效应也是有利弊之分的，希望大家可以充分利用好。

巴纳姆效应

爱因斯坦小时候是个非常贪玩的孩子，他的母亲时常为此感到忧心忡忡。母亲的再三告诫对小爱因斯坦来说就如同耳边风，没有丝毫作用。这样的情况持续到他16岁那年的秋天才有所变化。

有一天上午，他的父亲将正要去河边钓鱼的爱因斯坦拦住，然后坐下来给他讲了一个故事，正是这个故事改变了爱因斯坦的一生。

父亲对他说："昨天我和咱们的邻居保罗大叔一起去清扫南边的一个大烟囱，那个烟囱只有踩着里面的钢筋踏梯才能上去。于是你保罗大叔就走在了前面，我就在后面跟着。最后，我们两个抓着扶手一阶一阶地终于爬上去了，等到清扫结束下来的时候，你保罗大叔依旧走在前面，而我还是跟在后面。当我们钻出烟囱的时候，就发现了一件很奇怪的事情：你保罗大叔的后背和脸上全被烟囱里的烟灰蹭黑了，样子十分滑稽，而我的身上却连一点烟灰也没有，非常干净。

"当我看见你保罗大叔的模样时，心里想我此时的状况也一定跟他一样，脸脏得像个小丑，于是我就立即到附近的小河里去洗了又洗。 而你的保罗大叔呢，他出来时看我到身上干干净净的，就以为他也和我一样是干干净净的，于是他只草草地洗了洗手就上街了。 结果，街上的人都被他的样子吓到，知道情况以后个个都笑破了肚子，还有人以为你保罗大叔是个疯子呢。"

　　听完故事的爱因斯坦也情不自禁与父亲一起大笑起来。父亲笑完后，就郑重地对他说："其实别人是不能做你的镜子的，只有自己才是自己的镜子。 拿别人做镜子，有时会闹出很多笑话。"

　　人们经常会认为一种笼统的、一般性的人格描述可以非常准确地揭示了自己的特点，心理学上将这种倾向称为"巴纳姆效应"。

　　这个效应是以一位非常受欢迎的著名魔术师肖曼·巴纳姆来命名的，他曾经在评价自己的表演时说："我的节目之所以这么受欢迎，原因是节目中包含了每个人都喜欢的成分，所以每一分钟都会有不同的人上当受骗。"

　　曾经有位心理学家专门针对这种效应做过一个实验，他首先给一群人做完明尼苏达多相人格检查表，随后就拿出两份结果让参加者判断哪一份是自己的结果。 事实上，这两份其中的一份是参加者自己的结果，而另一份则是多数人的回答平均起来的结果。 结果大多数参加者都选择后者，他们认为后者更准确地表达了自己的人格特征。

　　这项研究结果表明，人们很容易相信笼统的、常见的人格描述，并觉得特别适合自己，即使这种描述比较空洞，但是他仍然认为该描述真实反映出了自己的人格面貌。曾经有心理学家用一段概括的、几乎适用于任何人的话让大学生判断是否适合自己，结果，非常多的大学生认为这段话将自己刻画得细致入微，准确至极。

在两千多年前，古希腊人就把"认识你自己"作为铭文刻在阿波罗神庙的门柱上。时至今日，人们还是会有些遗憾地说，"认识自己"的目标距离我们仍然十分遥远。探索其原因，追求到本质上，我们不能不提到心理学上的"巴纳姆效应"。

在日常生活中，我们既不可能每时每刻想着主动去反省自己，也不可能总让自己跳出思维定律，把自己放在局外人的地位来观察自己，所以人们只能借助外界信息来认识自己，借助周围的事物来作为参照。正因如此，每个人在认识自我时都比较容易受外界信息的暗示，容易迷失在环境当中，有时会不由自主地把他人的言行作为自己行动的参照。

下面一段话是心理学家使用的材料，你觉得是否也适合你呢？

你很需要别人喜欢并尊重你。你的内心渴望被人接受，虽然有时会有自我批判的倾向，但往往无济于事。在生活中，你有许多可以成为你优势的能力没有发挥出来，同时你也有一些缺点，不过你一般情况下都可以克服它们。有的时候你与异性交往有些困难，尽管外表上显得很从容，其实你的内心焦急不安。你有时也会怀疑自己的判断力，疑惑自己所做的决定或所做的事是否正确。你喜欢生活有些变化，厌恶被人限制，喜欢在平静的湖水上有些波澜。你以自己能独立思考而自豪，如果别人的建议没有充分的证据，你将会慎重考虑后才决定接不接受。你认为在别人面前过于坦率地表露自己是不明智的，有时候会让自己吃些小亏。你有时外向、亲切、好交际，而有时则内向、谨慎、沉默。你的有些抱负往往很不现实，付出很多努力但收获不大，所以有时候自信心会受到些许打击。

这其实是一顶戴在谁头上都合适的帽子。在生活中，这种效应的典型反映是在算命过程中。

在现实中，为什么有那么多的人都会去相信算命先生的话呢？难道真有那么准确吗？其实不然，很多人在请教过算命先生后都认为算命先生说得"很准"。但事实上，那些求助算命先生的人本身就比较容易受暗示，有了这一特点后，算命先生只要察言观色，对症下药即可。当人的情绪处于低落、失意的时候，对生活失去控制感，这个时候，安全感也会相应受到影响。一个缺乏安全感的人，心理的依赖性也逐渐增强，受暗示性的可能就比平时更高。加上算命先生善于揣摩人的内心感受，只要稍微理解求助者的感受，求助者立刻会感到一种精神安慰。那么接下来算命先生再说一段一般的、无关痛痒的话便会使求助者深信不疑。

要想正确避免巴纳姆效应，客观真实地认识自己，有以下几种途径：

首先，要学会正确面对自己。有这样一道测验人的情商的题目：当一个落水昏迷的女人被救起后，她醒来发现自己一丝不挂时，这个时候，她第一个反应会是捂住什么呢？答案是尖叫一声，然后用双手捂住自己的眼睛。

从心理学上来说，这是一个典型的不愿面对自己的例子，因为一个人认识到自己有"缺陷"或者别人说自己有缺陷，那么就会想方设法把它掩盖起来，但这种掩盖实际上也像上面的落水女人一样，只是把自己的眼睛蒙上，而不会采取其他措施。所以，要认识自己，首先必须要面对自己。

其次，培养收集信息的能力和敏锐的判断力。通常很少有人会天生就拥有明智和审慎的判断力，实际上，判断力是一种在长期收集信息的基础上进行决策的能力。充足的信息对于判断的支持作用不容小视，没有相当的信息收集，人们也很难做出明智的决断。

在邓慧君编辑的《哈佛家训大全集》中有一个故事说，一个替人割草的孩子打电话给一位家庭主妇说："您好，请问您那边需要割草吗？"家庭主妇回答说："不需要了，我已有了割草工。"这个孩子继续说道："我会帮您拔掉花丛中的杂草。"家庭主妇笑着回答道："我的割草工也做了。"这孩子不依不饶，又说："我会帮您把草与走道的四周割齐。"家庭主妇说："我请的那人也已做了。谢谢你，我真的不需要新的割草工人。"孩子听后便挂了电话。孩子的哥哥在一旁说他："你不是就在她家割草打工吗？为什么还要打这个电话？有什么必要呢？"孩子带着得意的笑容说："我只是想知道我做得有多好！"

这个孩子可以说非常善于收集针对自己的信息，因此可以预见他的未来成长以及可能取得的成就，绝非一般小孩子可比。

再次，以人为镜，通过与自己身边的人比较，来充分认识自己，并且考虑到各个方面的因素。 在比较的时候，对象的选择也是相当重要的。 如果是找不如自己的人做比较，或者拿自己的缺陷与别人的优点比，都会失之偏颇。 因此，还是需要根据自己的实际情况，来选择条件差不多的人做比较，找出自己在群体中的合适位置，这样才能够较为客观地认识自己。

　　最后，从重大的成功和失败中认识自己。 因为重大的事件能够获得很丰富的经验和教训，这样也可以提供了解自己的个性、能力的信息，从中发现自己的长处与不足。 越是在成功的巅峰和失败的低谷，就越能反映一个人的真实性格。曾经有人说过，"成功时认识自己，失败时认识朋友"，这固然有一定的道理，但归根结底，我们最终需要认识的还是自己。 无论是成功时还是失败时，都应该坚持辩证的观点来看问题，不忽视长处和优点，也要认清短处与不足。

毛毛虫效应

约翰·法伯是法国著名的心理学家，他曾经做过一个家喻户晓的实验，也可以称之为"毛毛虫实验"。他首先将许多毛毛虫都放在一个花盆的边缘上，并且使它们首尾相接，围成一个圈，同时他又撒了一些毛毛虫喜欢吃的食物在离花盆非常近的地方。然后，毛毛虫就开始绕着花盆的边缘一个跟着一个，一圈一圈地走，就这样，一小时过去了，一天过去了，又一天过去了，但是这些毛毛虫依然没有改变行动轨迹，它们依然是夜以继日地绕着花盆的边缘在转圈，这样一连不停地转了七天七夜以后，毛毛虫们最终因饥饿和精疲力竭而相继死去。

在做这个实验之前，约翰·法伯曾经设想：也许这些毛毛虫很快就会厌倦单调且乏味的绕圈而转向它们比较爱吃的食物，但是令人遗憾的是，毛毛虫并没有这样做。其实，这是因为毛毛虫习惯于固守原有的本能、习惯、先例和经验才导致现在的悲剧。毛毛虫虽然付出了生命，但却没有取得任何成果。 事实上，假如在这群毛毛虫当中，有一个能够破除尾随的习惯而转向去觅食，那么就可以避免饿死。

后来，科学家把这种习惯称为"跟随者"的习惯，也就是指喜欢跟着前面的路线而行走的习惯。 而后又把因"跟随者"习惯而导致失败的现象称为"毛毛虫效应"。

因为毛毛虫习惯于固守原有的本能、习惯、先例和经验，很难更改与破除尾随习惯而转向去觅食。 这种因跟随原有路线而最后导致失败的现象被称为"毛毛虫效应"。

有一大块贫瘠的土地被美国一所著名学院的院长所继承。 不过，外人看来这块土地没有具有什么商业价值的木材，也没有矿产或其他贵重的附属物。 所以，这块土地不仅不能为这位院长带来任何收入，而且还会成为他支出的一个方面，因为他还必须得为此支付土地税。

不久以后，当地的州政府打算建造一条公路，而这条公路恰好要从这块土地上经过。 这时，有一位年轻人刚好开车经过这里，看到了这块贫瘠的土地正好位于一处山顶，他想到在这里可以观赏四周连绵几公里的美丽景色。 而他还细心留意到，这块土地上长满了一层小松树及其他树苗。

于是他就以每亩 10 美元的价格，把这块 50 亩的荒地买了下来。 然后，他开始在靠近公路的地方盖了一间非常有特色的木屋，并且附设了一间很大的餐厅。 随后在房子附近，他又建了一处加油站，方便开车来旅游的人们。

不久以后，他在公路沿线上还建造了十几间单人木屋，并且以每人每晚 3 美元的价格出租给来这里的游客。 餐厅、加油站及木屋的成本并不高，但却给他带来丰厚的利润，他一年内净赚了 15 万美元。

第二年，他又另外增建了 50 栋有三间房间的木屋，现在他把这些房子出租给附近城市的居民们，作为他们的避暑别墅，并且以每季度 150 美元的价格收取租金，居民们也非常满意。 而且建造这些木屋的材料他根本就没有花一毛钱，因为这些木材就长在他自己的土地上（但是，那位学院院长却认为这块土地毫无价值）。 另外，引人注意的是，他扩建计划的最佳广告就是这些木屋独特的外表。 因为一般很少有人会用如此原始的材料去建造房屋，他等于开创了一个先例。

故事还在继续，在距离这些木屋不到 5 公里处，这个人又以每亩 25 美元的价格买下了占地 150 亩的一处古老而荒废的农场，而卖主则认为自己赚了。

接着，他花了半年时间又建造了一座 100 米长的水坝，把一条小溪的流水引入一个占地 15 亩的湖泊，后来，他又把这个农场出售给那些想在湖边避暑的人，租金跟建房时的价格一样。 仅仅是这样简单的一转手，25 万美元轻松到手，并且这只是他计划的一部分。 让人不能想象的是，此人没有受过任何正规的"教育"，但是我们必须承认他是个极其有远见和想象力的人。

有的时候人们也很难逃脱"毛毛虫效应"的影响。 在日常生活和工作中，很多人都会因循守旧，下意识地重复原有的思考过程和行为方式。 所以，人们在思维上固有的惯性也就慢慢形成，今后在面对任何问题时，这些人也都是按照原有的思路去思考，而不愿意换个角度、转个方向去思考。

需要承认的是，使用固有的思路和方法具有相对的成熟性和稳定性，可以恰当地缩短和简化解决问题的过程，从而更加方便和快速地解决某些问题，这也是"毛毛虫效应"带给我们积极的一面。但是，要注意的是，如果人们总是用老思路去解决新出现的情况，那无疑是没有生命力的，这时候，我们需要跳出"毛毛虫效应"的影响，转换思路，改变思考问题的方式，这样有可能更好地解决我们所面对的问题，就像上面故事里的那个人一样，能够别具一格，把别人看不到的潜在价值开发出来，从而赢得非凡的成功。

有一年，市场预测表明，该年度的苹果将会供大于求。于是供应商和营销商们都灰心丧气起来，他们大多数人都认定：自己必将蒙受损失！

这个时候，有一个聪明的年轻人想出了一个绝招！他想：假如在苹果上增加一个"祝福"的功能，也就是说，只要能让苹果与众不同，可以出现表示喜庆与祝福的字样，比如"喜"字，"福"字，那么，就一定能卖个好价钱！

因此，他在苹果还未成熟的时候，就把提前剪好的纸样贴在了苹果朝阳的一面，如"喜""福""吉""寿"等。果不其然，由于阳光照不到贴了纸的地方，苹果在树上时就已经留下了痕迹——比如贴的是"寿"，苹果上也就有了清晰的"寿"字了！因为他的苹果有了这种全新的祝福功能，而这又是以前没人发现的，所以他在该年度的苹果大战中独领风骚，大赚了一笔。

转眼间，到了第二年，很多人都已经掌握诀窍，开始争相模仿起来，可是他的苹果仍然是卖得最火的，这是什么原因呢？因为这次他想到更好的点子，这一次他的苹果上不仅有

"字"，并且还可以鼓励青睐者"系列购买"。

原来情况是这样的：他首先将苹果一袋袋地装好，然后每个袋子里的苹果上的几个字总是能组成一句很甜美的祝词，比如"祝您中秋愉快""祝你们生活甜美""祝你寿比南山""工作顺利""永远怀念你"等。这一次，人们再次慕名而至，纷纷购买他的苹果，然后当成礼品送人。

面对不断变化发展的新形势，我们要想不断地跟随时代一起成长而不落在潮流的后面，就应该解禁自己的思维，让自己发挥创新精神，这样才能找到一条属于自己的道路。

第二章

言为心声：从言谈中洞察人心

幽默与自嘲的心态好

从古至今，幽默作为一门语言艺术，一直被人认为只有聪明人才能驾驭，而自嘲则是幽默的最高境界。

人际交往中，处于尴尬的情境时，用自嘲来对付窘境，不仅能很容易给自己找个台阶下，还往往会产生幽默的效果。因此，它也是一种很高明的脱身手段。

自嘲只有自信者才敢使用，因为它需要自己对自己"揭短儿"。也就是要拿自身的缺点甚至生理缺陷来"开涮"，对于自己不是遮掩、躲避，反而是把它放大、夸张、剖析，然后利用巧妙的引申发挥来自圆其说，使大家一笑置之。一般来说，没有豁达、乐观、超脱、调侃的心态和宽大胸怀的人，是办不到的。

自嘲是最安全的方法，因为不会伤害旁人。你可用它来活跃谈话气氛、消除紧张；在尴尬中自找台阶，保住面子；在公共场合获得人情味；在特殊情形下含沙射影，教训一下无理取闹之人。

抗战胜利后，张大千先生要从上海返回四川老家。临行前好友为他设宴饯行，并邀梅兰芳等人作陪。宴会伊始，张大千被邀首席而坐。张大千就说："梅先生是君子，应坐首席。我是小人，应陪末席。"梅兰芳和众人都不明其意。于是张大千解释说："有句话'君子动口，小人动手'吗？梅先生用口唱戏而我动手作画，理应请梅先生上坐。"满堂来宾为之大笑，并请他俩并排坐于首席。张大千自嘲为小人，看似自贬，然而"醉翁之意不在酒"，既体现了张大千的豁达胸怀，又创造了宽松和谐的交谈氛围。

在社交中，当你身陷尴尬处境之时，借助自嘲往往能使你从中体面地脱身。在某俱乐部举行的一次招待会上，服务员不慎将啤酒洒到一位秃顶的宾客头上。服务员吓得手足无措，全场人目瞪口呆。这位宾客却微笑着说："老弟，这种治疗方法是无效的。"在场的人闻声大笑，尴尬局面瞬间化解。这位宾客通过自嘲，既展示了自己的宽广胸怀，又维护了自我尊严、消除了耻辱感。

由此可见，恰到好处地自嘲，是一种良好修养、一种充满魅力的交际技巧。自嘲，能制造宽松和谐的交谈氛围，能使自己活得更加轻松与洒脱，使人感受到你的可爱和人情味，有时还能更有效地维护面子，构建起新的心理平衡。

以前有个姓石的学士，有一次，他骑驴不慎摔在地上，一般人一定会不知所措，可这位石学士泰然自若地站起来说："幸好我是石学士，若是瓦的，还不得摔成碎片？"一句话，引得在场的人开怀大笑，自然这石学士也在笑声中化解了自己的难堪。

由此可见，对自己的某个缺点猛烈开火，自嘲容易妙趣横生。单就这份气度和勇气，别人也不会让你孤独自笑，一般会陪你笑上几声的。

一般来讲，在人际交往的过程中，知名人士在与他人打交道时，很容易让人感到他们的架子很大。不过，也可能是因为他们的紧张和压力引起的，或者是这些人还没有摸到与普通人相处的窍门。不过，此时若能拿自己开涮，就可以很好地缓解他人的压力，还能让众人觉得你很有人情味，和普通人一样，从而让他人的心里更加舒坦。

这样的例子举不胜举，比如一些相声演员、笑星或节目主持人就常以此举赢得观众的好评。其实，在生活中能做到这点的也不乏其人。

不过，需搞清楚的是，自嘲并不是自我辱骂，也不是出自己的丑，因此在运用时要把握好分寸。力求个性化、形象性并学会适当的自嘲，往往可以让自己的话语变得妙趣横生。幽默力量能认同幽默的事物。因此真正伟大的人物不仅会笑自己，也会鼓励他人一起笑。

其实生活中不管你是知名人士还是默默无闻者，自嘲都能让你备受欢迎。大人物因自嘲可减轻妒意获得好名声，小人物可以苦中作乐，甚至可能因此一夜成名。

"我小时候长得很丑，"幽默家兼演员、导演于一身的伍迪·艾伦说，"我是到长大以后才有这副面孔的。"笑自己的缺陷和干得不好的事情，都会使你变得较有人性。如果你碰巧长得英俊或美丽，不妨换成你其他的不是，如果你认为自己真的没有什么缺点也不妨虚构一个。

如果你的特点、能力或成就引起了他人的妒忌和惧怕，那么，你可以试着去改变这些不好的看法。例如，你可以说一句妙语："人无完人，我就是最好的例子。"你以取笑自己来和他人一起笑，会博得他人的喜欢和尊敬，甚至敬佩你。

有这样一个故事：一个人对客人夸耀自己的财富："我家无所不有。"他伸出两个指头说："我所缺少的就只有太阳和月亮了。"他还未说完，家里仆人就出来说："厨房木柴已用完。"这人又多伸出一个指头，说："缺少太阳、月亮和木柴。"

小故事中的主人借自己的尴尬困境来自嘲，使得自己潇洒地从尴尬境地中解脱出来，这不仅展示了他的豁达，更表明了他良好的心态。

"我喜欢你"导致"我了解你"，进而"我相信你"。于是，你最后应做的就是信任。当别人信任你时，你就能影响他们，使他们鞭策自己去探知他们的潜能。这也正是我们在与人沟通和积极向上时的终极目标。

还有，豁达也是幽默中蕴含着的一种重要品质。遇事乐观，即使身陷囹圄也能看到希望，而不是整天对天长叹，愁眉不展，其宝贵的思维模式是"大不了就……"而不是过分认真、斤斤计较。多想自己不足，经常自我嘲笑，这就是豁达。豁达往往意味着超脱，但又没发展到虚无。所以，它仍是一种积极因素，是人性的美好体现。

说话语速传达性格密码

一般来说，一个心理健康、感情丰富的人会因环境的不同而产生不同的语速。同时，语言作为一套很复杂的音义结合系统，是一个特别的装置，也是用于思想交流的工具。人在说话的过程中，心理、感情和态度也蕴含其中。

在日常工作生活中，每个人的说话方式、语言速度都带有自己的特色。有些人天生属于慢性子，讲话慢条斯理，再急的事情，都带有自己的特色来叙述给别人听。有些人是急脾气，说话就像打机关枪，嘟嘟地说个不停，容不得旁人有插嘴的机会。然而大多数人却处于两者之间，说话语速属于中速。这些性格特征，是客观存在而且具有长期性。

现实的工作生活中，我们可以更微妙地领略语速中各种复杂心理的多变性的形成。我们可以在交谈时，从一个人的语速快慢对这些人当时的心理状态有一个很好的判断。

就大多数情况而言，讲话速度非常快的人，性格偏外向，多为张扬型。这类人口若悬河，善于采用多变化的声音顿挫，且能说善道，想到什么就说什么。 当对方与别人交往时，他们就会随声附和地说："就是这样……就是这样……"

这类人表达和他们相同的意见时，只要彼此交谈，他们的性格便会显得更加鲜明。 因此，话说到投机处，就会越发滔滔不绝地继续下个话题，好像有取之不尽的"话源"似的。有时话题变得零零碎碎，没有很多的关联性，他们仍会说个不停。

一般来说，一些为人厚道、性格内向的人讲话时速度会很慢。 这类人常会无意识地与对方保持一定的距离，而且还会用封闭式的姿势，那意味着"我不希望对方知道我的心事"以及"不想初次相见就看穿我心中所想"，当然，也就会有所保留地说话。

内向型的人对他人怀有强烈的警戒心，而且认为让对方了解自己过多是没必要的。 但是他们的内心却很温和，害怕自己的话会伤害到别人，总是经过慎重的考虑之后才开口说话，同时还担心自己的话会引起别人的敌意。

因为胆怯又容易受到伤害，而且过分担心出错或承受失败，唯有使语速变慢下来以不断地调整思维、心态，也许他们觉得这是最安全的说话方式。 会议上的发言也是如此，因为他们就像自言自语，甚至会欲言又止，不会积极主动地提出自己的建议，声音很小，而且语速缓慢。 说话时，往往不是直言不讳，总是喜欢绕圈子，听的人也会感到焦躁不安。 这类人即便是被问到也不会有确切的回应。

同时，语速还是一个人说话时心理状况的微妙反应。 只要平时我们对别人的语速稍加留意一下，对方内心的变化就会很容易被发现。 如果一个人平时伶牙俐齿、口若悬河，当他面对某个人时，却突然变得吞吞吐吐、反应迟钝。 在这个时候一定有事情没有和对方讲，或者做了亏心事，显得很没底气。

然而，当有些人遇到言语犀利、见解独到、语气咄咄逼人的人时，或缄口沉默，或支吾其词，一副笨嘴拙舌、口讷语迟的样子，很可能这个人心里感到自卑和害怕，对自己没有信心，也可能被对方一语击中，一时难以反驳。 出现此类窘境，会对自身能力的发挥有阻碍，也使对方气焰大增。

实际生活中，大家或许通过各种方式观看过辩论赛，或许当过辩手感受过辩论中的紧张气氛。 从中我们不难发现，每个辩手的语速都超快，尽可能快速且流利地表达自己的观点。 如果能够在语速上胜过对手，不仅可以使对手锐气大减，也能使自己信心倍增。

另外，控制语速可以调节心气。 美国经营心理学家欧廉·尤里斯教授曾提出过令人心境平和的原则是："首先降低声音，继而放慢语速，最后向前挺直胸。"降低声音，因为声音是自身的感情的催化剂，从而冲动时会表现得更加强烈，造成不应有的后果。 放慢语速，因为个人感情被掺入进来，语速就会随之变快，说话音调变高，容易引起冲动。 因为情绪激动、语调激烈的人通常都是胸前倾，一旦胸部挺直，紧张的气氛也被淡化；而当身体前倾时，把自己的脸向对方靠近，这种讲话姿势为他人营造的是紧张的氛围，这样只会徒增愤怒。

通过语气寻找内心想法

无论你在哪个地方讲话，都要采用相应的语言，心情要控制好，这样才能处理好各种关系。因此，语言的表达和语气密切相关，而语气比语言更带有个人感情色彩。一个人的心态和精神状况，对语气所表达的感情色彩浓淡有直接影响。谈话者会下意识地通过对发音器官的控制和使用，使语气有所不同。所以，从人们下意识所带出的语气能透视出一个人的性格特点和内心想法。

坚强者刚毅

这类人多固有原则，秉持公正，是非分明。可因为过于强烈的原则性让人觉得没有商量的余地，而显得不善变通、太过执拗。不过，他们还是会因秉持公正而得到别人的尊敬。他们在谈论他人的价值时，不会掺杂进自己的个人恩怨，能够做到公正无私。

严厉者尖锐

这类人讲话犀利，善于争辩。谈话时，他们一旦抓住对方讲话的"小辫子"就会不留情面地攻击，让对方哑口无言。但因为过于着急地想找出对方弱点，他们往往忽略从总体上把握问题的关键，从而因小失大。

深沉者凝重

这类人才华横溢、言辞隽永，对人情世故有深刻而准确的理解，具有很强的责任意识，比较可靠。但因为复杂的人际关系，这类人常不会受到重用，抱负难以施展。

和气者柔声

大多此类型的男性忠实厚道、胸怀宽广，有一定的宽容和忍耐力，能够广泛听取他人的意见和建议，但同时又有自己独到的见解。他们具有同情心，常关心和谅解他人。而大多此类型的女性比较温柔善良、善解人意，但有时候因多愁善感而会被看成软弱的代表。

细气者轻声

这类人为人处世较小心谨慎，他们具备较强的文化修养，谈吐优雅，而且总是给人以谦逊的感觉。一般情况下，他们对他人都很尊重，所以反过来他们也会得到他人的尊重。他们很大度，从不刻意地为难、责怪他人。而是喜欢尝试各种途径，不断地缩短与他人之间的距离，以防止一些不必要的麻烦产生。

谈话特征告诉你他人心理

大多数情况下，一个人的谈话特征是这个人本性的反映。

出口没有多余的话

这类人虽然句句出口成章，但句句无赘词，交谈中总占据话题中心。 这种人并不多见，他们不会胡乱批评别人，出口的废话很少。 通常情况下，这类人头脑灵活，具有较强的工作能力。

经常边说边笑的人

喜欢边说边笑的这类人性格多开朗大方，对生活并没有苛刻的要求，很注意"知足常乐"。 而且，他们极有人情味，有极好的人缘，这是他们开拓自己的事业具有的极好条件。

频繁转移视线

与别人交谈时，表面上看起来不重视对方，其实他在暗暗地观察对方，盘算如何还击。 假设这种移开视线的动作是在交谈的过程中发生的，那就表示听者觉得疲惫，没有继续听下去的想法。 如若遇到这种情况，你应趁早终止谈话，定好时间再聊。 而且双方在交谈时，视线难免会相遇，如果对方在此时急忙躲闪，那就该做下面的判断：听者的心里有难言之隐，或是有意隐瞒什么；急急避开视线，表示害怕你察觉到他的心事；或者是听者的性格懦弱，不敢直视对方等。 当双方的视线相碰的时候，勇敢注视对方的这类人大多是刚强正直的人，以诚待人，不会耍弄诡计，意志和自尊心很强。

说话时一直盯着对方

这类人有较强的支配欲望，而多数情况下他们确实有自己的优势。 因此，只要有机会，他们便会向别人展示自己。通常这类人具有良好的人际关系，而且只要定下目标就一定会努力去完成它。

频繁眨眼

交谈中不断地眨眼，一般都是有同情心的人，能认真听别人说话，尽其所能地去帮助别人。 如果在谈话中，眼珠滴溜溜地转动不停，而且成为一种习惯，这类人不能够集中精神听讲，而且他们的心情明暗不定，听不出对方话中的意思。如果在交谈的时候，目不转睛地盯住对方，这类人是想让他的主张、意见得到他人的赞同，而且对自己的信心十足，对所谈之事寄予厚望。

自己暴露优点和缺点

　　一般人都不会把自己的长短之处露在外面，并唠叨个不停。 可是，世上就有冲着别人猛说自己长短的人。 从心理学上来讲，大多数诚实的人，绝不会动不动就掀开自己的"底牌"，让别人瞧个够。 而轻易地就把自己的长处和短处公之于众，一般人都不屑这样做。 这类人做事向来没有原则，很容易见异思迁。 也要留心他们对上司、公司的忠诚度。 而且这类人的心胸狭窄，常因一些小事与他人吵得不可开交。

用打招呼时的特征分析他人心理

如果你在大街上走着，忽然看到前方出现一位自己的老熟人，你接下来会做什么？你选择上前和他打招呼，还是避开他，换一条道走开。

其实，生活中与人交往，打招呼后给人留的印象，直接影响他人对你的评判。有时候，即使是看上去简单的打招呼，也是我们了解别人内心的大好时机。

见面握手时体现的心理特征

无论是舞会还是公共场合，频频与生人握手打招呼者，即表示此人有非常旺盛的自我表现欲。握手的时候，掌心出汗的人，大多数是因为情绪激动，内心失去平衡。握手的时候，如果视线一直不离开对方，其目的是要使对方心里有挫败感。

和对方面对面也总是不打招呼的人

这种情况可能是他们非常繁忙，连走路时也在思考。有时候遇到熟人，仓促间忘记对方的名字了，只好把头一低继续赶路。

喜欢转移目光的人

这类人胆小怕事，害怕见到陌生人和进入陌生的环境，且自卑感很强，为人处世没有自信，优柔寡断。他们喜欢轻松、诙谐的打招呼方式，这样恐惧、紧张和防备的心理也就会消失，以便继续顺利交往下去。

喜欢与对方目光正面相对的人

直视对方的人在与人相处时常带有攻击的动力，想通过打招呼来探对方虚实，并暗自思量如何让对方落下风，使自己的气势胜过对方。同时，也表示对别人的戒心和防卫之心。

女孩喜欢放"烟幕弹"

女孩子对异性产生好感的时候，常不会直视对方，即使与对方撞在一起，她们也会迅速转移自己的视线。这时她们其实只是放了一种烟幕弹，是在用反其道而行之的方法。

喜欢后退的人

打招呼时，会故意向后退步的人，或许自以为是礼貌或是谦让。但别人却会认为他们是有意拒绝自己，刻意保持距离。之所以出现有意识地后退的现象，也许是由于他们的防卫和警戒心理，与人相处的顾忌、恐惧等。或者想通过这种让步空间的方式表达谦虚，进而促进或加深交往关系。

喜欢另辟蹊径的人

这类人很远的距离遇见熟人，不但不上前去打招呼，反而向左或向右走去，甚至转身往回走。出现这种情况是因为心虚，他们肯定有事瞒着对方。还有一种原因是那个熟人令他厌恶透顶，一点也不想搭理对方，甚至对方从旁经过也如此。

多种称呼，亲疏有别

日常生活中，人们的称呼方式有许多种。比如说，已婚妇女会称自己的丈夫"我们家那口子""我丈夫""我先生""孩子他爸""××（名字）"等等。从这些称呼可得知夫妇间的亲密程度，而日常的人与人相处过程中，通过人们对彼此的称呼也可以揣测出双方心理之间的距离。

称呼"您"

在演讲或其他场合里，听讲的人往往会记住讲师的名字，称之为"××先生"。而讲师对听众的面孔短时间内并不能认清，通常用"那位先生""您"等称呼。"您"固然表达自己对对方的尊敬，但是用语冷淡，使人觉得很疏远。

称呼"××先生"或"××科长"等

"××先生"以及"科长""部长"的称呼，在上下级关系的交往中很常见。 称呼对方时加上头衔，使对方的地位得到了重视，也表达赞许之意，因为这样会让对方觉得很高兴。 也有人想以此证明自己难以抗拒的权力和权威。

可大多数情况下，虽然当面以"科长""处长""主任"等官衔称呼，背后同事、部下之间却更多叫上司的"外号"。本来很可怕的上司，一旦给起了动物或卡通人物的名字，瞬时显得可爱一些，这比称"××科长"更显得亲近，称呼起了很大的作用。 同事或同等关系的人们在交往中，若仍用"先生"称呼彼此，在公司外面见到的时候仍用敬语，就表示他们心中仍有隔阂。

用"那个"等指示代词称呼对方名字

有的男人会常这样称呼与自己长年相伴的妻子。 这些男人大多为腼腆性格，不善于表达情感。 此外，有人提及自己家人的时候，不说"我先生""我的小女儿"，而是叫"孩子他爸""妹妹"，即与在家时采用相同称谓，这种女人做任何事都把家庭放在首位，乐于充当贤妻良母的角色。 称呼也是人与人关系的反映。 如果某人想亲近对方，常会将称呼有所改变，以便使亲近感加深。 因此由称呼的改变，我们可以了解对方心理的改变。

直呼其名

有些女性称自己恋人的"××（名字）先生"，由女性心理可知，这表明两人关系介于朋友和恋人之间。 伴随两人的关系逐步加深，最开始称作"××先生"的人，可改称为"小×"，之后关系更深厚时，就直呼名字。不仅恋人之间这样，在日常生活中，其他关系的人之间也是如此。比如说，对第一次到店的顾客，店员会称之为"顾客先生"，而如果顾客对商店满意，常会来此店做客的话，店员也渐渐熟悉了客人的情况，就会将他们的名字记下。"顾客先生"和"××先生"相比，后者在心理上的距离更小，话题也更加向私人化的内容靠拢，亲近感逐步加深。初次见面就会叫对方姓名的人，有不单单拿对方当成交往对象，而想当成特定的个人来认识交往的心理，可以看作有好感的体现。

称呼"小×"

姓前面加"小"字是很普遍的叫法。关系密切的人会称呼"小李""小王"什么的。人与人越亲密，说话也就越随便，由开始的"××先生"慢慢变为"小×"，最终变为爱称。虽然不再是年轻时的样子了，但还被人叫作"小×"的人，是由于他身上具有很强的亲和力。

此外还有用姓名取代对对方的官称，是有和对方保持亲密的关系的目的。谈话之中突然叫对方名字的人，是想和对方接近、缩小心理上的距离。由对姓的称呼改为对名的称呼是为了和对方变得更亲密。

称高于自己身份地位的人为"你""××先生"的人，心里实际是想和对方一样受到平等的待遇。称对方为"你小子"或"你这家伙"的人，是想进一步发展与对方的友谊或是潜意识里想要和对方建立保护与被保护关系。

另外，在交际场合中，我们还能通过别人的自我称呼来了解他们的品性。 在工作场合中，使用"敝人"称呼自己很恰当。 但是在个人谈话中也刻意这样使用，就显得过于迂腐，像是在宣告自己已是个成年人。 有这样的自我称呼的人是希望别人看重自己，但是弄巧成拙，反而让人觉得很幼稚。

第三章

手势动作：从举手投足读懂人心

拇指动作要留心

在日常生活中，一个人竖大拇指的动作很常见。大拇指是权威的象征，代表力量和自我，所以与大拇指有关的肢体语言常是寓意强势和超强的自信以及带有侵略色彩的勃勃野心。关于拇指最常见的手势就是向上或向下竖立。

向上竖大拇指大多是表示自己对某人的话或某件事表示认同和赞赏，或者是表示对他人的感谢，或者表示已经把事办妥。比如，篮球比赛场中裁判一手拿球一手竖大拇指就表达的是一切准备好之后可以开始比赛了。准备就绪的含义来源于飞机驾驶员，因为在飞机升空待发时，引擎发出的巨大声响使得驾驶员无法和地勤人员交流，于是他们用竖起大拇指的方式表达：我已经准备好了。

众多的肢体语言之中，拇指动作属于二级语言，通常以配合其他动作的方式来表达含义。有自信心的人常常爱使用这种手势来展示自己的独特。向自己感兴趣的人伸大拇指表示乐意进一步交往。

有的时候，人们手插在口袋里时，大拇指会露在外面。这种动作表面上看是要把自己的优势或权利隐藏起来，实际上体现出来的恰恰是自己信心十足。无论男女，很多人都会不经意间做出这样的举动。除了一些崇尚流行的年轻人喜欢这样表示自己的随意和自信之外，大部分人尝试此动作是想彰显自己一种异于常人的自信和优越。

　　双臂交叉抱于胸前也是常见的姿势。双手放在腋下，双手拇指却露在外面，这个动作包含了两层含义：抱臂交叉表明自己的戒备心理很强或对事物持否定态度，外露拇指则能体现自己的优越心理。保持这种姿势的人常会在说话时不断地摇动手指，虽然采用的是防御性的姿态，但他的内心在晃动的手指中体现得很清晰——我非常自信，我很优秀。如果是站立的话，这种人往往还会把脚跟做轴心，摆动身体。

　　除了这些，人们有时还会拿拇指指向某人，这表示的是嘲讽或者奚落的不敬想法。例如，一个男人向朋友诉苦，如果用拇指指着自己的妻子，然后说出自己的抱怨，那表示的就是对妻子的一种不满和牢骚。如果在指向别人同时晃动自己的拇指，大多是想发泄自己的不满情绪。这种手势男性比女性更常用，但有些时候，女性也用拇指来对自己讨厌的人指指点点。

手指小动作反映大问题

除了上面提到的大拇指之外，也应留意其他的手指动作。

（1）向上伸食指。中国人向上伸食指，并没有特别的含义，大都代表数目，也就是"一"的意思。在吃饭的时候，伸出食指大体上是要再添菜之类的请求。用食指指着别人的时候只是想要对自己特别强调一下。

（2）伸出弯曲的食指。英美人常以此手势招呼别人向自己这边来，在非正式的场合下被经常用到。正式场合下应避免这种动作的使用，因为这很不尊重对方。

（3）向上伸中指。罗马人"轻浮的手指"为中指，事实上也是如此，单独伸出中指的手势多指不好的意思，甚至是一种侮辱，被大多数人看作是一种下流的行为。如果一个人向你伸出了中指，表明此人非常不满意你的言行举止，并含有挑衅的意味。

（4）向上伸小指。孩子之间常用此手势示意对方弱小，很差劲，是倒数第一，含有"轻蔑"的意思。在日常生活中，如果一个人表达对别人的看法用这个手势，那就说明这个人对对方的行为看不惯，并抱有成见。

（5）大拇指和食指搭成圆圈之后，再将中指、无名指和小指伸直。美英等西方国家常用这种手势，表示"同意""赞扬"，是"OK"之意。做这种手势表达对别人的赞同。

（6）伸出食指和中指，呈 V 字形。人们常会在日常生活中使用此手势，表示"胜利"的意思，喜欢做这个手势的人生性乐观、活力十足，诚实地表达自己对事物的看法。

与人交谈时，手指的动作常是一个人内心的反映。有些伸指的姿势最容易引发听话人的反感。将其他手指合拢，一根手指突出在外，这根手指似乎积聚了全手掌的力量，在指向对方的时候，给人胁迫之感。如果一个人总是喜欢用这样的姿势指着别人说话，那就说明他攻击性很强，在为人处世上处于强势。和这类人交往要避免发生冲突。

如果自己有这样的习惯，并且暂时无法适应其他手势的话，可以尝试对这种令人生厌的手势进行改良。可以在握拳后使伸向上方的手指弯曲，然后顶住大拇指指尖，做类似于一个"OK"的手势。这种手势给人亲切温和的感觉，显得文雅有礼，而且不会给人"咄咄逼人"的感觉。

揉搓拇指和食指指尖通常是人们表示钱的动作，是为了索取或跟人借钱之意。一些在商场或大街上叫卖的销售人员常会这样做；还有的人向朋友借钱，也会做同样的动作。

手指这种小动作，多数人根本不放在心上，如此细微的举动，谁会留意到呢？ 但实际上，越细微的东西越能反映大的问题。 也许，当你伸出手指的时候，已经被别人发现了你内心的想法。 你的人格以及习惯性的思维在无意间的小动作上体现出来了。 所以，一定不能忽视手指的细微动作，因为手指一经伸出，心思也许已被别人看穿了。

不同手势展示不同寓意

　　不同的手势寓意也不同，通过这些特定的手势能看出不同的人格特征来。我们在人际交往中留意这些手势会对别人了解得更加深入。不同的手势代表着不同的心情和内心想法。看懂这些手势之后其手势背后的真实内心独白也就随之揭开了。接下来我们从几个手势来分析一下，看看人们的心理活动是什么。

　　紧握双手

　　紧握双手的三种常见姿势：

　　（1）双手举到头部之后，握紧。

　　（2）双臂置于桌子或膝盖上面，手肘支撑，握紧双手。

　　（3）站立后在小腹前握紧双手。

　　这三种姿势反映了不同的心理内容。双手位置的高低与人的心理挫败感密切相关。例如，某人将双手放在身体的中部位置，或双手抬得很高并紧握，这时要想与他有进一步的沟通是非常困难的。 而双手放在身体的下部，也就是上面提及的第三种姿势，这种姿势交流起来会容易一些，在此状态下，彼此间需要用一些小动作来化解紧张的气氛。

伊丽莎白女王接受皇室访问或者是公众活动时最经常使用的手势是握紧双手，优雅地放在膝盖上。 由于名人的影响，人们往往觉得这个动作意味着自信从容。 其实这个手势大多数时候体现的心理是拘谨、焦虑。 谈判专家尼伦博格和卡莱罗曾研究调查过这个手势，他们发现如果一个人在谈判中使用了这个手势，那表明这个人受到了挫败，他心中各种消极的情绪已开始蔓延。 因此通常情况来说，人们觉察出自己讲话中缺少说服力或者是认为自己已经处于下风的时候便常做出双手紧握的动作。 紧握的双手和交叉的双臂一样，都会表达一种拒绝的态度。

尖塔形手势

尖塔形手势，也就是一只手的指尖来轻触另一只手的指尖，形成一个尖塔形的手势，通过指尖黏合在一起的双手向内压或向外张，也是同样的含义。 这种手势有两种：举起的尖塔和放下的尖塔。 大多数情况下，人们在表达自己的意见或讲话时会使用举起的尖塔，而在聆听别人讲话时会用放下的尖塔。

这种手势在上下级间的谈话中出现，代表着自信，这种手势表明他们胸有成竹、自信满满。 上级对下级进行指导或提建议时大都采用这种手势，会计、律师或管理工作者常以此体现他们的身份和自信的态度。

还有一种情况值得注意，当你正在向别人陈述自己的观点的时候，多数人由一只手掌摊开、身体前倾、点头等动作表达对你的肯定，但是突然有人摆出了尖塔形手势，这时你就应该小心谨慎地进行处理，因为此时他可能正在考虑你语言中的某些错误之处。 在观察别人的手势的时候，不要单单只去分析对方的内心，还应当结合当时的环境和说话人的语气、表情等各种要素，这些细节往往是决定成败的关键。

把手放在背后

如果你仔细观察就会发现，大街上巡逻的警察，在操场上巡视的校长，检阅部队的高级军官以及位高权重人士通常习惯将手背后。 无论从前面看还是后面看，都会让人觉得权威至高无上，彰显着他的自信、力量和显赫的权力。 做这种姿势的人通常会将身体较为脆弱，易受攻击的部位如心脏、胃部、咽喉等暴露在外，以炫耀自己过人的胆识和勇气。 这些人大部分会将自己的身板挺直，使自己在别人眼中留下高大的形象，以突出自己的自信和权威。

有时，一个人背在身后的双手并未紧握在一起，而是一只手将另一只手的腕部抓住，那表达的意思和双手握在一起便有很大的不同了。 做这种手势的人内心大多充满了挫败感，希望能通过这样的动作控制自我。 弯曲的手臂表达了自己想要防御和阻挡外界的进攻。 握住手臂的手位置越高，就说明这个人心中有越强的挫败感和愤怒情绪。 还有一些医生或者是销售人员也常用此姿势，目的是要通过这样的姿势使内心的紧张情绪得到缓解，提高自制力。

撒谎者的几个经典小动作

用手触摸脸部可以看成是一种下意识的动作，也是撒谎者的本能反应。 当听到别人撒谎或自己说谎的时候，大多数人会把嘴巴或耳朵捂住，"非礼勿听、非礼勿视、非礼勿言"是这种动作最好的解释。

孩子们撒谎的时候，会用一只手把嘴捂住，试图让谎话不再脱口而出。 如果不想听到父母的训斥，就会用手把耳朵捂住，阻止责骂声钻进耳朵。 如果看到了可怕之事，就会用手遮住自己的眼睛。 当孩子慢慢长大以后，这些手势就会变得越来越熟练并且隐蔽。 于是，为了掩盖谎言，难免会习惯性做出下意识的手势。

在掩饰谎言的时候，脸部的作用很大。 我们可以通过微笑、点头或眨眼睛来掩饰自己，但是肢体语言却和面部表情无法维持同一步调，总是在不经意间泄露真相。 下面向大家介绍几种常见的撒谎手势，有助于你了解撒谎者内心的真实想法。

用手遮住嘴巴

下意识地用手捂住嘴巴，表示做此动作者正在控制自己的意识，在为自己说出的谎话后悔。 有时候人们会用几根手指或者整个手掌捂嘴。 但表达的意思相同。 有的人还会以假装咳嗽的方式以掩饰自己捂嘴的动作。 一些罪犯在被审讯时常会出现这样的动作。

触摸鼻子

这种手势一般是在鼻子下沿用手快速地摩擦几下，甚至只是略微触摸一下，不细心的人是很难察觉的。 美国科学家的研究表明，人们撒谎时，会释放出一种叫作儿茶酚胺的化学物质，能够使鼻腔内部细胞肿胀。 也就是表明撒谎时鼻子会因为血液流量的上升而增大，科学家们称这种现象为"皮诺基奥效应"。 鼻子膨胀，鼻腔的神经末梢会有刺痒感产生，于是人们便会用手摩擦鼻子以舒缓发痒症状。 同样，不安、焦虑或者愤怒的情绪也会造成鼻腔血管的膨胀。 所以，由触摸鼻子的小小手势便会使我们了解到一些人内心的真实想法。 当然，也会有对花粉过敏或者感冒情况的发生，这便需要联系到其他的身体语言进行解读了。

摩擦眼睛

一个小孩看到自己不想看到的东西时就会有用手遮住眼睛的反应。 一个成年人如果不想看到某些已经发生的事情，则很可能做出摩擦眼睛的动作。 通过摩擦眼睛的手势试图阻止眼睛看到的欺骗、怀疑和不愉快，或者是避免面对撒谎者。

男人做此手势时常会用力揉揉眼睛，相比而言，女人很少做出这样的手势，她们一般只是在眼睛下方温柔地一碰。 这样做既可以很好地维持自己的淑女形象，还可以避免妆容弄花。

抓挠耳朵

"非礼勿听"代表的手势是抓挠耳朵，用手盖住耳朵或拉扯耳垂抗拒不愿听到的言语。 抓挠耳朵的动作，包括摩擦耳郭后面、指尖伸进耳道去掏耳朵、拉扯耳垂、拿整个耳郭把耳洞盖住等。

和触摸鼻子的手势一样，抓挠耳朵也代表着焦虑和不安。 一些人在进入宾客满堂的房间或者穿越时，常常做抓挠耳朵的手势。 这些动作都代表他们内心的紧张情绪和自信心不足。

抓挠脖子

这个手势是用食指抓挠脖子侧面且是位于耳垂下方的区域。 经过观察发现，人们做这个手势时食指常出现的抓挠次数为 5 次，这是疑惑和不确定的表现，相当于不确定是否认同别人的意见。 当话语和手势不一致时，矛盾就会更加显而易见。 比如某人说"我非常理解你的苦衷"，可他却在说话过程中抓挠自己的脖子，那么，你就可以断定这是他的敷衍而非真话。

拉拽衣领

人在撒谎的时候，面部和颈部的神经组织会有刺痒之感产生，摩擦或者抓挠可以把这种不适感消除。 所以，人们在面临疑惑的时候便会抓挠脖子。 撒谎者一旦感觉别人对自己有所怀疑，脖子就会因为血压的升高而不断冒汗，会因为担心谎言被识破而频频拉拽衣领。 当一个人感觉愤怒或遇到挫败，也会做出这样的手势，以便让凉爽的空气进入衣服，使火气渐渐冷却。

手指放在嘴唇之间

这种手势与婴儿时代吸吮母亲的乳头密切相关，是潜意识下对母亲怀有的渴望，是渴望安全感的表现。 人们常会在压力很大的情况下做出此种手势。 具体表现为将手指放在嘴唇之间，或者吸烟、衔钢笔、咬眼镜框、嚼口香糖等。 这种手势是内心缺乏安全感的外在表现，所以遇见做此手势的人，不妨给他承诺和保证，可能会立刻得到他很积极的回应。

以握手示人内心

两人初次相识一般会对对方微笑，握手便是最常用来表达自己的诚意和"初次见面请多关照"之意。经过细致观察，从握手中可以了解到一个人的处事特点和性格特征。我们通过下面几个不同的握手方式来分析怎样从握手看对方的内心状态。

用力握住对方的手并且持续时间很长

这种人总喜欢当面毫无顾忌地对别人加以批评，并且有很强的辩论能力，分析事物具有条理性，在朋友眼中是一个难缠的批评高手。这种人有很强的主观意识。长时间握别人的手，从某种意义上来说是一种较量，也是一种对支配力的推测方法。假如他抽手在你之前，那就说明你的耐力比他强，与他交涉时的胜算比较大。

以两只手握住对方

这动作表示此刻对方特别高兴。用双手握住对方的人，大部分不受传统风俗和社交礼仪的束缚，无论对方是男性还是女性，他们都会率性而为甚至去亲吻、拥抱对方。这种人通常不会背后说人坏话或者"打小报告"，是属于喜欢朋友的一类型人。在他们的认知中，朋友的错误一定要当面直接提出来，是个有话直说型的人。

不停地上下摇动手

这种人当发现朋友犯错时，自己反而很痛苦。就他们来说，如果朋友有错不去提醒的话，是不讲道义之举。可是若要当面将朋友的过错指正，又害怕使对方的自尊心受到伤害，所以在左右为难的情况下，他们心里会觉得很痛苦。

握手无力

我们很难判断此类人是否在乎谁。对他们而言，生活就像榨汁机，似乎要把他的身心活力通通榨干。他们性格的最大特点是软弱和爱犹豫，所以，人们常在与他们相识之后便将他们很快忘记。

握一下而已

虽然开始会握对方的手很紧，但是紧握一下便松开了。在社交场合中，这种人往往表现得轻松自在，但内心却很多疑。这种人不会轻易上别人的当，即使别人对他很友好，他也会保持警觉。

不握手的人

这种人常会避免与他人有过多的身体接触，就像害怕别人会将瘟疫传染给他们似的。 总而言之，这种人偏好自己生活，自己睡一张床，不愿意和别人有太多的纠葛。

世界上最常见的一种礼仪就是握手，握手的具体动作也会揭示人的性格特征和某些心理活动。 因此，掌握与握手有关的知识，不但对人际交往非常有用，而且还有利于我们观察和体验生活。

握手时通过对对方拇指和食指张开距离的观察，也能看出一些问题：

（1）拇指和食指约成 30° 角张开的人，一般比较小心谨慎、保守自私，不喜欢改变自己，也不喜欢融入周围环境。

（2）拇指和食指约成 45° 角张开的人，一般处事比较灵活，适应能力较强，慷慨，喜欢和人接触，喜欢自由自在的生活，独立能力强，富有同情心。

（3）拇指和食指张开约成 90° 的人，大都比较活泼开朗，好行侠仗义、打抱不平，独立意识极强，不易受环境的束缚。 但也非常粗心大意，好铺张浪费，喜欢以自我为中心。

总的来说，拇指张开的角度越大，人就越大方、越开朗，对新鲜事物的接受程度也就越强，但有一个缺点就是容易独裁。 拇指张开的角度越小，人就越保守，生活也总是小心翼翼、胆小怕事，不容易接受新鲜事物，而且极易想入非非。

保护自己的几个小动作

小时候，每当遭遇不幸或挫败而感到紧张之时，父母就会把孩子拥进怀中，给他们一个温暖的拥抱，以此来平缓孩子紧张的情绪。成年后遇到不安之时，人们通常会延续记忆中的动作来安慰自己——双臂交叉，并紧紧抱于胸前，以此来掩饰心中的不安。

有些人会以另一种方式来替换这种明显的肢体语言，那就是单臂交叉抱于胸前，即用一只手臂在身体前面弯曲然后抓住另一只手臂，就好像自己拥抱自己一般。人们在参加社交活动或工作会议时，由于缺乏自信而常使用这种单臂交叉的姿势，与他人保持一定的距离。一般来说，这种姿势常被女性使用。

男性自我拥抱式的方式是将下垂的双臂前移，双手互握放在身体前方。在上台领奖或发表演讲时，这种姿势常被使用。人们把这种姿势称为"护短式握臂"，因为双手的位置正好处于"重要部位"，这样可以保护自己周全，所以这种姿势被认为能够增强男人自身的安全感。 在排队等待救济的时候，也常会看到做此姿势的男人，此时则体现了身为弱势群体内心的沮丧和不安。

在商务洽谈之时，常会看到一些职场男性将手提公文包或文件夹抱于胸前，以掩饰自己内心的紧张和不安。 其实这一动作恰好把他们内心想法给暴露了出来，因为这样的动作对他们没有任何实际意义，仅是掩饰。 相对而言，女性掩饰内心情绪的动作则更加隐晦。 她们缺乏信心或感到不安之时，不会做出明显的动作，一般只是紧紧抓住手提包或钱包等随身物品。

拥抱自己的方式并不局限于手臂的姿势，以细微的小动作来做防御工具的方法数不胜数。 最常见的一种方法是用双手握住茶杯。 用一只手端起茶杯就够了，如果一个人用两只手捧住茶杯，那他的双臂就会在胸前形成一道自然的屏障，可以把自己感觉不安全的因素全都拒于双臂之外。 这种自我保护的肢体动作被广泛运用，既简单又不易被察觉，几乎所有的人都曾经采用过，却很少有人注意到其真正的目的所在。

因此，一个真正的识人高手总能在细微的小事件中发现大问题，所以说要想走进一个人的内心，仔细观察是尤为重要的。

第四章

兴趣爱好：个人喜好反映的内心世界

从色彩偏好了解他人个性

通常来讲，注重感情的人对颜色比较敏感，喜怒哀乐形之于色，外界很容易影响他们的情绪。这类人性格随和、豪爽开朗，待人接物不拘泥小节，易与他人相处。而且喜欢凑热闹，心胸宽大。

色彩影响人的心理，心理学家们对此的见解如下：

黑色表示"死亡""绝望"或"黑暗"

喜静、不好社交是喜欢黑色的人的特点，他们知性而潇洒，重视洗练感与个性，讨厌大众化或俗气的事物；充满自信，即使没有特别强调，他们的优点还是会被人了解。然而他们也有难以取悦、装模作样的一面：城府深、性格怪异往往是人们对他们的看法；神经敏锐，感受性强，但欠缺幽默感，有时对人冷淡。

红色是追求行动的心情表现

爱好社交、性格积极、热爱生活是喜欢红色的人的特点。

他们精力充沛，目的意识强，重视力量对比关系，对派别斗争敏感。 他们有当领导的能力，而且对成功的渴望强烈。 但有时往往想法直率独断，不时会和周围的人发生冲突。 决断迅速，行动快，变化多端，任性往往是他们给人的感觉。 由于其热情，爱照顾人，下属非常依赖、仰慕他们。 如果是女性，则会像大姐姐一样照顾别人。 她们还有老好人的一面，但过于轻信人，容易受骗上当。

粉红色色调比较柔和，是细腻、温柔的彰显

感情细腻、个性温柔是喜欢粉红色的人的特点，他们富于同情心，总是能为他人着想。 当别人有困难时，就会立刻伸出援手。

黄色是撒娇心理的表现

具有行动力及冒险心是喜欢黄色的人的特点，他们是总不满足现状的积极派。 若执意要完成某件事，他们会坚持到底，即使遇到困难。 但由于拥有许多欲望，所以当欲望无法达成时，就很容易与周围的人发生冲突。 有活泼的天性，却又持有强烈的主观意识是喜欢黄色的人的另一特点。

绿色象征着现实主义

判断和分析事物时注重合理性是喜欢绿色的人的特点。他们通常克制力强，遇事冷静沉着，但缺乏判断力和行动力。 虽然个性挑剔，但喜欢与人和睦相处，各种观念意识

都能宽容地接受。 由于头脑灵活，各种人际关系都能被他们协调得很好。 但常常故意与人保持距离，所以常给人以特别"酷"的印象。 在工作上，出人头地的念头没那么强烈。 脚踏实地，逐步向前是他们做事的态度，而且他们也不讲求派头。

蓝色意味着理性、逻辑、沉稳淡定、安静、服从、被动

犹豫不决是喜欢蓝色的人给人的感觉，他们讨厌变化，喜欢平均和安定。 自制力强，冷静而沉着，知性的印象和举止是他们所重视的，追求稳重与平稳。 尊重道德、秩序和规则，工作踏实努力。 慎重有戒备心，新鲜的、未知的事情他们并不参与。 容易陷入某种框框，缺乏个性。 善于保持协调，善解人意，团队合作性质的工作对他们来说再合适不过了。 对于异性容易一见钟情，但也容易遭到背叛。 不论男女都属于稳重、体贴的好朋友、好恋人和好配偶。 但是，一旦遭到背叛，心灵受了伤害，在非常短的时间恢复是不可能的。

棕色是成熟的体现

给人印象较弱是棕色给人的感觉，也可以说是一种无感动、无感激的象征。 但由于棕色与其他任何一种颜色都能调和的缘故，所以对于喜欢棕色的这类人来说，保守、朴实往往是他们的特点。 他们是能够坚定自己的主张，做事稳重并能贯彻始终的人。 有时，会固执而不愿改变自己的想法，压抑自己热情的人比较喜欢这个颜色。

紫色暗含神秘、孤独，同时又尽显华贵、优美

感觉力、创造力丰富，观察力优异，具有艺术才能是喜欢紫色的人的特点。 他们有强烈的优越感，常表现出"我和你们不一样"的傲慢态度，他们变得歇斯底里可能就是因为自尊心受到了伤害。 同时，艺术和个性的品位是他们所崇尚的，他们讨厌平凡无奇的事物，有强烈引起他人注意的欲望。但是由于容易满足，因此对同样一件事无法持久。

从旅游偏好分析潜在性格

心理学家研究发现，一个人潜在的性格可以通过一个人的旅游方式推测出来。

热衷于登山的人

内向一般是热衷于登山的人的性格。内向型的登山爱好者，经常组队向岩壁挑战，以攀登和征服人烟稀少、人力难及的险峻高峰为目标。他们和外向的人对大自然的态度是不一样的，对于大自然的险峻、壮观以及美丽，他们又爱又恐惧，他们虽然敢于挑战它，但是，始终不把它当成享乐休闲的对象，他们倾向用真挚的态度对待那些自己想要征服的高山大川。

一般来说，大自然严酷的环境能够被内向型的人适应，探险家就不用说了，就是登山者也大多是内向型的人。真正名副其实的爱好登山之人，不仅来自山峰险峻的诱惑他们抵制不了，溪流声、高山植物、冰河、虫鸟等山峰拥有的自然景观也是他们所热爱的。 当他们背着沉重的行囊,被问及"你到底要爬几次才过瘾"时,他们只会回答: "因为有一座我喜欢的山就在那儿啊"。

喜欢随团参加旅行的人

理性是喜欢随团参加旅行的人的特点,他们做什么事情都喜欢计划得井井有条,不期待任何惊奇的意外之旅。 另外,个性豪爽也是他们的特点,喜欢与别人分享一切。 当别人懂得欣赏自己的时候,他们会格外高兴。

喜欢出国旅行的人

追求潮流与时尚是喜欢出国旅行的人的特点,生活中的变化会让他们觉得很刺激。 此外,他们具有幽默的个性,不容易被生活的重担压倒,总是过着自由自在、毫无拘束的生活。

喜欢到各地去探访朋友的人

做任何事情都有动力是喜欢到各地探访朋友的人的优点。 在探访朋友或亲戚时,会让他们有踏实感。 他们还是实事求是的人。

喜欢欣赏风景的人

不想被局限于斗室之内是喜欢欣赏风景的人的想法,呆板的工作往往令他们感到烦躁,他们是精力充沛的一类人,而且很爱幻想,让他们大为兴奋的是生活中的新责任与新体验。

从饲养宠物辨析他人心理

一般来讲，我们如果想为忙碌的生活增添几分安逸和乐趣，可以饲养宠物，有时候宠物可以成为我们寂寞时的玩伴。一个人的真实内心世界，可以通过他饲养的宠物反映出来。

喜欢养狗的人

性情温顺，易给人亲切感是这类人的特点，但是他们不太主动，往往按照他人的想法办事。他们比较外向，社交能力很强，喜欢说说笑笑，和他人打成一片对他们来说很容易。他们胸无城府，不善掩饰自己的情感，情绪化严重，脸上或言谈举止中体现了喜怒哀乐。他们缺乏主见，容易人云亦云、随波逐流。

喜欢饲养流浪狗的人

捡到一只流浪狗，把它带回家，这里面体现的善良、有同情心正是他们的特点。他们愿意敞开家门，欢迎那些比自己不幸的人，不过，也可能表示没有能力拒绝他人，如果真是这样，那么这类人习惯让别人进入自己的生活，照顾他们，然后让他们对着自己颐指气使。

喜欢养土狗的人

憨厚、诚实与世无争是喜欢养这类狗的人的特点，他们喜欢过一种平凡恬淡的生活。 不过，他们时常低估了自己对朋友的忠诚和热爱程度。 一旦他们找到了适合自己的生活方式，就会很知足地维持现状。

喜欢养猫的人

内向一般是喜欢养猫的人的性格，他们一般不随便附和他人，善于掩饰自己的情感，假如不喜欢对方就会直接表示出来。 他们严厉地对待自己和他人，甚至是冷漠，常给人留下一种不善交际、乖僻、冷漠、矫饰的印象，所以人际关系很差。

喜欢养鱼的人

天生的乐天派是这种类型的人的特点。 这类人容易安于现状，对生活和事业都没有太高的要求，他们的信念平平淡淡，所以在别人眼里他们似乎活得很快乐，因为他们生活得有情趣，懂得如何享受生活，所以"知足者常乐"。

从运动爱好知他人性格

不管运动的目的如何，通过长期细致入微地观察，我们发现，当人们选择了某种运动时，身心两方面的需求都会被透露出来，从中展现出一个人某方面的个性。

所以，当你想了解新朋友的个性特征时，别忘了问他："你喜欢做什么运动？"然后再慢慢观察他的个性，也许你就能得到意想不到的收获。

酷爱不同球类运动的人

只有"动"人们才能更好地生活下去，所谓的"动"，其中就包括身体运动。对每个人而言，必不可少的生活方式就是运动，而生活当中绝大多数人也都在运动。不同的人会热衷于不同的运动方式，同时也是一个人性格方面的流露。

喜欢足球的人

很刺激的运动方式之一就是足球运动，它能让人兴奋。

喜欢足球的这类人应该是相当富有激情的，对生活总是持非常积极的态度，有战斗的欲望，干劲十足。

喜欢篮球的人

有较高的理想和远大目标是喜爱篮球的人的特点，他们经常对自己抱有很高的期望，希望自己能够比别人出色。为了达到这样的目标，他们可以付出很大的牺牲和努力。这其中可能避免不了要遭遇失败，但他们大多不会被失败击倒，不会一蹶不振、灰心丧气，与之相反，他们的心理素质比较好，能够重新站起来，再接再厉。

喜欢排球的人

不拘小节是喜欢排球的人的特点，他们在做一件事情的时候，对过程的重视程度往往要超出结果许多倍。

喜欢器械运动的人

一般冲动的人喜欢购买运动器材在家里做运动，因一时冲动，想买运动器材，结果就买了。可是通常都锻炼不了多长时间。其原因是家里事情比较多、比较烦琐，而且他们也没有那么坚强的毅力。

喜欢散步的人

把走路当成一种运动方式的人，走路和为人处世通常是一样的，既不稀奇也不时髦。但是一直坚持下来，就可以获得无穷无尽的益处。他们没有很强的表现欲望，对能够很好地表现自己的事情并没有多大的兴趣。 他们保持着相对的沉着、稳重，做自己该做、能做的事情。 他们很有耐心，并且也有信心做好每一件事情。

喜欢在黄昏散步的人

不爱好剧烈运动是喜欢黄昏散步的人的特点，他们只是喜欢在宁静中散步，向往自由自在的生活。

喜欢冬泳的人

有超强的意志力是喜欢游泳这类人的特点，特别是冬天也到江河里进行长距离游泳的人的毅力是相当让人佩服的。保持冷静是这类人所喜欢的，做任何事情时，从不贸然行事，他们认为遇上再严重的险境，最为重要的就是保持清醒的头脑，不希望被强烈的情绪左右自己的判断力。 这类人经常以自己有理性、有逻辑而骄傲。 在任何公共场合，别人很少被他们公然批评和指责。 因为他们认为，如果这样做，树敌是很容易的，当然私底下对每个人、每件事他们都有独到的见解，他们从来都十分相信自己的分析能力。

喜欢冬泳者，在事业方面有很强的专业知识，他们追求高的地位，希望得到别人的赏识和尊重。 由于冬泳者冷静的个性，很难得到异性的青睐。 在对方看来，这类人显得不够热情、不那么容易亲近，这是这种人的短处。 如果他们在大众场合多表达一点自己的感觉，多抒发一下自己的感情，那么别人也许就不会觉得他们那么冷漠了。

从阅读喜好分析他人生活态度

信息发达是当今社会的特点，而书刊是信息的重要载体，人们要想跟上时代的步伐，不断提升自己，就必须经常阅读。由于每个人的性格和爱好都有所差异，因此，各自不同的阅读习惯就形成了。而我们要想窥视一个人的内心世界，阅读习惯无疑是一个入口。

喜欢阅读财经类书刊的人

争强好胜、不安于现状、不甘寂寞是这类人的特点，而且他们有"明知山有虎、偏向虎山行"的勇气。他们不愿屈从于人，最喜欢超越别人，让人输得心服口服。权威是他们所崇尚的，荣誉是他们所渴望的，他们努力寻找发达的时机，希望"百尺竿头，更进一步"。

喜欢看恐怖小说的人

由于平淡的生活让他们感觉太乏味，因此他们渴望刺激，希望通过冒险来激活自己的细胞。 观察思考并不是他们擅长的，他们很难从周围环境中获取乐趣和欢愉，同时对身边的人也不感兴趣。 所以，他们不是太合群，独处一隅的时间较多。 孤注一掷是他们在困境中的态度。

喜欢读侦探小说的人

思想上的困难是这类人喜欢挑战的，他们想象力丰富。他们善于解决难题，面对困难能够从不同的角度进行分析，知难而进，别人不敢碰的难题是他们总爱挑战的。 他们的逻辑推理能力强，善于在错综复杂的关系中，去伪存真，理清头绪。

喜欢读历史书刊的人

胡扯闲谈并不是他们喜欢的，创造力强，讲究实际，他们总是把时间用在有建设性的工作上面，讨厌社交，善于从别人身上汲取对自己人生有意义的东西。 他们具有一定的威信，深受周围人的喜欢和尊敬。

喜欢阅读言情类书刊的人

注重感情，敏感，有情绪化倾向，很强的洞察能力是他们对事情所具有的态度。 他们单纯、聪慧、多愁善感。

喜欢阅读武侠小说的人

追求浪漫，富于幻想，英雄情结很深，总是希望自己某一天能一鸣惊人，出人头地；感情丰富，有时过于细腻；个别人性格偏执，倔强，易引人注意。

喜欢看传记的人

强烈的好奇心是喜欢这类书的人所具有的特点，他们谨慎小心而又野心勃勃。 他们善于衡量利弊得失，统筹全局，不打没有把握的仗，在条件不成熟的时候绝不会越雷池一步；但如果时机成熟便会果断出击。

喜欢看通俗读物的人

热情善良、直爽可爱、善于灵活巧妙地活跃气氛是喜欢通俗读物这类人的特点。 他们有着非常强的收集和创造能力，趣味性的话题总是张口就来，是大众眼中的"小丑"或"宠儿"。

喜欢看漫画书的人

童心未泯，性格开朗，天真活泼，容易接近，无拘无束，喜欢自由自在，对于他们来说生活很简单；对别人不加防备，经常是在吃亏上当之后才发现自己原来那么幼稚，但是能够吃一堑、长一智。

喜欢读科幻小说的人

他们是富有幻想力和创造力的，吸引他们的常常是科学技术，他们喜欢为将来拟订计划。

喜欢读时尚类书刊的人

喜欢看流行读物（如各类精品时尚、爆料新闻、娱乐周刊等）的这类人，同情心是他们所富有的。 情绪乐观，为他人增添欢乐的经常是语言；因为嘴里总有源源不断的趣味性资料做话题，所以经常成为办公室里或社会场合中受欢迎的人物。

喜欢读时事类书刊的人

喜欢浏览报纸及新闻性杂志的这类人，属于意志坚强的现实主义者，各种新思想、新事物容易被他们所接受，对于生活、交际、工作中形成的人际圈子有突破的欲望。

喜欢博览各种类型书刊的人

随手拿起任何书刊都可以读得津津有味的这类人，思想开通是他们的特点。 这种人在与人接触时，对方的优点会被挖掘出来，因为在他们眼中，世界是美好的。 而且他们所做的工作一般都需要与别人有较深层次的接触，兴趣、信仰等都是相同的。

用益智游戏分析对方性格

益智游戏是通过新的工具，运用旧知识来解决问题的游戏。 经常接触与之相关的游戏，会使一个人逐渐变得聪明和灵活。 每个人都有自己喜欢的益智游戏，喜欢是因为这个人在这一方面感兴趣，这就是人性格的一种体现。 通过对方喜欢的益智游戏类型，可以很好地分析这个人。

喜欢玩几何图形游戏的人

热衷于几何图形游戏的人，多是比较聪明和智慧的。 他们对某一事物常常会有自己独到的见解，而不是随大流。 他们自信心特别强，生活态度积极向上，在思想上比较成熟，为人深沉而内敛，常常是一副胸有成竹的模样。 做一件事之前，他们多要经过深思熟虑，在心里有了大致的把握以后才会行动，这样即使出现什么变故，也可以迅速找到相应的方法。

喜欢拼图游戏的人

热衷拼图游戏的人，生活常常也像拼图一样，好不容易把一副完整的图形拼好，紧接着又会变成一块块的碎片。 这种人的生活，往往会被一些意料不到的事情所困扰和左右，有些时候甚至使更多的时间和努力白白流逝。 幸亏这一类型的人具有一定的忍耐力和信心，在失意时不会被击垮，能够保持奋斗的精神，再从头开始。

喜欢纵横字谜的人

热衷纵横字谜的人，多是做事非常注重效率的人。 他们希望在最短的时间内花费最少的精力最大限度地完成某件事情，但是在一些时候会很难完成。 他们很有礼貌和教养，在与人相处时彬彬有礼，表现出十足的绅士风度。 他们多有坚强的意志和责任心，有勇气应对突袭而来的挫折。

喜欢魔术方块的人

热衷魔方的人，大多自主意识比较强。 他们耐力超强，对某一件事情，别人在感觉不耐烦的时候，他们也还能始终坚持如一。 他们心思灵巧，触觉相当灵敏，热衷手工。

喜欢神秘类益智游戏的人

热衷神秘游戏的人，性格中最突出的特征就是疑心比较重。 在他们看来，这个世界上好像没有一样东西是可信的，他们总是猜疑任何事物，而这些怀疑常常又是没有任何依据的。 他们对细小的差别非常敏感，而这往往又会成为他们怀疑的依据。 他们会不断地对别人进行指控，但又会因为没有充分证据而陷入窘境。

饮品偏好展现个人性格

生活中一些极细小的方面也可以体现人的内心特征，通过这些小细节去了解一个人是很快捷的方法。例如，不同的饮料品种代表了不同的性格特点。

喜欢喝可乐的人

喜欢喝可乐的一般是年轻人，他们往往给人留下充满活力的印象，个性张扬，放荡不羁，不管他们的年龄有多大，心理却都很年轻；喜欢可乐的人心态都很阳光，不会畏惧困难，而且不管在日常生活中还是工作中，他们都喜欢自由，不喜欢墨守成规，因为那样的生活会让他们的心态变老，爱玩的他们懂得时尚且知道怎样享受生活。

喜欢喝茶饮料的人

喜欢喝茶饮料的人比较喜欢深思，内在品位的高雅是他们的追求。他们极有修养，身上有种儒雅的味道；他们喜欢以舒缓的节奏生活，喜欢幽静的环境，爱天马行空地想象；他们喜欢比较自由的工作，不喜欢老套的工作环境。

喜欢喝咖啡饮料的人

喜欢喝咖啡的人懂得工作家庭两不误，他们不张扬，大都比较理智。 在享受的时候，他们讲情调，会尽可能地享受生活，但在工作的时候会细致努力地工作，希望可以做到最好。 他们的生活井然有序，在衣着方面很有品位，穿着得体，讲究时尚，但不会随波逐流。 他们重视家庭和朋友，知道如何默默地关心他们，只要有他们在的地方，就会有踏实和温馨的气息。 这种性格特点令他们很受欢迎，在交往中，他们常常把握主动权。

喜欢喝果汁饮料的人

这种人一般心地善良，往往也很单纯，属于可爱型的人物，为人做事比较有趣。

喜欢喝牛奶饮料的人

喜欢喝牛奶的人很单纯，懂得"知足常乐"，他们多数比较温顺，但内心有自己的原则，并会坚持这些原则。

通过看电视的习惯来辨别一个人

如今，看电视几乎成了人们生活的一部分，人们喜欢通过这一活动来打发时间。 根据科学调查，通过一个人喜欢的电视节目类型和看电视的一些小习惯，可以反映出一个人的内心世界。

喜欢看喜剧性节目的人

喜欢欣赏喜剧性节目的人一般个性含蓄，有幽默细胞，重视家庭，相信朋友。 他们对生活的要求一般，金钱观念不强，对于有些事情看似很淡漠，其实内心很敏感，但他们懂得用幽默来掩盖内心的真实想法。

喜欢看纪录片或新闻的人

喜欢看纪录片或新闻的人通常很健谈，遇事很有主见且极会分析，他们对于自己解决问题的能力很乐观，善于帮助别人解决困难。 他们喜欢参加社会活动，还乐于以领导者自居，常常对事物充满好奇心，并明白如何运用对自己有利的信息。

喜欢看戏曲类节目的人

喜欢看戏曲类节目的人一般比较热心肠，喜欢帮助别人。高度自信的他们，有英雄崇拜的情结和冒险精神，好为人师。

喜欢看竞技类体育节目的人

喜欢欣赏竞技类体育节目的人，较为理性，做事具有条理性，每件事都会有周详的计划。他们一般很喜欢竞争，也乐于接受挑战，不害怕压力。压力越强，他们越有可能成功。

喜欢游戏娱乐类节目的人

喜欢游戏娱乐类节目的人开朗乐观，知道如何让自己保持良好的心态。他们能够谅解别人，不会锱铢必较，遇到事情很冷静，有比较强的分析能力和逻辑推理能力。他们善于利用自己的空闲时光。

喜欢恐怖片或破案片的人

喜欢恐怖片或破案片的人喜欢刺激的生活，他们厌倦了平淡，所以在恐怖中寻找刺激。他们好奇心非常强，不甘于平凡，乐于竞争。只要是自己想做的事情，就一定能坚持下来，全力以赴地达到目标。此外，因为他们看淡人情世故，所以常以躲避来面对人际冲突。

喜欢家庭伦理电视剧的人

喜欢家庭伦理电视剧的人一般不善言谈，保守而懂规矩。 他们恩怨分明，有较强的正义感，坚持自己的原则。

喜欢言情类节目的人

喜欢言情类节目的人内心总是充满幻想，喜欢自由的生活，胸无城府，单纯善良，而且他们会天真地以为所有的困难都可以被非常容易地化解。

喜欢看知识性节目的人

喜欢看专业知识性节目的人严以对己，同时也严以对人，他们希望事情尽善尽美，所以有时会批评别人，但他们常常是无心的。 若对方虚心接受批评，他们会尽力帮助对方。

喜欢躺着看电视的人

喜欢躺着看电视的人性情温和，他们工作生活两不误。虽然他们有些不善言辞，但乐于和别人分享自己的快乐。 遇事大度，能忍能让，没什么主见，但朋友很多。

在固定时间收看固定节目的人

在固定时间收看固定节目的人注重仪表，他们习惯按照计划来做事情，总会事先安排好自己的行动，对突发事件的应变能力也很强。 他们很实际，属于成熟和理智的人，给人踏实和安全的感觉。

只看一个频道的人

只看一个频道的人性格有些古板，不懂变通和创新，有些墨守成规，这种人的朋友不是很多。

不断调换频道的人

不断调换频道的人性格乐观，求知欲强，充满活力，思维敏捷。 他们做事时机敏灵活，遇事反应快，决断能力很强。他们开朗的性格极具感染力，许多人愿意和他们交往，他们向往多彩而丰富的生活。

目不转睛地看电视的人

目不转睛地看电视的人一般比较内向，喜欢思考一些抽象的问题，并且工作能力很强。 他们朋友很少，但都是知己。 当朋友有难时，他们从不推辞。

插播广告时换台的人

一插播广告就会换台的人理财能力一般比较强，他们不会把一分钱浪费在自己认为无意义的事情上。 他们通常比较实际，富有主见且性格独立，从不随波逐流。

运动爱好反映个人个性

　　每个人都有自己喜欢的运动。 运动不但可以使人身体健康，它还与人的心理有很大关系，它会在不经意中向外界透露出自身的秘密。

　　喜欢网球的人做事讲究策略和方法，因为知道何时防守何时进攻并不是件容易做到的事情，因此这就要求运动者头脑冷静、思维敏捷。 生活和球场一样，都需要让场面保持平衡，他们的最终目的都是攻破对方的防线。 在生活中，他们往往做事灵活，喜欢思考。

　　喜欢登山的人一般比较勇敢，进取心很强，喜欢挑战自我，不怕遇到苦难艰险，有很坚定的性格，有毅力，也非常谦虚。 这种人做事一般有很周密的计划，让人觉得他们成熟稳重，生活中有许多人喜欢他们。

　　喜欢田径运动的人一般反应灵敏，他们在社交中一般比较积极。

　　喜欢足球运动的人通常都是乐观主义者，他们待人亲切且有竞争意识，不论在什么情况下都喜欢和别人进行比较。在工作中他们也很努力，很会发扬合作精神，在朋友同事中人缘很好，工作中也成绩显著。

喜欢棒球的人，如果他的技术很好，那么他一定是非常聪明的人，对事物的感知能力超强，但十分敏感，不好相处。

喜欢舞刀弄枪的人一般比较直爽，不拘小节，说话直来直去，无意中就会伤到别人。

喜欢排球的人可以说是个社交家，赛场上往往风云变幻莫测，只有冷静沉着地面对，优势才会掌握在自己手中。他们善于与人合作，并能和任何人都相处得很愉快。

喜欢跑步、游泳等单人运动的人心思比较细腻，处事从容，但通常他们喜欢独身生活，不喜欢被人打扰。独身对于他们意味着自由，并且他们也乐在其中。

喜欢高尔夫球或壁球等团体运动的人喜欢群体性活动，并且会全力配合对方。即使他们做一些不需要合作的非团体运动，他们也会邀请朋友，试图打破这种孤独。

喜欢去公园打太极拳的人，生活比较随性，情绪波动很小，善于调节自己的心理。他们崇尚自由，喜欢和别人交谈，随和的他们人缘很好。

喜欢滑冰或骑自行车的人属于行动派，他们常常想到就做，没有远见性，做事雷厉风行，有时甚至会因冲动误事，但他们会及时反省、改正错误。

喜欢瑜伽的人做事有板有眼，喜欢一切照计划行事，可如果事态发展与想象中的脱轨后，则会产生恐惧。一般来说他们喜欢过有条理的生活。

喜欢武术的人认真努力且有与他人竞争的意识，他们不服输，做事坚持不懈，能够正确评价自己和别人的能力，不会依赖于某人，可以经常保持较好的精神状态。

　　喜欢所有运动的人是超级乐观的人，他们的生活是美好而快乐的，无论面对什么样的困难，他们都能笑着面对。对于过去的失败，他们通常不会太放在心上。这类人喜欢被看重的感觉，如果周围没有追随者，他们就会对自己的魅力产生怀疑。

　　有些人什么运动也不喜欢，不得不说他们有点懒了。在生活中，他们喜欢独自思考问题，不喜欢处于人多的场合，因为这会让他们心烦意乱，而且他们通常很敏感。

从音乐爱好知其内心心境

一个人的性格与他所爱好的音乐之间也有密不可分的关系，喜欢的音乐往往会透露出自身的性格特征。 当然，性格的形成有多方面的因素，音乐只占其中的一部分，人的性格是不断变化的，人的爱好也是不断变化的。 据调查发现，人们喜爱音乐甚至甚于书籍和电影等。 曾经有人做过这样一个试验：找 70 个来自不同地方的人，然后根据他们的日常行为分别记录他们的性格特点，之后让他们分别写出自己喜爱的歌曲，结果发现他们之中性格较相似的人写出的歌曲风格也很接近。 由此可见，音乐是一个人性情的流露，它能比较准确地透露出一个人的性格，就像小孩子喜欢听轻快欢乐的音乐，年轻人喜欢听时尚动感的音乐，老年人喜欢听民族抒情的音乐一样，这都体现了他们之间的不同性格。

爱听有规律旋律乐曲的人

一般来说，喜欢的音乐趋向于平淡有序的曲子，同时节奏平稳的人，他们通常是踏实肯干而且非常有毅力的人，遇到问题坚持自己的意见，并相信自己的判断，而且不会因为别人的意见轻易改变自己的想法。他们爱美，也爱美丽的大自然。

喜欢忽快忽慢节奏的人

喜欢欣赏忽快忽慢旋律的人通常开朗、活泼、机灵。他们为人有许多种面貌，容易让人捉摸不透，喜欢生活中的刺激感。

喜欢欣赏萨克斯风吹奏乐曲的人

喜欢听萨克斯风吹奏乐曲的人做事多数靠直觉，他们如萨克斯风的声音一样浪漫。他们有一种天生的敏感，能够很好地感知外界。他们更喜欢悠闲自在的生活，向往过浪漫而有情调的生活。

爱听节奏欢快流畅和弦音乐的人

喜欢听节奏欢快流畅和弦音乐的人性格多数都很温和。他们随和而善谈，能够宽容别人的错误。他们终其一生来追求完美，大多十分慷慨，喜欢人群，也喜欢工作。无论做人做事都会很公平，懂得对自己所拥有的一切感恩。

喜欢轻柔安适音乐的人

喜欢轻柔安适音乐的人通常很敏感，也很恋旧。人们都喜欢向善良温柔的他们倾诉，他们对家庭和钱财十分重视，是个懂得如何理财的人。 喜欢这种悠闲音乐的人一般比较有个人魅力，他们举止高雅，很少与人发生冲突。 他们的生活也是如音乐般舒缓，充满诗意和柔美。

喜欢旋律简单优美的人

喜欢旋律简单优美的、没有复杂配器音乐的人单纯且聪明，他们往往用准确的直觉来分辨是非好坏。

喜欢音乐旋律简明的人

喜欢旋律沉稳有力而且简明的音乐的人通常充满自信和活力，喜欢打破砂锅问到底。 同时他们非常自律，不苟言笑且很讲原则。

喜欢听凄美音乐的人

喜欢听凄美音乐的人多数心思敏感，会体贴人，心地善良，因而总将别人放在心上，关心帮助他人。

喜欢听交响乐的人

喜欢听交响乐的人人缘很好，性格开朗。 他们对自己充满信心，也对别人充满信心，但由于他们盲目地信任别人，有时候会损害到自身利益。 有时他们会有些不务实，喜欢在人前显摆，喜欢受人重视。

喜欢摇滚音乐的人

喜欢摇滚音乐的人一般喜欢体育运动，疯狂的音乐背后是他们寂静的内心。 他们不喜欢独处，喜欢热闹，害怕寂寞和孤独，因而有时会比较冲动；他们喜欢把事情理想化，不喜欢受人约束，追求刺激，不愿意遵守规则；他们显得有些不合群，生活中总有一些奇思妙想；他们喜欢张扬自己的个性，但很少能给人留下较深的印象。 喜欢摇滚音乐的人多数活得轻松自在，他们不会考虑太复杂的事情，只要自己愿意就可以，在他们面前似乎从来就没有复杂的事情。

喜欢听进行曲的人

喜欢听进行曲的人多数要求完美，严于律己。 在他们看来，掌握之中的事就不应该出现一点差错，因而现实的打击往往令他们倍感失望。

喜欢欣赏歌剧的人

喜欢欣赏歌剧的人一般比较情绪化，但他们自控力很强，对自己做的事情很负责任，他们希望在别人眼中留下一个完美的印象。

喜欢听古典音乐的人

喜欢古典音乐的人大多很理智，他们看似感性，实际上却十分理性。 由于过于理性，他们反而显得有些不合情理。

人在失意时听的歌曲最能反映他的性格。 如果一个人在不顺心的时候喜欢听古典音乐，他多半会表现出来遇到了不顺的事，甚至会迁怒于周围的人。 对待这种人，需要给他一些空间冷静一下，使不悦情绪被他排解掉；选择听轻音乐或是以单一乐器伴奏的独唱歌曲的人是个心思很重的人，自己的不悦可能不会被他表露出来，但需要很长时间才能恢复心情；喜欢听爵士乐的人是喜欢压抑自己的人，他们通常不喜欢别人看出他们的不安，但有时反弹情绪是过度压抑造成的，在这种时候，他需要人开导；喜欢听大型交响乐队演奏的曲目的人，在受伤的时候是很需要别人的安慰的，但是他们一般不会这样做，因为他们不喜欢打扰别人的生活。 他的悲伤会通过一些方式让大家知道，因为他们的确需要人安慰。

第五章

洞悉人品：知人知面更要知心

以权为镜，可知人自控能力

一只山羊站在屋顶上，这时正好下面有一只狼路过。山羊以为身居高位，这只狼对它没有办法，于是便破口大骂道："你这个蠢货，笨狼。"狼就停下来说："你这胆小鬼，骂我的并非是你，只是你的位置罢了。"

彼得·施坦普以前说过："权力是一把双刃剑，用得好，则披荆斩棘无往不胜；用得不好，则伤人害己误事。"我们在这个社会上生存，必须有效地建立各种社会关系，而且要挖掘身边资源的价值，这就需要对自己的价值资源和他人的价值资源进行有效的影响和制约，这是权力的根本目的。如果权力放置于一个人的手中，那么他就对资源拥有了更多的话语权，在这种情况下，一个人的性格将更容易暴露，特别是对一个人的自制能力，是一个极大的考验。许多人在权力膨胀的情况下，利欲熏心，对自己的行为也没有了节制，就显示出其本性之中的贪欲。

历史上这样的例子很多：

在法国路易十四时期，外表文静、内心狂暴的神父勒泰利埃受到国王的信任后，滥用权力，大肆迫害反对他的教徒，监狱中关押了很多没有犯任何罪的百姓。

在我国明代，皇帝朱由检，授予宠臣魏忠贤不合理的权限，不管魏忠贤启奏何事，他都是一句话："你看着办吧，怎么办都行！"结果，魏忠贤得势后胆大妄为，遍设特务组织，没有任何顾忌地陷害大臣。

康熙最初做皇帝时，因为年龄小，所以由索尼、苏克萨哈、遏必隆、鳌拜四位大臣共同辅政。但是，当康熙亲政时，他发觉鳌拜扶植亲信，把持了朝政，已经成为事实上的"太上皇"，自己成了傀儡皇帝。因此，两年后，即康熙八年，年仅十六岁的康熙联合内臣索额图等人智捕鳌拜，将鳌拜及其亲信一网打尽，最后将大权收归手中。

现实生活中也有这样的例子。

一个厂长发现员工上班迟到就直接训斥员工，看到接待人员的态度不好也要批评一顿。表面上看他是一位很有责任心的领导，但实际上他却违背了"工作中一个员工应该由自己的直接上级领导与指挥"这样一个企业运作原则，犯了越权指挥的错误，过分使用了权力。

员工的迟到由车间主任负责，接待人员的态度好坏应该由企业办公室主任来管理，而厂长的任务是负责企业的经营战略和生产规划，他管理的员工应是各车间和职能科室的负责人。作为企业的高层领导，过分管理会打破正常的管理而使管理陷入紊乱状态，影响企业的效益。

一个人的地位升高，手中的权力大了，就容易自以为是，滥用权力。相反，当一个人身处高位时，如果还是一样的克己复礼、正直无私，懂得自我约束，就会受到大家的敬佩。

范仲淹在位居高官时，他不是想尽办法巴结那些权贵，让自己的仕途更远更好，而是举用那些敢于直言不讳、不畏惧当权派的正直的人，或是一些有真才实学的人，让他们为国效力而不至于被埋没。比方说，他重用的孙盛敏，智勇过人，性格刚直，受到人们敬仰，曾和狄青共同率兵破平侬智高。而他推荐的滕达道也是文武全才，虽然曾被贬谪，范仲淹却信任他而重用之。范仲淹知才爱才，用人没有私心，他做边帅时，因为用人恰当，边城安定，西夏不敢入侵，人民生活无虑。而后来经他举荐的大批学者，也为之后宋代的繁荣奠定了基础。

王旦在做宰相时，和太监刘承规可称得上是刎颈之交。刘承规因为忠厚老实受到宋真宗的厚爱，临死之时，刘承规希望被封为节度使，于是宋真宗就此事去询问王旦的意见，王旦执意表示不批准，他说："从私人感情上说，对于一个即将死去的朋友，这点要求并不算高；但从国家的制度来说，这个先例却不能开，否则会影响到今后的大局。"就这样，一直到死，刘承规也没有实现他的愿望。

由此，我们可以看出，王旦是位品德高尚的人，从他的身上可以看到其人格的魅力。

以利为镜，可知人是否清廉

面对利益时，一个人的品行会赤裸裸地暴露出来。

有的人在有利可图或不损害自己利益时，可以和人称兄道弟、亲如姐妹。可是一旦出现有损于他们利益的情况后，他们就像变了一个人似的，见利忘义，唯利是图，什么友谊、感情，一概不顾。

例如，在一起工作的同事，平时大家有说有笑，关系不错。可是到了提升时，名额有限，"僧多粥少"，一些人的真面目就露出来了。他们再不管什么同事、朋友，一有机会就吹嘘自己之长，狠揭别人之短，背地里造谣中伤别人。这种人的内心世界，在利益面前暴露无遗。事过之后，估计再没有人想和他做朋友。

这么说并不意味着大公无私、重情重义的人已经不存在了。不过，在利益得失面前，每个人都会亮相，每个人的心灵都会当众表演，无法掩饰。

因此，这时候正是识别人心的好机会。

吴娜娜聪明机灵、口齿伶俐，试用期在我朋友那家公司担任出纳，暂时兼职仓库保管员。一到公司就引来了大家关注的目光。

"小吴，把这箱水晶杯拿到仓库里，过几天我要给一些客户送礼用。"我的朋友把吴娜娜叫到自己的办公室说。

"王总，共有多少杯子？"吴娜娜问。

"哦，朋友送来，我也没有数，你搬过去就行了。"

"没问题！"

"等一下，小吴，将杯子送去后，你再到辰星路买200只这种档案袋。"我朋友拿出样品给她看。

"没问题！"她甜甜地一笑，就带着箱子离开了。

"希望她可以通过测试！"我的朋友暗地里想。

公司距离辰星路很近，一会儿吴娜娜就把档案袋买回来了，每只 0.6 元。

事实上，在这之前，我朋友自己就去了辰星路 6 家文具商店一一调查：一般零售价是每只 0.5 元，20 只以上的话，每只就是 0.3 元。

不久之后，我朋友又派几个部门的员工来领水晶工艺杯送给客户。因此，小吴提出要打个条做证明，我朋友说不需要。事实上，他暗地里将每一位员工所领走的数量都记录了下来，后来核对数目时发现少了好几个。

这些事情过后，我朋友决定让她负责接待和电话记录，有时配合一下他的对外事宜，一段时间后，大家都说她干得不错。至于出纳和仓库保管员的工作，就安排给了其他人。

古语有云："临之以利，而观其廉。"就是说在考查识别一个人时，通过托付给被考查人以钱财，可以发现他的廉洁情况怎么样。"廉者，民之表也；贪者，民之贼也。"钱财像命，见钱眼开的人绝不会是廉洁奉公的。相反，只要是真正廉洁奉公的人，就一定不会中饱私囊。

明朝时有这样一个官员，因贪赃受贿，被揭发后跳井自杀。朱元璋知道这件事后对群臣说："彼知利之好，而不知利之害；徒知爱利，而不知爱身，人之愚孰有甚于此？"他又说道："君子闻义则喜，见利则耻，小人见利则喜，闻义则不从，是故君子舍生取义，小人则舍生为利，所为相反。今其人死不足恤。"礼部的尚书也因此说道："其事可为世之贪污者戒。"那些见利忘义、贪图不义之财的人应该醒一醒了，否则最后还是会害自己。

中国历史上的著名皇帝李世民，也出现过马失前蹄的情形。在他晚年时，误用了才气有余、德行不足的武将——兵部尚书侯君集。在侯君集打下高昌的时候，巧取豪夺，私自攫取了无数的金银珠宝。但是，唐太宗依然认为他能力超群，继续加以重用。最后，侯君集终于走上了与太子勾结谋反的道路。唐太宗最终吞下这枚苦果，之后便一蹶不振。

不久前，一家全球著名的跨国公司在招聘员工过程中出现过这样一件事：

经过一系列选拔之后，几百名应聘者剩下来只有不到 10 人。面试那天，10 位应聘者被逐一面谈。总经理在对他们进行面试时，并没有过多地考查他们的专业知识。但是，在面试时间快结束的时候，他对每个人都说了这样一句话："你还记得吗？半年前，在一个专业研讨会上，我们就已经见过面了，当时你的演讲，写得真是不错……"其实，这只是总经理设置的陷阱，他没出席那次的会议。

除最后一个面试的女孩，前面所有的人都顺着总经理的竿子往上爬："是的，经您一提醒，我想起来了，咱们确实见过面。至于说那篇稿子，只能说还过得去，如果有您的指导的话……"那位女孩听完总经理的话，觉得很奇怪："这位老总一定认错人了，我根本就没有参加过那个研讨会，他一定没见过我。可是，否认吧，当着几位考官，太不给总经理面子了；承认吧，就更不合适了……"最后，这个女孩下定决心，非常从容地回答说："总经理先生，我想您可能认错人了，我当时在广州出差，错过了那个会议。非常抱歉，让您失望了……"说完，女孩礼貌地站了起来朝外走，她觉得自己没有任何希望了。但是，在她开门将要离开时，总经理叫住了她："×××小姐，你已经被我们录用了！"

经过几个月的工作证明，总经理的决定是正确的。在后来的工作中，这位女孩很快因德才兼备而被公司发展为储备管理人才。

以危为镜，可判断他人是否忠诚

有一个以古罗马奴隶斗士为原型的电影，名叫《斯巴达克斯》。片中描述了斯巴达克斯在公元前71年领导的一次奴隶起义。他们打败了罗马大军多次，但是，在克拉斯将军长期的围追堵截中，最终起义军失败了。

电影中有这样一个细节：

克拉斯对斯巴达克斯的残余部队说："你们曾经是奴隶，将来还是奴隶。但是罗马军队以慈悲为怀，只要你们把斯巴达克斯交出来，就能免受钉死在十字架之苦。"

场上一下子充满死亡的气息，经过一段长时间的沉默，斯巴达克斯站起来说："我是斯巴达克斯。"不料他身边的一个人也站了起来，然后说："我才是斯巴达克斯。"紧接着又有人站起来："不，我才是斯巴达克斯。"在一分钟之内，被俘虏军队里的每一个人都站了起来，而且都说自己才是斯巴达克斯。

虽然不清楚这个细节是不是依照历史演绎的，但是在这次危难中，斯巴达克斯部队成员所体现出来的忠心却是日月可鉴。

在面对危难时，最能看出一个人的忠诚度。"告之以危而观其节"，说的就是在识人时，告诉给你所要识别的对象出现了危难的情况，然后让他处置，就能从他的处理方法知道这个人是否忠诚。

忠诚，说的是忠实和真诚，就是一个人在关键时刻和重大原则问题上表现出来的立场和道德方面的坚定性。忠诚不管对于组织还是关系的双方来说，都异常重要。

在我国春秋时期，主管军事的司马穰苴曾说："将受命之日则忘其家，临军约束则忘其亲，援枹鼓之急则忘其身。"在一个人的道德方面，就是思想情感的正义性——勇于坚持真理，凛然伸张正义，不谄媚，始终正大光明，品质高尚，珍重个人品格。忠诚便是其中非常重要的一环，忠诚是无法被利益危难改变的。

范仲淹曾经因为直谏被三次贬谪，三起三落都不改其志，他为国为民，直言敢谏，始终如一。他先忧后乐的精神，仁人志士的节操，一直影响世人到今天。

一个人可以毫不犹豫地应对困难，果敢坚毅地维护组织的利益，并能够把事态控制在最有利的一面上，同时也保护了组织和控制事态发展，这其中必然充分体现了这个人的气节和能力。只有这样的人才能够担当重任。

上海一家贸易公司的应聘现场聚集了很多人，他们都有着深厚的学识和优秀的工作履历，衣冠楚楚，举手投足之间看起来都很优雅。最后，经理把一个默不作声的年轻人叫到了跟前。很多人问其原因，经理说："当别人争先恐后显示自己的时候，只有他一个人将被挤掉的公司牌子捡起来放好。"

最后年轻人得到了这个岗位。

之后的工作中这个人话很少，但是，凡他管理过的仓库总是井井有条，货物清单也条目清楚。有人问他："为什么你可以做得那么出色？"年轻人微笑着回答说："谁都希望工作起来顺手吧，我想大家工作时可以省心些。"

之后一年的时间，这个公司由于战略失误损失严重，公司陷入困境，很多员工都走了，他却坚持留了下来。主管问他不离开的原因，他平静地说："经营不好的公司也需要人干活啊。"尽管薪水少得可怜，可是他做起事情却依旧一丝不苟。主管看着年轻人递给他的记录和往来账目，真正地认识到了这个年轻人的才能。

经过困顿的两年，公司发展进入正常轨道，重新发展壮大起来。而这个年轻人，因对公司的忠诚与贡献，在大家的一致拥护下，升迁为公司的副总。

日常生活中，我们也可通过危难去看朋友或夫妻的忠诚度。

"没有永远的朋友，只有永远的利益。"这是英国首相帕默斯顿的名言，《红楼梦》中有歌词："夫妻本是同林鸟，大限到时各自飞。"但是，真正的朋友和夫妻是能够经受住任何利益或是危机考验的。

以期为镜，可识人是否守信

高先生是一个已经有 10 年工作经验的导游，他说工作中最大的困难，就是"等齐团友"。

"事先说好的时间、地点，基本上没有一次大家能够准点到齐。不是这位先生在景点拍照留影迟迟不肯出来，就是那位女士在忘我地购物。既然是团队旅游，大家就应该有遵守时间约定的观念，一个人迟到，意味着整个团的团友都要白白浪费时间等候他。也浪费了全团的游玩时间。"

一次，高先生带团，在约定集合时间到了后，迟迟不见一对母女出现。时间在一分一秒过去，其他团友都在担心那对母女出了什么意外，就赶紧让人回去找，这时才发现她们正在瀑布前租了衣服拍艺术照。她们到集合地方的时候，已经超过约定时间整整半个钟头，"反正你们会等到我们来了再走。"看到整整一车焦急的团友，那两个人却没有一点愧疚。

高先生说："已经定好的时间、地点，如果不遵守，还定它干吗？浪费别人的时间，于己无益，于人有忧，又何必这样呢？"

张小华是我们之前的班长，邀请了我们几个同学周末去他家里聚会，他在网上留言的时候并不是很正式，仅说周六晚上 7 点钟到他家。直至到了周六的 6：30，我才恍然想起竟然忘记了问他家的具体门牌号。

所以，我赶紧给他发短信，可是却没有回音，上网求救于其他同学，也没人知道，心里很是着急，于是只好直接去他们小区边看边问了。幸运的是我刚到小区时，接到了小华的电话，才知道因为信号问题，他也是才收到短信。

说好的其他人，或者因交通问题，或者因临时有事，均迟到了，但都不约而同地打了电话来说明原因，小华也表示谅解。所有人到齐之后，小华说很开心大家都能来，我们很开心地在一起度过了一个晚上。

在平时的工作或学习中，我们是否也有过因为一些事情而爽约的情况呢？

假如不是客观条件的限制，看似时间观念不强的问题，却是一个人没有信用的具体表现。

我们可以从很多方面观察一个人，方法也很多，但是考察一个人的"信"却是最先一步和最重要的一步。

信，是做人的准则。常言道："言必行，行必果，果必真。"信，就是要信守承诺、一诺千金。 其实，这也是一个做人的根本要求。 孔子说："人而无信，不知其可。"意思是说一个人如果缺乏诚信，那么他就难以得到正面的评价。守信的人值得我们依靠与信赖，而言而无信者，说到做不到，或是说一套做又一套，无法想象和他们一起工作或生活的情景。

在我国战国时期，商鞅在秦王的支持下，准备变法革新，为了赢得民众的信任，商鞅在南城门，立起一个高有3丈的木头杆子，贴出告示："将木杆移置北门者，给予黄金300两。"

民众不清楚商鞅在耍什么把戏，没有人敢去搬。第二天，商鞅增加赏额至1000两黄金。这时，一个胆大的人决定去搬这根木头。他很快将木杆移到了北门。商鞅当时就将1000两黄金赏给了他。

这件事立马传遍秦国，老百姓都认为，商鞅言而有信，说出来的话必定能够实行。如此一来，商鞅为将要公布的变革赢得了民众支持。

在我们的生活工作中，信，往往是很难做到的。 有的人对下属、朋友、同事许下诺言，可是过一阵子就忘了。 "急与之期而观其信"，是庄子提出的一种识人方法。 说的是，和对方设定一个紧急期限，看他是否守信。 一个人是否守信，在事态紧迫的情况下求其帮助或与其相约，就能从他的行为中得到验证。

"陈小姐，明日上午9时，我在办公室等你，我们讨论一下财务管理上的一些事情，你能准时到吗？"财务总监赵平对符合招聘条件的陈小姐这样说。

"没问题。"陈小姐迅速答应了。

第二天早上9点整，陈小姐并没有准时出现在办公室中。赵平在那儿等了她1个小时，然而她还是没有来。第三天上午，陈小姐在没有通知他的前提下，却突然出现在办公室里。

"抱歉，赵总，昨天上午我同学来北京了，我去火车站接她去了。"她无奈地向赵平解释昨天为什么没有来。

"抱歉，陈小姐，昨天下午3点有一个来应聘的王小姐，我感到很满意，决定正式聘用她，希望我们以后有机会再合作吧。"赵平站起来，暗示她谈话已经结束了。

假如她之前打电话解释，也许结果就不同了。

陈小姐很吃惊，因为她有在4家大公司工作的经历。却不知，她自认为的优势，正是赵平怀疑的地方。这时候，赵平就是在用"急与之期而观其信"的方式来考验她。

朝夕相处，可以知其修养

"近使之而观其敬"，在我们要想知道这个人是不是真诚时，可以选择与之朝夕相处、与之亲近的方法，逐渐地去认识他。

近，不仅表示空间距离很近，也表示感情上的多加亲近，观察的是一个人应有的礼仪与尊敬。

有一句古话："必见其阳，又见其阴，乃知其心；必见其外，又观其内，乃知其意；必见其疏，又见其亲，乃知其情。"说的是应该从很多方面观察一个人。 同一个人朝夕相处时，留意对方的日常行为和生活习惯，是方便而且直接的方法。 由于人们在日常行为与生活习惯中表露出来的个体特征，较之他们在工作场所里的表现更具真实性，所以更值得参考。

台湾心理学者、情感专家张怡绮在接受某杂志的采访时，就怎样选择伴侣说到了自己的人生经历：

"你要观察这个男人怎样看待自己和他人的。 我自己在这方面深受其益。 我和我先生在大学认识的时候，他是愤青，但是我们一块儿去吃路边小摊时，穿得像摇滚巨星的他却去帮老先生端碟子，我觉得这个人不错。 两个人交往，一定要去有很多人的地方，看他如何同别人打交道。"

招商局有三个新来的大学生，分别是张兵、李华和赵刚。

新员工报到首天，王局长就在接待室和他们见了面。他仔细观察了一下，觉得三个年轻人都态度恭敬，坐在椅子上姿势端正，谈话之中微笑去看对方，眼神碰触的时间比较适中。无论哪位领导说话，他们都会不时地点头应和。总之，虽然三个人都有些紧张，但是表现都不错，非常有礼貌。

人事部的主任就问王局长，如何分配张兵、李华和赵刚的工作。

王局长说："现在刚刚接触他们三个，觉得都不错，反正一个去办公室，一个去招商部，一个跟着我做助理。"王局长又想了一下说："或者先让他们都去办公室工作，让办公室的张主任考察一下，过一段时间没有拘束了，摸透性情后，再依据三个人的性情分配。"

所以，三个人就都先去办公室工作，其他部门有事情忙不过来的时候便去"救火"。张兵等人知道王局长要从他们中间选个秘书，都暗暗为自己加油，都想抓住这个机会。他们三个人每天都按时上下班，没有迟到早退的现象，并且三人每天都来得特别早，把办公室的卫生全包了，打卡后就开始拖地、擦桌子，清洁工都插不上手。对于应该做的工作，他们都会认真地完成，毫不拖延。

随着时间一天天过去，张主任发现，这三个人逐渐都不再拘束了，身上的特点便凸显出来。李华做事很认真，文件都弄得整整齐齐，很适合在办公室工作；张兵很会说话，头脑灵活；赵刚则做事稳重，不慌不忙。张主任还发现，人们来办公室办事，有头有脑的人，张兵都殷勤接待，对那些无名小辈，则推给其他人处理。赵刚可没那么多心眼，所有人都同等对待。

因为学校和主修专业的原因，王局长比较中意张兵，他觉得这个小伙子头脑灵活，反应灵敏，带在身边会省事不少。但是王局长又考虑到，招商局月底有个关于招商引资的活动，出席的有一些大型企业的负责人，还有一些前来考察的外商。现在这个活动是最重要的事，所以王局长决定，等活动办完后，再决定也不迟。

在紧张有序的准备之后，招商会议进行得很顺利。很多来参加活动的人因为不熟悉场地，就纷纷向人咨询。问到张兵时，假如对方地位很高，是个老总或董事长，张兵就很热情地带领对方入场；如果咨询的是普通人员，张兵就说很忙，要么遥遥指一下路，要不就让他人解答。赵刚则一视同仁，从不看人下菜碟。王局长看在眼里，并没有说什么。

最终，招商会顺利落幕，招商局受到了领导的表扬。

王局长很开心地告诉大家："这一个月大家都累坏了，晚上好好庆祝一下。"

在聚餐的时候，王局长说："今天没有外人，这也不是工作场合，你们都随意，别拘谨，千万要吃好喝好。"气氛顿时活跃起来。席间，张兵认为自己和主任比较熟了，便拍着他的肩膀，称兄道弟地和他喝酒。张主任虽然没说什么，但心里很不自在，觉得张兵开始时对人那么恭敬，熟悉之后就很随便。

次日，王局长宣布，赵刚担任他的助理，李华继续在办公室工作，张兵则被分到了招商部。

王局长将三人放在办公室里，观察他们如何与人交往。可以说，开始时三个人不分上下，对人都很恭敬。可是时间长了，每个人的本性就露出来。"行谨则能坚其志，言谨则能察其德。"张兵可能不知道，久而久之，他的小聪明和功利心就暴露了出来，使他丧失了一次好机会。

我们也常常这样：对于陌生人，或者是不太熟识的人，我们尚且能做到礼仪与礼节上的尊重和恭敬。但一旦两个人的关系近了之后，我们就失去了最初的礼貌。

这是因为人之间距离近了，感情加深了，我们就会放松对自己的要求，我们的本性也会暴露出来。此时，可以观察一个人是否还会对他人保持敬重之情，是否会有人前尊敬人后诋毁的情况。这时候，最容易观察一个人。

比如，许多外国人来到中国，都觉得中国人热情和客气。但是时间长了，便发出"原来不是所有中国人都那么好"的感慨。这就是因为有的人表里不一、言行不合，只把尊重做在表面上。

咨询谋略，可以知其学识

"咨之以计谋而观其识"，说的就是，在我们需要认知一个人的学识时，可以就一些较复杂的实际问题不断地向对方提出咨询，请对方就这个问题给出谋略和决策方案，来看他是不是真的非常有学识。

诸葛亮也是用此法考查姜维。

姜维在被收归于诸葛亮之后，诸葛亮与他谈话，从各方面考查他的德才，结果都非常不错，于是便很赏识他，此时姜维才27岁，就已经被封为阳亭侯。

诸葛亮告诉张裔、蒋琬："姜伯约（即姜维）忠勤时事，思虑精密，考其所有，永南、季成诸人不如也。其人，凉州上士也。"还说："须先教中虎步兵五六千人。姜伯约甚敏于军事，既有胆义，又深解兵意，此人心存汉室，而才兼于人，毕教军事，当遣诣宫，觐见主上。"很快姜维就成为中监军征西将军。

正和诸葛亮想的一样，姜维"心存汉室，而才兼于人"，成为蜀汉后期的中流砥柱，尽忠蜀汉。

往往，有能力有见识的人能准确预见事物的走向和结局，料事如神，可以发现别人看不到的地方。他们分析形势的能力特别强，可以用多方信息预测结果，能做到以近知远、以今知古、以所见知所不见。

这种能预测的人更容易取得成功，能避免许多无谓的失败，从而让自己处处领先，犹如围棋中的先手。真正的智者和愚夫、圣贤和凡人的区别大概就在这里。古今中外，特别多伟人有这种能力。

其他人纷纷怀疑红色政权可以坚持多久时，毛泽东指出了"星星之火、可以燎原"。在汪精卫散布"亡国论"和蒋介石叫嚣"速胜论"时，毛泽东完整而科学地论证了中国人民抗日战争的战略总方针——持久战。意大利航海家想去探索新大陆时，一直得不到支持，最后西班牙王后伊萨贝拉愿意拿出自己的私有财产来支持他，从此可以看到她非同一般的谋略和胆识。

假如你身为一个领导，不断地向下属提出咨询，请他们对一些重大问题、复杂问题等提出谋略和决策方案，就能看出他们是不是真的有能力和谋略。

1941年，在日本偷袭了珍珠港不久，艾森豪威尔被马歇尔叫去。马歇尔在概括介绍了太平洋战争的基本形势后，问艾森豪威尔："我们接下来做什么？"

马歇尔是希望借此考查艾森豪威尔的能力。在当时混乱和不利的情况下，马歇尔急需一位有胆识的军官做他的副手。虽然他也已从其他途径了解了艾森豪威尔的一些能力和胆识，但他还要亲自检验。

艾森豪威尔没有让他失望，在几个小时后即提出了一系列很有价值的建议和方案，让马歇尔很是欣赏。艾森豪威尔后来步步高升，成为第二次世界大战中非常有名的统帅。

当然，"闻道有先后，术业有专攻。"我们在检验一个人的能力时，也必须有针对性和目的性。

例如，我们要知道此人在政治方面的看法，可以与他谈论国内外的政治形势，让他就一些政治事件发表看法；假如我们想要考核一名财务人员是否合格，就可以向他咨询用什么办法最大限度地减少财务开支；假如对方是公关人员，如何才知道他是否是这方面人才呢？那就可以模拟一些公关危机，看他的危机反应能力。

神谷正太郎之前是美国通用公司的职员，丰田喜一郎看中了他在营销方面的才能，对他非常欣赏，多次邀请他来丰田公司管理汽车营销方面的工作。神谷正太郎很是感动，他最后接受了丰田喜一郎的邀请，来到了丰田公司工作。

到丰田工作没多长时间，丰田喜一郎向神谷正太郎询问通用公司的营销之道，并希望他能对丰田公司的汽车营销提出相应的措施。神谷正太郎告诉丰田喜一郎："我在通用汽车公司销售店工作，很满意他们的营销方式和管理手段，我认为他们的方法在国际上是最先进的，我觉得有必要好好地学习利用一下。但是，他们的情况也有不适合日本国情的地方，比如，对于销售情况不好而陷于困境的店面，通用公司会毫不犹豫地选择淘汰。但是，如果在日本，这种生硬的做法便有些不妥，我不希望应用于丰田。"

他接着说："我在通用公司工作将近10年，通过学习通用汽车公司的方法，我真实地感受到，所谓制造商和销售店，在共同的目标下，应该谋求'共存共荣'，也就是'双赢'的策略。假如我们只是把销售店作为为了销售而使用的一种工具，那么，我们就没有真心实意地合作。我们应该把销售店看成我们公司的命运共同体，经过各方的努力，建立起双方共同进退的关系。这便是我的建议。"

神谷正太郎的共赢建议，走的是共同发展的光明大道，而不是只顾自己的营销小路。他创造了"顾客第一、经销第二、公司第三"的理念，他觉得需求是可创造的，需求能够创造一整套销售经验，从而使丰田汽车的销量取得了突飞猛进的发展。

频繁使唤，可以知其能力

一个女生对着身为厨师的老爸抱怨，工作与生活上的困难和问题总是一个接着一个。她说，也许向它们投降，就可以活得轻松些。

父亲听到女儿的抱怨后，带她来到厨房，给3只锅加上水，里面分别放进胡萝卜、鸡蛋和咖啡豆，然后开火煮起来。他什么话都没说。

女儿就很奇怪，问父亲在干什么。20分钟后，父亲关了火，他把原来的3样东西盛出来，然后问女儿："孩子，你发现什么了？"

"胡萝卜、鸡蛋和咖啡。"女儿回答。他令女孩感觉下胡萝卜。女儿发现胡萝卜变得很软了。之后，他又令女孩把鸡蛋剥开，看到的是煮熟的鸡蛋清和蛋黄。最后让她尝尝咖啡。女儿微笑着品尝香醇的咖啡，好奇地问："父亲，您希望我知道什么？"

父亲说："这3个东西都被放在水中煮，但它们的反应却不一样。胡萝卜刚放进水里时很硬，但是在沸水里煮一会儿就变软了，容易对付了。鸡蛋放在沸水中煮后，开始薄薄的壳可以保护内部的液体，但是只要煮一会儿，它的内部就变硬了。而咖啡豆又不一样，将水转换为香醇的咖啡。"

在这个小故事中，我们能得到什么启发呢？

虽然"真金不怕火炼"，但是金子不经过炼化，又怎么能知道是否是真金呢？人才也是如此，有人说："所谓人才，就是你交给他一件事情，他做成了；交付另一件事时，他又做成了。""烦使之而观其能"，就是我们想知道一个人的能力，可以在情况复杂时派他去工作，或是频繁地交给他一些工作并要求他在一定的时限内完成，从他工作完成的过程和结果中，就能检验其能力的大小。

白居易讲道："试玉要烧三日满，辨才须待七年期。"每个人能力不同，有高有低，但在一般情况下是难以分辨出来的。只有派给他很多的事务，并且在各种复杂多变的情况下令其独立处理，然后通过他在实际工作中的具体表现，一段时间过后便可检验出。

拿破仑·希尔曾经聘用一个年轻的女士作为助手，当时，她的工作是听拿破仑·希尔口述，记录信的内容。薪水和同样工作的人持平。

一次，拿破仑·希尔口述了下面这句格言，并让她用打字机把它打印："记住，你唯一的限制就是你自己脑海中所设立的那个限制。"在她将打好的纸张交给拿破仑·希尔时说:"你的格言启发了我,对你、我都很有价值。"这件事拿破仑·希尔并没有放在心上,不过从那天起,拿破仑·希尔可以看得出来,这句话对她影响很大。

她在吃完晚饭后重新回到办公室,去做些不是她分内而且也没有报酬的工作,比如帮拿破仑·希尔处理一些回信。她研究拿破仑·希尔的写作特点,因此,这些信的回复简直跟拿破仑·希尔自己所写的一样,甚至高于拿破仑·希尔的水平。她一直保持着这个习惯,直到拿破仑·希尔的私人秘书辞职为止。

拿破仑·希尔为自己找新的秘书时,他很自然地想到了这位小姐。因为在拿破仑·希尔还未正式给她这项职位之前,她就已着手做了很多这个职位的工作。她在下班之后,在没有支领加班费的情况下,对自己加以训练,使她已经有能力做好这一项工作。

不仅这样,她超高的工作效率也引起了其他人的注意,别的雇主也纷纷开始提供很好的职位请她担任。拿破仑·希尔已经多次提高她的薪水,如今她的工资是以前的数倍。

这个事例中,这位年轻的小姐仅仅通过自己的争取就能表现这样好,这说明,假如下属是个人才的话,我们必须要给予他更大的发展空间。"海阔凭鱼跃,天高任鸟飞",如此一来,才可以让人才有充分的展示空间。

日常生活中，有些人在平时的工作中能力表现突出，处理事务井井有条。但是，在重要时刻，其才干却"伸不出""展不开"，遇到突发性事件或麻烦的问题时，常常显得束手无策，一筹莫展。而有些人日常的工作做得似乎没有特别优秀，但在关键时刻却能力挽狂澜，扭转乾坤，表现出惊人的驾驭全局的能力。还有的人不管日常还是关键时刻都有突出表现。反正一句话，考查一个人的能力，应当做全面而又细致的观察，"烦使之而观其能"，通过一系列的考验，才可以正确地认识一个人。

两年前的时候，阿欣不仅是一家药店的骨干员工和店长老齐非常倚重的得力助手，也是颇有争议的"人物"。争议就在于阿欣工作业绩出色，但她在店主作风和团队管理方面仍有问题。老齐之前与阿欣沟通过，但是没什么效果。一天，连锁总部通知齐店长说因为阿欣工作出色，想提拔她到位于城乡结合部的一个分店任店长，想听听老齐的看法。齐店长犯难了：有一定缺点的下属要升职，他应该持什么态度呢？

事实上，每个人不是一生下来就十八般武艺样样精通。显然，阿欣有成为一名好店长的必备能力与潜在素质：非常上进，有事业心，做事勤奋，能吃苦，不怕困难，一身正气。总部想派她到城乡结合部分店担任店长，那里地理位置不是很好，工作条件相对艰苦，开拓市场，吸引顾客，提高竞争力等工作挑战性极大，在那儿做店长一定要有手段，富有朝气与干劲，有较丰富的销售经验，阿欣具备这方面的潜质，可以扭转分店效益不好的状况。

"响鼓需要重锤，真金需要火炼。"考虑再三，齐店长认为年轻的阿欣确实是块经营管理药店的好苗子，但她能否成功，也在于是否有机会锻炼。当然，这期间也需要自己把她"扶上马，送一程"。最后老齐赞成阿欣做分店店长。

现在，经过两年的成长，阿欣将分店的管理工作做得特别好，之前偏居一隅的一家小店，如今已成为业绩最好的店面之一。

旁敲侧击，可以知其反应能力

何佳在大学中主修金融，马上就要毕业了，她很着急，希望自己能进一家金融单位，可以将自己所学的知识应用起来。

一次，得知一家银行在一个招聘会上"招兵买马"时，她认真地打扮了自己，穿上用几个月生活费买的一套深色西装，带上厚厚的自荐书，来到了招聘地点。

在一个不大的房间里，一男一女端坐在桌前。何佳深吸了一口气，微笑着走了进去。

何佳首先认真地做了自我介绍，又毕恭毕敬地递上自荐书，可两位考官连看都没看一眼，就将她的自荐书丢在旁边。

那个男考官开始跟何佳拉家常，问一些不着边际的问题；女考官则一直一言不发，静静地听着。何佳暗自庆幸：就问这些小儿科的问题，一定难不倒我。

刚开始时女考官一直不说话，然后突然询问专业方面的问题，一连问了十几个。何佳因 4 年的专业学习比较扎实，也回答得很好。

最终，男考官说："再问你一个问题，假如你到我们银行工作，突然遇到持枪歹徒抢劫银行，你接下来的第一件事是做什么？"

"立马蹲下！"何佳不假思索，不过看到男考官脸上明显的不屑，她感觉情势不妙。

"蹲下干什么？"女考官淡淡地接着问。

何佳意识到问题所在，赶紧说道："然后，按下桌子底下的报警器……"

结果，何佳成功地被这家银行聘用了。

在我们求职于某职位时，一般由人事工作人员或业务主管对我们进行面试，为什么对一个人的考查过程中一定会有面试这一关呢？

古话说道："不知言，无以知人。"面对面的交谈，可以使面试者对考查对象产生亲身感受和较深的体验，从这里面可以直接反映一个人的思想、见识高低，了解到其工作情况、受教育程度、专长、兴趣、志向、是否机智，语言表达能力……

"穷之以辞辩，而观其变"，和一个人就一些争论性、尖锐性话题进行争辩时，能够体现对方的机敏反应能力。"急中生智"，我们往往这样说。一个人的机智水平常能够在紧急情况下释放出来。这其中的科学道理是什么呢？

如今，生理学家发现，人脑约由 1000 亿个神经元组成，里面贮存着各种各样的"信息"。当人们受到外界条件紧迫的刺激时，交感神经立刻转入兴奋，中枢和外围神经末梢会随之迅速地释放出大量的肾上腺素。因为激素的作用，人体内的血液循环会加快，大大改善头部的供血状况，使更多的氧气和养分被输送到头部，确保了人脑的思维、判断、理解和记忆等活动。此外，中枢神经系统中传递神经冲动的神经递质分泌也随之增多，使神经细胞间处于相互联系的状态，这就能对大脑贮存的大量"信息"进行有效利用，从而快速做出反应。这就是"急中生智"的科学依据。

所以，我们在与人打交道时，假如想知道对方的机智水平，就可以以一些争论性、尖锐性、复杂难辨的问题与对方进行对话，质问对方，来观察他的应变能力。

三国时期的秦宓是一个特别机警的人。

在刘备想要讨伐吴国时，秦宓指出这不是伐吴最好的时机，必将不利，最后真如他所说，这已说明他有才智。后来蜀与吴结成联盟，吴派张温来蜀，回去时，诸葛亮设宴为他送行。张温特别自傲，看不起蜀中人士，谈话中显得很傲慢，他与秦宓谈话，一开始便轻蔑地问："你有知识吗？"

宓反驳说："小孩子都有，况且我！"

温又问："天空有边界吗？"宓答："有。"

温问："边际在何处？"宓答："在西方。诗云：'乃眷西顾。'从这我们可以知道，天的尽头在西方。"

温于是又问："天空可以听到声音吗?"宓答说：
"有，天再高也能听到。诗云：'鹤鸣九皋，声闻于天。'
若没有耳朵，又如何可以听到?"

温继续问："天有姓吗?"宓答："有。"温于是问：
"姓什么?"宓答："姓刘。"温问："你如何得知?"宓
答："天子姓刘，由此可知。"

最后温问："太阳是从东方升起的吗?"宓答："虽从
东方升起，却在西边落下。"

面对张温一个个的刁钻问题步步追问，秦宓不假思索，
脱口而出，对答如流，且言辞绝妙，如果没有非凡才智，怎么
会有这等能耐呢？ 之前秦宓料到刘备的失败，今又能如此随
机应变，诸葛亮对他的才能表示钦佩，就把他升到中央的重
要机构任大司农。

曾任我国国务院副总理的吴仪，她的机智和应变能
力也可从其在面对记者的各种或复杂，或刁钻，或尖锐
的提问时看出。一回，吴仪到俄罗斯远东地区考察，几
个俄罗斯记者突然采访她。那是在一次宴席后，吴仪站
在饭店的阳台上，陷入沉思中。这时，俄罗斯记者普列
亚欣把她截住，出其不意地对她发出了连珠炮式的提问。
没有任何准备的吴仪照样反应灵敏，应对自如。

普列亚欣问道："英国有句话：'女士们往前走。'您

如何看这句话?"

吴仪:"我也是在向前走。这是说要跟上时代的步伐。中国改革开放的步伐迅速,世界经济与科技也在飞速发展,只有向前走,才不会被时代抛弃。"

普列亚欣:"你将什么作为警语?"

吴仪:"一个是中国古代伟大诗人屈原的话:'路漫漫其修远兮,吾将上下而求索。'另一个是原苏联作家奥斯特洛夫斯基在《钢铁是怎样炼成的》中写到的:'人的一生应该这样度过,当他回首往事的时候,不因虚度年华而悔恨,也不因碌碌无为而羞愧。'"

普列亚欣:"你认为自己是理想主义者,还是现实主义者?"

吴仪:"我是现实主义者。国家强大是实干出来的,不是空想出来的。"

普列亚欣:"假如您只身在荒芜的小岛上,您首先选择什么?"

吴仪:"我要垦荒,使自己有基本的生存条件。"

普列亚欣早就计划好了,她随后又问了一些事先拟好了的古怪刁钻的问题,结果,吴仪都恰当且巧妙地一一回答了这些问题。

站在一旁的俄罗斯记者都不约而同地为吴仪精彩的回答叫好。

要注意一点的是,我们在通过提出疑问或与对方进行辩论等方式来考查一个人的机智与应变能力时,也要看清对方是否虚有其表。

　　一些人语言表达能力特别好，口若悬河、滔滔不绝，初次接触很容易给人留下良好的印象，并让人觉得他是一个知识丰富、能说会道、善交往、能力强的人才。 但是，假如我们给他分派具体任务，让他找出对策，真的去做一些工作的时候，他可能会避实就虚、圆滑应对，这就说明这是个华而不实的人。 用这种人当副手还可以，但是不可以委以大任。

第六章

识破谎言：没有人能骗到你

视线转移代表心虚

　　我们时常会用"眉清目秀""浓眉大眼"或是"贼眉鼠眼"等词语来描述一个人。由此看来，眉眼可以作为一种十分特殊的表现方式来诠释一个人的个性特点，特别是视线，更能体现一个人的不同心态。

　　现实生活中我们常遇此种情形。当你与他人交谈时，对方的眼神总是躲闪不定，一旦与你的视线接触，就会立即将自己的眼神移开。这个表现会使你猜测他可能藏有心事，或者是做了有损于你的亏心事。这种担心是有科学道理的，从心理学来看，回避视线的行为，常常被认为是一方不愿被对方看见的心理投射。也可以说，极有可能隐藏着不想告知他人的事情。举例来说，当银行金库的警卫面对光芒四射的黄金和堆积如山的钞票，有的警卫可能会开玩笑说"我只要从这么多钱中拿走一口袋就满足了""干脆我们每人随便拿点一走了之"等等之类的话。在这些玩笑话中，假如有某位警卫不但未曾插嘴，而且还故意将视线从诱人的金钱上移开，则表明，此人最有可能做出监守自盗之事，他将视线从黄金和钞票上移开，其实是对想拿黄金和钞票心理的沉默的自制表现。 一旦找准时机，这种人极有可能会"表现出众"。 与之相反，那些开玩笑说"随便拿一点一走了之"的人，通常只是说说而已。 当然，这并不意味着他们对金钱没有欲望，而是他们将内心的这种欲望通过说笑宣泄出来，心里也就获得了某种意义上的替代性满足，这就极大削弱了他们将"玩笑"付诸"实践"的可能性。 由此可见，视线的转移通常是人内心活动的反映。 在与人交谈的同时，多留心观察对方视线的变化，你或许能从中获悉更多足够真实的信息。

尽管视线转移大多被认为是心虚的表现，但这并不绝对。 在医学上，有一类被称为"视线恐惧症"的患者，他们在突然接触到他人视线后，总是会立即转移自己的视线。 原因是他们感到对方的眼光太过强烈，以至于自己的眼睛控制不住地剧烈眨动，这会让他们感觉极为难受。 他们的心理也随之陷入矛盾，一方面他们担心与对方进行对视会令对方产生不快，另一方面又猜测自己若是转移视线，对方是否会看透自己的心理。 在这种左右为难的矛盾境遇中，他们愈是焦急，就愈加注视对方的眼睛，更剧烈的反应便随之而来；越忧虑对方会看透自己的心理，动荡不安的心理情绪就越强烈。客观讲，此种类型的人之所以会患上"视线恐惧症"，从根本上说是因为他们不够自信。 他们总是借由别人眼中反映出的自己来认识和确定自身的存在及价值。

另外，一个人不与对方进行眼神接触而将视线转移，可能也不是由于心虚，而是来自特定的文化背景。 比如日本，依据他们的风俗习惯，相互介绍之时，名望及身份较低的人应该比高过自己的人鞠更深的躬，以避开眼神接触，这被当作尊重对方的行为。

试想当一个人正处于陌生的环境中，他必然会感到不安全，并想趁早逃离此地。因此，他的目光肯定是游移不定的。相反，假如某人的眼神四处游移，那么，他必定怀有某种不安，想尽早摆脱当前的处境。

当某人与一个令他极为厌恶的人相处的时候，难免会产生想要尽快摆脱的需求。此时，他自然会望向别处，找寻逃脱的出路。可是，如果这个人是他得罪不起的人，显而易见的，欲逃脱的视线必然会使对方不悦。于是，他只能压抑自己的情绪，尽量不把视线从那人身上移开，以免让对方察觉出自己对他心有成见。因此，造成了如此矛盾，情感上盼着尽快逃离，理智上强迫自己直视对方，为了隐藏内心真实想法，他有时甚至会用微笑来假装对对方有好感，只是这种双唇紧闭的微笑实在不同于真正的开心。

若在交谈中发现这种眼光，你应该明白对方对你有多么厌恶，最好主动地赶紧停止谈话，以免引起其他的尴尬。

撒谎时脸上也会有痕迹

一般地，当一个人试图掩饰自己的谎言时，他最有可能采用伪装自己脸部表情的方法。比如，说谎时，面带微笑地看着对方，或是用点头、皱眉、眨眼等表情来掩藏自己的谎言。然而，微笑、点头、眨眼等脸部表情通常不仅不利于撒谎者掩盖谎言，反而会向对方暴露真相。因为当人说谎时，他的有声语言和面部表情存在差异。他内心真正的情感和态度会一直在他的脸上呈现，而众多说谎者对此却全然不觉。比如，当一名推销员对某位顾客夸大某种产品的效果时，他竭力控制所有暴露他正在撒谎的身体姿势，以防它们表现出来，使顾客发觉自己在说谎。然而，尽管他束缚了明显的身体姿势，可是，许多琐碎的脸部表情依旧表露了出来：瞳孔在放大、面部肌肉扭曲、脸颊发红、鼻尖渗出了汗珠、频繁地眨眼等。毋庸置疑，顾客看见推销员脸上的这些表情后，即使他说得再动听，别人也肯定难以相信他了。

通常来说，当一个人打算欺骗他人，或是有某种想法在其大脑里瞬间闪过的时候，其相应的表情会在他的脸上留下印迹。 有时，当我们谈天说地时，看到听者将自己的整个耳朵卷贴在耳孔上或是对方用手托起自己脸的时候，总以为他们正在认真听我们说话，其实正好相反，他们这些小动作是在暗示我们："尽快结束吧，我们已经听腻了！"再如，一个员工向朋友吹嘘自己和单位领导关系紧密，可是，每当他提起领导名字时，他就会略微抬起自己的左脸，露出一丝不屑的表情，偶尔还伴有几声冷笑。 面对此景，即使他说得天花乱坠，其朋友也许也不会相信他和单位领导的关系很好了。

错误行为让心虚表露无遗

平日，你是否曾不由自主地说出过奇怪的话？ 根据心理学家弗洛伊德的研究，说错、听错或写错等"错误行为"，都是将内心的真实想法表现出来的行为。

大多时候，说错话的人都会以"不小心""绝非真心"等作为借口，但事实上，那意外说错的话才是他真正想说的。这也是现实中常有的现象。

由此看来，那些总会说错话的人，多数早已习惯于掩饰真正的自己，是个表里不一的人。 同时，他们私下严禁自己把这些真实想法表露出来。 "这件事绝不能讲出来""这事绝不能弄错，要谨慎行事。"当你越是这么想，便越易将它说出来。 总结出来就是：越是被限制的东西，越去压抑它，就越容易暴露出来。

正确分辨"君子""非君子"

一些人非常擅长伪装，本来是个邪恶小人，却能装出一副君子的形象。本来他在害人，却能装出一副可怜相。小人不仅有小人的逻辑，而且也熟悉君子的规矩，所以很多时候你无法分辨。

很多小人都表现得很"君子"。伪装成君子的小人往往善于迎合，甚至适时适地地"为你谋虑"，体贴你的心，只有你认真地思考才可以看清他的本质。

在北魏宣武帝年代，元禧身为群臣之首，不仅接受贿赂、耍弄权威，还对朝廷大事任意处置，不讲原则。他生性奢侈，荒淫无度，霸占无数田产，而且指示家臣办盐场以及铁矿，获取巨额利润。

从表面上来看，元禧对即位的宣武帝十分听命，不管宣武帝说什么，他都非常赞成，从没有反驳的时候。宣武帝非常相信元禧，他多次对群臣说："为臣之道，元禧可为众臣的楷模。他不居功自傲，向无骄纵之情，绝无违逆之举，甚至超过古代贤臣。"

正直的臣子就上报宣武帝："论定忠奸，尚须深查实校。元禧顺从陛下，这只是他的假象，可背地里他又干了多少违背忠义的事呢？他对您所说的话都极力颂扬，可见他为人奸猾，不负责任，这肯定不是一个辅命大臣的职责。"

宣武帝通过留意元禧，终于发现元禧的小人嘴脸，就开始防范他了。一次，宣武帝告诫元禧说："你处处依朕，朕若有了过失而你也不在旁提醒，陷朕于何地呢？做臣子的应该不注意个人得失，究朕之失，你从无谏言，我难道真的一点错都没有吗？"

元禧非常害怕，猜忌顿起，他召集亲信及家人商量："皇上已对我起疑，下一步当有行动了，我该怎样面对皇上？"

元禧的心腹刘小苟讲道："大人位高权重，而自古皇上诛杀功臣的事就从无休止，大人为了免遭大祸，不如早做准备。"

元禧恼怒地说："皇上不仁，我自不会任其宰割。我忍气吞声这么多年，难道就只能为臣子？"

于是元禧就动了造反之心，开始和其党羽谋划造反事宜。

武兴王杨集本身是元禧的同党，他为保住富贵倒戈相向，向朝廷密报了元禧谋反的计划。宣武帝马上派兵镇压，把元禧活捉。宣武帝当面质问元禧说："你一向顺从我的话，朕也视你为忠臣，现在为什么要谋反？"

元禧依然不知反省说："天子之位，人人艳羡，我顺从于你，正是为了寻机取而代之。如今事败，只怪天不助我啊！"

宣武帝特别生气，处死了元禧等谋反之人，却依然心惊肉跳，他悔恨道："朕为元禧蒙骗多年，方信大奸若忠之言。思及以往，朕真的是太糊涂了！"

人们常常被身边的人伤害，原因就是错把小人当君子、误把敌人当朋友。在现实生活中，尽管那些居心叵测的人善于伪装，但因为他本身就要害别人，所以，不论他伪装得多么巧妙，也会暴露他的真实想法。可以通过他的言谈举止及处理问题的具体方式等诸方面来观察他的人品。当发现你身边的人十分虚伪、奸诈，那你就一定要用适当的方法保护自己。在一般情况下，只要你经常注意并通过多角度观察与你接近的人，就会发现大量你在平时很难觉察到的东西，会很清楚地了解到你身边的人对你的真实态度，而不至于在危险即将来临时全然不知，更严重的是把要害你的人还当作好朋友。

和多疑的小人要保持距离

狼从不吃死食？ 因为狼生性多疑，怕吃了中毒。 小人也同狼一样，因为他们经常欺上害下，所以他们最害怕的也是被害。 俗话说"害人之心不可有，防人之心不可无"。 就好像，你当着小人的面与另一人悄悄耳语，小人就一定认为你要害他。 这也就是狼为什么昼伏夜出，总避开人但又不想离人太远的缘故：它既想吃掉你，又必须时刻防备你。

安史之乱以后，立下大功并且身居高位的郭子仪并不居功自傲，为防小人嫉妒，他反而比原来更加小心。有一次，郭子仪生病了，卢杞来探望他。此人乃是中国历史上名声特别坏的奸诈小人之一，而且面容特别丑，生就一副铁青脸，脸形宽短，鼻子扁平，两个鼻孔朝天，眼睛小得出奇，世人都把他看成是个活鬼。正因为如此，大多数妇人一见到他就忍俊不禁。

郭子仪知道卢杞要来之后，马上下令左右姬妾都退到后堂去，不要露面，他独自等待。卢杞走后，姬妾们又回到病榻前问郭子仪："其他官员来拜访您时，您从来不让我们躲避，为什么此人前来就让我们都退往后堂里呢？"郭子仪微笑着说："你们不知道啊，这个人相貌极为丑陋而内心又十分阴险。你们看到他万一忍不住发笑，那么他一定会记恨在心，如果此人将来掌权，就一定会报复我们家。"

果然，这个卢杞后来当了宰相，极尽报复之能事，将所有以前得罪过他的人全部陷害，唯独对郭子仪比较尊重，没有打击报复他。

这件事很好地说明了郭子仪在对付小人方面很老练。有句话说得好："君子不念旧恶，小人常怀嫉恨。"有人将"小人"比成"狼"，因为小人不仅和狼一样恶毒残忍，而且也像狼一样生性多疑。所以，与小人接触的时候，一定不要使他怀疑你。

小人非常擅长猜测他人的想法，敢于为芝麻大的小恩怨付出一切代价，因此，在待人处世中与小人打交道，一定要有高效的办法。如果你既不想把自己降低到与小人同等的地步，也不愿同小人玉石俱焚，那就把脸皮磨厚点，或者睁只眼闭只眼，不理了事。或者惹不起躲得起，尽量不与他们发生正面冲突。一句话，如果不是非常有必要，尽量避免和小人发生冲突。

识别小人有特质可循

那么，你怎样分辨周围哪些是小人呢？ 毕竟小人没有特别的样子，脸上也没写"小人"二字。

但是，只要留心观察，用心研究，小人还是可以从行为上分辨出来的。 总而言之，小人就是做人做事不守正道，以邪恶的手段来达到目的的人，他们有这些特质：

（1）热衷于挑拨造谣。 说谎和造谣是小人的生存手段，他们造谣生事并不仅仅是单纯地以此为乐，还有其他的打算。 要么牺牲他人来为自己牟利，要么挑拨离间朋友、同事间的感情，坐山观虎斗。

（2）喜欢阳奉阴违。 单从外表上来看他奉承你，背地里却干着见不得光的勾当。 明着一套，暗地里又是一套的人一定要注意。

（3）喜欢攀附权贵。 谁有钱有势就依附谁，一旦失势，马上一脚踹开，另寻他主，这是小人非常突出的特质。

（4）喜欢落井下石。 只要有人跌跤，他们就会追上来再补一脚，在小人眼里，看他人倒霉是他最开心的时候。

（5）喜欢踩着别人前进。 要么利用别人为其开路，让他人白白牺牲；要么自己有错却死不承认，硬要找个人来当替罪羊，让他人来承担自己的过错。

小人的最终目的是利益，因此，若想判别一个人是否是小人，只要许以利害，便可明辨。 比如，获得赏赐和加官晋爵是小人所追求的，为了达到这个目的，他们会用尽所有的方法，往往会蒙蔽领导，伪装成君子的样子。 既然君子并不看重物质利益，那么在君子做出业绩之后，你可以用表扬、激励他的方法，让他感受到你的信任、欣赏，这就足够了。 如果一些时间过后，他没有因为你不提拔他而闹情绪，那么说明他具备了真君子的条件，到那时，你尽可以放心大胆地任用他，不用害怕误用了小人带给你麻烦。

小人最善于溜须拍马，他们这样做的最终目的是为了从掌权者身上得到回报，一旦他们取得掌权者的信任或任命，他们的实力会很快增强，到那时，他们的真实嘴脸就会暴露出来，还有可能反咬一口。

立志要成就大事业的人，一定要留意自己身边一味顺着自己的意志说好话的人，切不可因为他说的都是自己爱听的话就重用他、提拔他，如果这样，就等同于在自己的前途上埋上定时炸药。

小人伎俩虽小，蛛丝马迹也不可放过

　　小人的骨子里是不老实的，但有些不老实的人作伪会被一眼看穿，伪而加诈那就不易被发现了。因为这种人善于矫饰，能隐藏其本质，给人以假象，故能迷惑人，要分辨出来就很不容易。也因其难辨，这种人干的罪恶勾当就难被发现，所造成的后果也更重。

　　奸诈之人常常有不可告人的打算，如让这种人掌权，必谋私以害公，为此必然是结党营私，所干的也就是祸国害民的勾当，他的权力越大，造成的伤害也越大。

　　擅长弄虚作假的人，巧于掩饰，为求做到天衣无缝，使人无从窥知其真面目，因而得以窃取名誉使人信任，夺得权力以行其恶。这种大奸若忠、大恶若善的人，当其罪行被揭露，国家和人民都已遭受其害，灾祸也已经无法挽回了。所以，对于善于矫饰的人，一定要保持高度警惕！

　　南宋时期，为了"精忠报国"，年轻的岳飞应募从军，参加抗金斗争。不久，他就升迁为军官，并且组织了一支"岳家军"。岳飞有句名言："饿死不掳掠，冻死不拆屋。"

很快，宋军在抗金战场上捷报频传。1140年秋，岳飞率领军队在河南大败金兵，并准备把金兵赶回东北老巢。就在他踌躇满志之时，皇帝却连发12道金牌，召他班师回朝。岳飞和他的"岳家军"只能停下攻打的脚步。

这其实是丞相秦桧使的坏。当时宋朝的内部分为主战与求和两派，秦桧是当时最大的实权派，也是最富有的官僚。为了保存财产与官职，他希望宋朝以最快速度求和。求和的先决条件当然是除掉主战派代表岳飞。秦桧绞尽脑汁，最后终于想出一招毒计。

他先陷害岳飞的大将张宪谋反，然后又诬陷岳飞之子岳云给张宪写过谋反信，是同谋。凭借这些诬陷的罪名，岳云与张宪就莫名其妙地被关进了监牢。然后，他又借口质问岳飞几个问题，要求他到国都临安（今浙江杭州）去。岳飞一踏入临安，就被抓进大牢。

为了给岳飞一个被杀的理由，秦桧宣布岳飞、岳云和张宪共同策划谋反。抗金名将韩世忠对此愤愤不平，他质问秦桧："岳飞抗金，何罪之有？岳飞谋反，证据何在？"秦桧左思右想，这样说："飞子云与张宪书虽不明，其事体莫须有。""莫须有"的意思，就是"大概有"。在秦桧的指示下，岳飞三人很快就被判处死刑。1142年春节的前一个晚上，岳飞在杭州风波亭遭到杀害，那时候他才39岁。

秦桧明白，凭正当手段是无法杀岳飞的，他就只好加给岳飞这个"莫须有"的罪名，也就是仅仅凭猜测来给一个无辜者定罪，是无中生有的诬陷。由于这个颠倒黑白的故事，到现在人们依然使用"莫须有"这个词。

　　秦桧这类的小人没有任何道理，没有在基本道德意识之上产生的社会责任感，因而在小人的心目中不存在所谓的群体大局、国家大事。小人最大的追求便是个人利益，就是他强烈欲望的满足，再也没有其他的东西。我们正常人所接受的教育是"国家和集体的利益高于一切"，小人的准则却是"个人利益至上"，而且要坚决地凌驾于国家、集体利益之上，甚至丝毫没有国家、集体利益的概念。

心理学大全集

心理学的诡计

张跃峰 编著

成都地图出版社

图书在版编目(CIP)数据

　　心理学的诡计 / 张跃峰编著. -- 成都：成都地图
出版社，2019.3
　　(心理学大全集；4)
　　ISBN 978-7-5557-1108-7

　　Ⅰ.①心… Ⅱ.①张… Ⅲ.①心理学 – 通俗读物
Ⅳ.①B84 –49

　　中国版本图书馆 CIP 数据核字(2018)第 287492 号

编　　著：张跃峰
责任编辑：游世龙
封面设计：松　雪
出版发行：成都地图出版社
地　　址：成都市龙泉驿区建设路 2 号
邮政编码：610100
电　　话：028 – 84884827　028 – 84884826(营销部)
传　　真：028 – 84884820
印　　刷：河北鹏润印刷有限公司
开　　本：880mm×1270mm　1/32
印　　张：30
字　　数：600 千字
版　　次：2019 年 3 月第 1 版
印　　次：2019 年 3 月第 1 次印刷
定　　价：150.00 元(全五册)
书　　号：ISBN 978-7-5557-1108-7

前　言

心理学是照亮人类自身的学问，是让人变得更聪明的学问。做人要懂点心理学，人际关系中许许多多的烦恼、矛盾，绝大多数是从人们不了解他人的"心"开始的。

在人际交往中，我们会受到很多心理效应潜移默化的影响，使自己的言谈举止在一定程度上出现偏差。只有利用好心理效应对我们的影响中积极的一面，才能使我们发挥自己的心理优势，并有效影响别人的心理，给我们的生活、工作带来更多的便捷与好处。

在心理博弈中，我们要时刻以清醒的头脑来看待和分析事物，努力看到现象背后的心理秘密，才能够避开雷区，实现生活、事业等多方面的丰收。

生活就是一场心理较量，心理学策略在任何时候都能用得上。做人做事，一方面要靠自己的能力和诚意，另一方面还要靠一个人的心计和眼力。能够看穿别人的心理诡计，就掌握了人际交往的主动权，从而产生心理优势，避开心理误区，有效地发挥自身的影响力，使自己避免遭受损失或挫折。

这是一本针对社会现实而写的书。书中的每个分析都深入人的心灵深处，让读者产生共鸣；书中的每个故事均能切中时弊，让读者于阅读之中学得做人做事的道理。本书的目的是要赢得"人心"，而不是改变"人性"。

在本书中，作者探索了人类共同的心理特征和思维模式，把难懂的心理学概念用一个个喜闻乐见的小故事编织起来，通俗易懂地解释了其对生活的影响，并在此基础上深刻解析了一些与生活紧密联系的心理现象。本书兼具知识性、科学性与实用性，既适用于政界、商界，也适用于家庭、职场。书中介绍的知识，会让你在实际生活与工作中更如鱼得水。

2018 年 10 月

目　录
CONTENTS

第一章
洞悉人性，你应该了解的心理弱点和陷阱

第二章
玩转心理，掌控人就要掌控心

第四章

解开心理密码，就能赢得人心

第五章

行走在社会上的每一步，都是一次心理博弈

洞悉人性，你应该了解的心理弱点和陷阱

认同效应：人人都想被认同

　　二顺是个年仅 19 岁的惯偷。他无父无母，是个孤儿，因为祖父母不要他，所以他便自暴自弃，经常出入劳教所、收容所，并且屡教不改，从收容所、劳教所出来就在大街上晃悠。

　　面对这样的孩子，当地的团组织、居委会屡次教育他、帮助他，给他做思想工作，鼓励他改掉坏习惯，重新做人，但他都置之不理。

　　派出所新调来了一位老所长，听说了这个孩子的情况后，专门派了个青年去找这个孩子谈谈。

　　二顺看见这个青年的时候，以为他还和以前来过的很多人一样，根本不予理睬，甚至露出一副挑衅的神态。

　　这个青年只当做没有看见。他坐在二顺的对面，说："我知道你心里怎么想的，你觉得自己已经成了这个样子，即使改好了，人们也会看不起你，我曾经也这样想过。我 10 岁时母亲就去世了，父亲再婚，继母就像童话故事里的后妈一样，非常恶毒。我从家里跑出来后便偷人东西骗人钱，几次进劳教所，家里人为此彻底跟我断绝了关系。直到16岁那年，我遇到了现在的派出所所长，他把我领回家里，让我住在他家里，跟我讲做人的道理，他还教我念书识字。在他的感化下，我变成了现在这个样子，生活过得很好。现在，我是公交公司的一名司机，半年前妻子刚刚生了一个女儿，我现在觉得非常幸福。"

二顺从刚开始的不以为意，到后来逐渐地对青年的话有了反应，不时表现出激动之情。听完青年说的这番话，二顺急忙问："你的话都是真的，是吗？我这样也能改好吗？"可见，青年的话说到了二顺的心里。

此后，二顺常常与青年一起聊天；最终，二顺改邪归正了。

青年并不是谈判劝说的专家，但他却劝说成功。这是为什么呢？这是由于二顺把他当成了自己人，这就是所谓的"自己人心理"。

这在心理学上也被称之为"认同效应"，那什么是"认同效应"呢？

"认同效应"即同类人，也就是说，我也曾经像你这样做过、想过、犯过错误等等。

人们常说：要信就信自己人，要帮就帮自己人！对方一旦把自己当成是自己人，就会另眼相待，这就是"自己人心理"。

人人都可能有"自己人心理"，这种心理在生活中的应用相当广泛。

比如在大学生中，本专业的教师向他们介绍工作和学习的方法，学生就比较容易接受和掌握。相反，其他专业的教师向他们介绍这些方法，接受起来就没有那么快。

听众在听演讲时，如果演讲人是他所喜欢的，那接受观点就会既快又容易，但如果他不喜欢演讲人，就会本能地加以抵制。

喜欢使人们倾向于寻找平衡，这就说明人们喜欢与自己相像的人。对影响的相似性来说，两个人必须能发现他们有相同的价值观和态度。相似的人总是会互相吸引。一个人在许多问题上与自己看法相似，我们就会对他有好感。

正如上面的例子，与二顺有着相似经历的青年，使二顺的抵触心理消失了，并由此产生了信任，最终使二顺转变成一个好人。

不难看出，社会心理中的"喜好原理"与"自己人效应"是紧密联系的。

形成"自己人心理"需要有一定的基础，例如，有过相同的经历、相同的价值观、相同的信念、相同的志向、面临过相同的问题等等。

这一条心理学原理也会被商人所利用，从而达到他们特定的目的。

最明显的一个例子就是特百惠公司的家庭聚会，就是这一原理被应用的典范。这种聚会能够发挥威力，是由于它利用了喜好原理和自己人心理进行了一些特殊安排。

尽管特百惠公司的推销员很具亲和力，然而他们不会强制每位参加聚会的女士购买产品，而真正提出这个要求的是这些女士的朋友，就是组织聚会的人。虽然她满面春风，与众人谈笑风生，不时地为大家端茶送水；可是，她会在无形之中给参会的人施加心理压力。而且，每一个人都会明确地知道，她从中会有提成。就是利用这样的心理，特百惠公司每天的销售额超过了 250 万美元。

特百惠的这种安排非常巧妙：它使自己的顾客从一个朋友而不是一个谁也不认识的推销员那里购买这些产品。喜好原理和自己人心理都发挥了其应有的作用，从而促成了交易的达成。

在社会关系的影响下，这种策略确实是威力无穷的。因为在说服人们购买一件商品时，商品本身对人们的影响远远比不上社会关系的影响。

有趣的是，这种现象已经被一些顾客识破了。有些人不以为然，有些人却牢骚满腹，但也没有办法。虽然他们开始憎恨被邀请参加聚会，购买自己并不需要的产品；但是当面对朋友时，他们又会觉得不买不行。

当然，这种方法被越来越多的人所了解和利用。例如，越来越多的慈善机构开始招募一些义工到邻居家劝说其募捐，因为在人的潜意识中，很难拒绝自己的邻居或者朋友的请求。

其他一些善于让人顺从的行家们发现，喜好原理发挥效力不分朋友在不在场，因为只要提到朋友的名字，就会取得理想的效果。例如，有很多专门上门推销各种家居日用品的公司，会让自己的推销员采用一种"无穷链"的方法发现更多的潜在顾客。假如商品受到某一位顾客的欢迎，推销员询问他有没有其他的朋友可能会喜欢这种商品。之后，推销员就会上门拜访这些人。 同时，推销员名单上的潜在顾客就会越来越多。

当然，其关键就是，推销员根据名单上的名字与顾客交谈时，他都会说"××建议我来拜访您"，如此一来就很少有人拒绝推销员，因为拒绝他就与拒绝朋友毫无差异。 这个办法价值是无法估量的，因为一旦你与顾客建立起朋友关系，你的生意就已经成功了一半。

成功的人也非常看重朋友之间的友谊，这完全能够证明喜好原理的巨大影响力。 即使现在的友谊已经大不如前，那些善于让人顺从的行家们还是可以想出办法利用这一原则获利。 此时，他们用的方法是简单而直接的，即让他们获得别人的喜欢。 例如，外表的吸引力、相似性、不断地接触与合作都可以增进人们之间的感情，从而成为好朋友。

所以，在日常生活中，当你需要请求别人帮助的时候，同时为了使你得到的东西更多，也让别人更愿意跟你合作，在接触的开始，不要先把要求提出来，而是设法与之成为朋友，这也许会提高你的成功率。 事实上，这一原则被许多成功的推销员所应用。 他们通过庞大的社会关系网络来推销他们的产品、挖掘潜在客户，而打交道的方式有吃饭或者举办各种活动等。 其目的只有一个，那就是复杂化双方的关系，而不是简单的买卖关系。

当然，在很多时候，你会发现，在某些方面，你跟对方并不是严格意义上的"自己人"。 不过，即便如此，你也不必发愁，你可以通过一些善意的手段，成为对方的"自己人"。

19世纪末，欧洲最杰出的艺术家之一文森特·梵高曾在博里纳日做过一段时间的牧师。

博里纳日是个产煤的矿区。这里的男人几乎都要下矿井。他们在不断发生事故的危险中干活儿，但工资却低得难以糊口。他们住的是破烂的棚屋，妻子与儿女长年累月地忍受着疾病和饥饿。

梵高在这里当牧师时，他找了峡谷的最下头的一所大房子，并和村民一起拿麻袋去装了很多煤渣，用来烧炉子，温暖整个屋子。

之后，梵高登上讲坛，开始布道。渐渐地，博里纳日人不再那么忧郁，梵高的布道受到了人们的普遍欢迎。这似乎表明，作为上帝的牧师，人们已经认可他了。

自己为什么会这么快被博里纳日人所认可呢？梵高百思不得其解。

他疑惑着回到自己住的地方。正当他准备用从布鲁塞尔带来的肥皂洗脸时，脑海中突然闪过一个念头。他对着镜子，看见前额的皱纹里、眼皮上、面颊两边和圆圆的大下巴上满是黑煤灰。

"当然！"他大声说，"我知道他们为什么认可我了，我终于成了他们的自己人了！"

他没有洗去那些煤灰，躺下就睡了。在博里纳日的日子里，他每天都往脸上涂煤灰，使博里纳日人更容易接受自己。

看来，只要用心，要想成为对方的"自己人"，其实并不是什么难事。

感情账户：每人都有感情存折

一个保险业务员到一家餐厅拜访店主，店主对保险抱着怀疑的态度。

"保险这玩意儿，根本没用。我必须等到死了之后才会领到钱，这算什么呢?"

"我不会浪费您太多的时间，您给我几分钟，我会为您讲清楚的!"

"我现在很忙，你有时间的话，可以帮忙洗洗碗盘吗?"

店主原本只是想开个玩笑，没想到年轻的保险员真的脱下西装外套，卷起袖子开始洗了，吓了老板娘一大跳，大声叫道:

"不用你来，我们真的不需要保险!所以，不管你怎么说，怎么做，我们绝不会投保的，你别在这里浪费时间了!"

但保险员依旧每天都来洗碗盘，店主都硬着心肠说:

"你再来几次也没用，你也用不着再洗了，假如你有自知之明的话，还是换一家进行推销吧！"

　　保险员一点都不为所动，10 天、20 天、30 天过去了。到了第 40 天，终于感动了这个原本抵触保险的店主，最后答应他投高额保险，不仅如此，他还帮这位保险员介绍了很多生意。

是什么改变了态度原本如此坚定的店主呢？

　　因为年轻的保险员施展了攻心术，增加了店主的心理负担，店主为了减轻自己的心理负担，最终选择妥协了。

　　推销员洗了几十天的碗，还没有任何报酬，店主能没有心理负担吗？ 是不是他洗碗的次数越多，就会越加重店主的心理负担呢？ 从心理学角度来讲，这样的行为会导致店主心理上"感情借贷"不平衡。

　　借贷通常是指财务上的收入与支出。 一个企业要想维持经营，必须要保持财务借贷平衡；感情上也是这样的，付出与收获需要保持平衡，才能没有心理负担。

　　因此，人一般都会回应别人的付出。 因为谁都不喜欢增加心理负担，即使是亲人无意识给予的。

　　想想，如果父母对你说："我这么拼命地工作，完全是为了你。"你肯定会不舒服，因为这些话增加了你的心理负担。

　　再想想，如果你感受到别人对你默默地付出，你是否也会有心理负担？

　　面对多次上门的推销员，你斩钉截铁地说："我不会买的，你不用再来了。"然而，他仍百折不挠地联系你，甚至屡次遭到你的拒绝之后，他仍然态度非常好："没关系，不要也没关系，这是我的工作。 我只需要占用您几分钟的时间，简单做一下介绍。"

有时候，他还故意选择恶劣的天气上门，虽然你内心明知这是他们惯用的战术，但也会心存不忍："他们也挺不容易的！"

你原本并不打算购买，但慢慢地就改变了主意，掏出了钱包。

其实，推销员使用的这种战术非常实用。 如果有一天，你想让对方做出较大的让步，也可以试试这种方法。

换一个角度说，让对方感觉到你为其所做出的付出，心生不安，就能让他不得不有所回应。

史蒂芬·柯维写了一本书，名字叫《高效能人士的七个习惯》，他在其中说道："在银行里开个户头，就能将闲散的资金储蓄起来，以备不时之需。 存储得越多，你的财富就越富足。 开个感情账户，就是把银行开在朋友的心里，你在这个朋友关系中的所作所为，相当于存入真诚关怀、超值服务。你的感情账户存入得越多，就越能增进你与朋友的感情。"

关系的长短与储蓄的多少有关。 你是否有过这种经验，偶尔与多年未见的老同学相遇，还是会很亲切，毫无生疏之感，那是因为过去有感情的储蓄。

史蒂芬·柯维建议，可以将以下六种主要存款存在感情账户里：

一是了解别人。 感情是以了解别人为基础的。 人如其面，各有所好。 同一种行为，施行于甲身上或许能增进感情，而在乙身上却不是这样。 因此了解并真心接纳对方的好恶，才可能增进彼此的关系。假如你正在忙，一个六岁的孩子来打扰你，在你看来这事或许微不足道，在他看来却非常重要。此时你就得认同他的观念与价值，配合他的需要。

一般人总习惯于以己之心，度他人之腹，认为别人的想法与自己的是一样的。待人处事若以此为出发点，在得不到自己所期望的回报时，便会武断地认为是对方不知好歹，而吝于再次付出。

所谓"己所不欲，勿施于人"，从表面上看来，好像说的是不可以把自己不想做的事情施加到别人身上。但安东尼·罗宾告诉我们，这句话的真谛在于——要想让别人了解自己，就要先认识别人。

二是注意小节。生活中的一些小细节，如疏忽礼貌、不经意的失言等，最能消耗感情账户的存款。在人际关系中，这些细节非常重要。

多年前的一天，麦考梅克像往常一样，带着两个儿子出门看运动比赛、吃点心，然后看一场电影。四岁的儿子西恩还没有看完电影就睡着了。散场以后，麦考梅克把他抱到车上。麦考梅克怕西恩冷，就脱下外套给他盖上，然后打道回府。

回到家，把西恩送上床，他又照顾六岁的史蒂芬睡觉。他躺在儿子身边，打算与儿子聊聊当天的趣事。

平常儿子总是兴高采烈地忙着发表意见，但此时却一言不发。麦考梅克很失望，也觉得有点不对劲。史蒂芬把头扭到了另一边。

他翻身一看，才发现史蒂芬眼中噙着泪水。麦考梅克问："孩子，怎么啦，你为什么这么伤心呢？"史蒂芬低声地问："爸，如果我也觉得冷，你会不会也脱下外套披在我身上呢？"原来，这么小小的一个动作胜过了那一晚所有的趣事，他居然吃起弟弟的醋来了。

然而，麦考梅克却铭记着这个教训，至今难忘。原来，人的内心是如此的敏感、脆弱。不分男女老少，不分贫穷富贵，即使外表再坚强的人，内心也会有脆弱的一面。

三是信守承诺。 守信是一大笔收入，背信则是庞大支出，甚至会让你入不敷出。 一次严重的失信会使人信誉扫地，很难东山再起。

为人父母，不能轻易地向子女承诺什么事。 即使不得不如此，事先一定要考虑所有可能发生的变化与状况，尽量避免食言，这样才会获得孩子们的信任。 唯有信任，才能让子女在关键时刻听从你的意见。 朋友之间的交往也是这样。

当然，往往会有一些不可预料的事情突然发生。 不过就算客观环境不允许，你依然应尽力践行诺言，知其不可为而为之，因为你必须重视诺言。 否则你也应向对方说明事情的始末，以便取得对方的谅解。

四是阐明期望。 几乎所有人际关系的问题，都是由于目标不一致，甚至互相冲突所致。 所以，不论在办公室交代工作，还是在家中分配子女做家务，一定要明确目标，避免误会的产生。

对切身相关的人，我们总会有所期待，但却不说出来。以婚姻为例，夫妻双方都期盼对方扮演某些角色，却不开诚布公地讨论，有些人甚至自己都不明白自己的期望。对方若不负所望，婚姻关系自然美满，反之则否。很多问题的出现就是源于这种心理。我们总认为，默契是自然而然就有的。

殊不知，其实不然。因此，宁可慎乎始，在开始一段关系的时候，就要明确双方的目标，虽然需要投入较多时间精力，却可以避免一些不必要的问题，这是一种必要的储蓄。否则，等误会发生了再来解决，往往会更浪费时间和精力。

直面问题需要很大的勇气，但船到桥头自然直。从长远看，一开始就小心谨慎远比事后后悔要好得多。

五是诚恳正直。诚恳正直是人与人交往中非常重要的存款。反之，已有的建树也会因为行为不检而被全部抹杀。一个人尽管非常善解人意、不忽视小节、守信，又不负期望，如果一旦出现了诚恳正直的问题，就会透支账户。

诚恳正直的最佳表现是背后不道人短。在人后依然保持一颗尊重之心，这样可以更好地赢得信任。假定你经常与同事在背后抨击上司，一旦彼此关系破裂，对方就会怀疑你在他背后飞短流长。你在人前甜言蜜语、人后大加挞伐的习惯，等大家都知道，就很难信任你。因此，如果有人向你发牢骚，表明对上司不满，你对他略表赞同，但建议他去找上司委婉地把问题说明白。这么做，对方便了解，假如别人对你说他的不是，你也绝不会落井下石。

再举例子来说，有些人往往会通过出卖别人赢得友谊："我本来不该告诉你的，可是既然你我是好友，那么……"这样真的能够获得朋友的真心吗？ 此等言行表面看来仿佛是储蓄，事实上是支出，更加暴露了自己的缺点。

诚恳正直其实并不难做到，只需要一视同仁。 纵使起初并非人人都能接受这种作风，因为很多人都喜欢在人背后议论是非，不同流合污，反而会显得格格不入。 好在"路遥知马力，日久见人心"，最终经得起考验的还会是诚恳坦荡的人。

六是勇于道歉。 向感情银行提款时，应勇于道歉。 真诚的道歉总是会赢得别人的谅解，例如："是我不对。""我对你不够尊重，十分抱歉。""刚才让你没办法下台，虽然是无心之过，但也是我错了，我真诚地向你说声对不起。"有句名言说："弱者才会残忍，唯强者懂得温柔。"不是每个人都有这种勇气，只有坚定自持、深具安全感的人才能够如此。

缺乏自信的人唯恐道歉会显得软弱，让别人看不起自己，认为还不如把过错归咎于他人。 殊不知，这样将会失去更多的信任和朋友。

但也并非所有的道歉都能增加存款。 由衷的歉意是存款，言不由衷的道歉就会是支出。 一般人可以容忍错误，因为错误通常是无心之过，但如果蓄意伤害别人，别人是不会原谅你的。

做主原则：人人都想掌控大局

一对年轻夫妇，由于刚买了新房，经济状况不是很好。接下去，他们还得规划着购买大件家具或电器。

年底了，妻子想在丈夫年终奖发了以后把家里的电脑换了，因为家里的电脑太旧，总死机，影响工作效率。

丈夫想买套沙发，因为他是个球赛迷，无论是什么球赛，他都从不放过。他希望在看球的时候能有个舒服的沙发。

妻子知道丈夫心中的渴望。她也知道，假如提出自己的要求，丈夫也不会反对。不过，她清楚他会很遗憾，他想要个新沙发也很久了。

丈夫领了年终奖，非常高兴地回到了家里。

夫妻两个人便有了如下的对话：

"老婆，年终奖发了，你想买什么？"

"我没什么需要的。你呢？"

"不如买套沙发？"

"可以啊，这样你看球赛就会舒服多了。"

"那还需要什么呢?"

"要是钱有剩余的话，就买台电脑吧。咱家的太旧了，老死机，影响工作。"

"钱可能不够，"丈夫想了一会儿，"要不，先买电脑吧。"

"那你的沙发怎么办?"

"没事，这个不着急。先买电脑，沙发等有钱了再买呗。"

结果，妻子拥有了一台她早已相中的电脑。

看到这，你有何感悟? 这个妻子非常聪明，对吗? 表面上放弃决定权，实际上却掌握了决定权。

从表面上看，做主的是丈夫，妻子没反对他买沙发。 随后妻子提出如果条件允许再买台电脑，表明决定权还在丈夫那。 最后，妻子也没有反对丈夫买电脑。 似乎一直都是丈夫在做主，但实际上，妻子非常巧妙地达到了自己的目的。

妻子的聪明之处就在于她了解丈夫"喜欢做主"的心理，而且对这种心理加以利用。 其实，每个人都想"做主"。 因为人人都有自尊心，都渴望得到别人的认可与尊重。 或许，很多时候，决定的内容并不重要，他们只是想通过"做主"的形式来满足自己的自尊心。 也就是说，"做主"只是一种形式，关键是能否满足自尊心。 只要自尊得到了满足，决定什么内容就不是那么重要了。

这也是为什么我们常能看到一个获得别人尊重的人，往往很少提出不同的意见。

记得林肯说过：“当一个人心中充满怨恨时，他不可能会按照你的意愿行动，那些喋喋不休的妻子、喜欢骂人的父亲、爱挑剔的老板……都该了解这个道理。你不能强迫别人同意你的意见，可是会有一些方法让他们自愿服从你。”

的确，表面上是让对方做主，实际上却能达到自己的目的。对处于劣势的一方来说，这不失为一种好方法。比如，家中的弱势一方、父母眼中未成年的孩子、团队的得力干将、公司经理的副手，你的位置表明了你没有决定权，而掌握决定权的人却又非常希望得到你的认可与尊重。为此，遇到什么事要做决定时，你不用因为你没有决定权而黯然神伤，你要做的是：尊重对方的决定权，提出自己的意见。你可以这样说：“我觉得这件事如果能……的话，可能会更好，不过，最终还是要由你来拍板。”这样一来最终获益的还是自己。何乐而不为呢？

心理学研究发现，人们之所以会有控制欲，是由于“习得性无助”现象。“习得性无助”是指人或动物接连不断地受到挫折，对自己丧失信心，陷入一种无助的心理状态。它是一种由于学习而形成的无能为力的心理状态。据研究，动物界中普遍存在“习得性无助”，即使人作为高级动物，也不能例外。

1975 年塞里格曼（Seligman）在大学生群体中进行了“习得性无助”实验。他们把学生分为三组：让第一组学生听一种噪音，这组学生没有任何办法停止噪音。第二组学生也听这种噪音，但他们可以通过努力来停止噪音。第三组是对照，不给受试者听噪音。当受试者在各自的条件下进行一段实验之后，接着进行下一项实验：实验装置是一个"手指穿梭箱"，当受试者把手指放在穿梭箱的一侧时，就会听到一种强烈的噪音，而另一侧没有噪音。实验结果表明，在原来的实验中，有办法停止噪音的，以及未听噪音的对照组，他们在"穿梭箱"的实验中，能够学会将手指移到箱子的另一边，停止噪音。而第一组受试者，也就是说在原来的实验中无论如何都没有办法停止噪音的受试者，他们的手指仍然停留在原处，任听刺耳的噪音响下去，没有任何反应。为了证明"习得性无助"对以后的学习有消极影响，塞里格曼又做了另外一项实验：学生必须按他的要求将无序的字母排成单词，比如 ISOEN，DERRO，可以排成 NOISE 和 ORDER。学生要想完成这一任务，需要习得排列规律，即 34251。实验结果表明，有无助感的受试者几乎没有办法完成这一任务。

有很多实验都证实人会产生"习得性无助"。通常经历"习得性无助"之后，人在情感、认知和行为上会表现出消极的特殊的心理状态。比如，习得性无助让人觉得自己没有能力，最终导致他们走向失败。他们拖延工作、敷衍了事、放弃挑战；他们沮丧，并以愤怒的形式表现出来。

研究证明，个体的幸福和健康与个人控制力息息相关，剥夺了一个人的控制权和选择权相当于剥夺了他的健康和幸福。

例如，让囚犯拥有控制环境的权力——可以开关电灯，移动椅子，并且控制电视——他们的故意破坏行为就会大大减少。

给工人一些完成任务的决定权可以使他们士气高昂。

假如我们可以选择早餐吃什么、晚睡还是早起、什么时候去看电影，那我们就可能活得更久、更快乐。

我们在购物时，店员经常会使用这一心理技巧，让顾客拥有主动权，尽量去满足顾客的控制欲求。比如，微笑地面对进店的顾客，热情招呼"您好，欢迎光临！""您好，请随便看！"等以示尊重，但不要太长或说太多，给他们一个宽松的购物环境，不要让顾客感觉到一种压力；店员在做推荐时，要推荐几种商品，然后让顾客自行选择，把主动权交给顾客，满足顾客的控制欲；在试用时，一定要让顾客自己动手，店员要做个能干的助手或者咨询员。总之，保证顾客拥有控制权，购物的体验就会变得非常愉快，下次有需要就会再来光顾。

行动原理：改变行为能改变态度

　　一个穷人家的女孩收到了一条漂亮的短裙。为了找到一件能与这条漂亮短裙相配的上衣，女孩的母亲翻箱倒柜，终于发现了一件衬衣，雪白雪白的。

　　女孩配上白衬衣，穿上新裙子，整个人焕然一新，显得既漂亮又成熟。女孩的父亲看到女儿的这副模样，既惊喜又羞愧。惊喜的是女儿的模样这么漂亮；羞愧的是让如此美丽的女儿生活在如此破旧的家中。于是，他开始打扫自己破乱的家。

　　这一行动影响了邻居们，他们也跟着打扫自己的房屋。于是，村庄里，一家影响另一家，最后，每一家都打扫得干干净净，整个村庄都因此变得富有生气。

另一个故事与之很相似：

　　丹尼斯·狄德罗是18世纪法国的一名哲学家。一天，朋友送他一件质地精良、做工考究、图案高雅的酒红色睡袍。狄德罗非常喜欢，但总觉得家里的家具配不上这件华贵的睡袍，地毯的针脚也粗得吓人。为了与睡袍配套，狄德罗将家里的东西都换了一遍，于是，整个家也跟上了睡袍的档次。

其实，在生活中，这样的事情还有很多：

一个望子成龙的母亲，给孩子买了一个漂亮的小书架，孩子为了填满整个书架，经常买书，后来，孩子看了很多书，并且因此爱上了写作，长大后成了一名作家。

一对正在闹矛盾的夫妻，将家里许多旧东西换成了新的，还住进了新房，两人都感觉应该以崭新的姿态去面对生活，最后，两个人冰释前嫌和好如初。

一家工厂，由于车间环境非常差，设备也很陈旧，工人们的工作积极性也很差。有一天，工厂购进了最先进的流水线，并增加了车间的亮度，随之，工人的态度发生了变化，也大大地提高了生产效率。

……

美国哈佛大学经济学家朱丽叶·施罗尔将这些现象称为"狄德罗效应"，亦称作"配套效应"。就是说，人们在拥有了一件新的物品后，会不断地买进其他物品与之相适应，以达到心理平衡。

因为这种心理的存在，一个人自我转化的内在动机往往是一件小小的物品、一个小小的改变，使其主动实现自我转化，从而获得良性发展。

"态度—依从—行为"法则是"狄德罗效应"产生的根本原因：态度会影响行为，行为在一些时候也会决定态度。因此，改变自己的一个切入点就是立刻去行动，行为的改变会导致整个人生的改变。

　　人们通常认为，人是先有想法，然后再去行动，而心理学家们却不以为然，他们发现有时候是行为改变态度。美国著名心理学家詹姆斯说："因为发抖，所以怕；因为动手打架，所以生气；因为我们哭，所以才愁——而并不是因为怕了才发抖，生气了才打架，愁了才哭。"这个观点告诉我们，我们的态度会随行为与身体的变化而改变。此后，一些心理学家用实验证明了这个观点。例如，艾克曼是美国的一名心理学家，他的最新实验表明，一个人如果总是想象自己感受某种情绪，那么他真的会经历这种情绪。一个故意装作愤怒的实验者，由于"角色"的影响，他的体温会上升，脉搏会加快。

　　詹姆斯依据"态度—依从—行为"这一法则，提出建议："想要养成某种习惯，那就得去付诸行动；想不要养成某种习惯，那就得避而远之；想要改变一个人的习惯，就要将注意力放在其他方面。"

　　比如说，多年来，政府一直强调使用汽车安全带的重要性（态度），但收效却不大，后来制定了法律，不系安全带视为违法，交警也增加了监管的力度。人们虽然有点意见，但还是系上了安全带（被迫行动）。过了一段时间，交警放松了监管力度，人们还是自觉系上安全带（行为），觉得这项规章制度很好，能保护人身安全（态度）。

　　就好像我们平时去商店闲逛，收到了免费赠送的沐浴液试用包（行动），当我们试用之后觉得它不错（行为），就开始了对它的关注（兴趣／欲望），下次去商场的时候会首先购买这个牌子的沐浴露（态度）。 因此，促销活动往往更倾向于采取营销计划直接对消费者行为产生冲击，从而改变消费者的态度。

在这里，我们可以看到，将一个行为长期坚持下来（无论是自愿的还是被迫的），逐渐产生兴趣，可以促进态度的转化。

但是，在企业管理中，管理者经常会误认为"态度决定行为"。 特别是在企业流程和人力资源管理方面，这一误解普遍存在。 例如，在新品上市的时候，总是先进行内部动员，希望销售部门能够理解新品成功上市对公司的重大意义。 再比如说，对那些态度不怎么好但能力比较强的员工，总是要首先让他们端正对工作的态度，再考核他们的绩效。

这一做法是没有科学依据的。 正确的做法是：新品上市就直接制定出清晰简明可执行的上市方案到销售部门，硬性要求销售部门必须按照要求执行；对能力较强、态度一般的员工，不用一味地强调转变工作态度，而是直接对工作量化并做出绩效考核。 通过一段时间的行为规范，态度自然会有变化。

重要效应：人人都想受人瞩目

"小孙，帮我翻译翻译这个稿子吧。这礼拜就要！"
一位科长向他隔壁部门的一位职员说道。

"以前都是小王帮我翻译，他效率高，英语也好，可惜他现在出差了。你们部门的小张也不错，但他挺忙的。"科长补充道。

"这礼拜？我恐怕要跟您说声抱歉。我手头也有不少事情要做呢，可能没时间为您翻译，小王马上就回来了，我看根本不用找我嘛！"

"啊，这样啊，那好吧！"

我们再来看下面这个故事。

一位富商要修建一座办公楼，但在资金上还缺300万美元，很多银行都不愿意给他贷这笔款。

在所剩的钱仅够再花一个星期的时候，他与银行的一名主管吃饭，席间，他非常直接地对银行主管说：

"我还需要贷 300 万元的款,明天就要。"

"你一定在开玩笑,这样的事我们从来没有办过。"银行主管答道。

"我认识那么多银行负责人,想了想,觉得除了你,谁也办不好这件事。"富商很诚恳地说道。

银行主管听后,一愣,然后微微一笑,说:"这个要求真的太高了,不过,我可以试一试。"

结果,第二天,这个富商果真拿到了预期的贷款。

同样是求人办事,一个是不会说话,不知将心比心,事情原本简单又容易,却没办成;一个因为了解他人的心理,进而以心攻心,结果那么难办的事也成功了。

在第一个故事中,事情非常简单,小孙却予以回绝,想想看,他真的挤不出一点时间吗? 多半不是这个原因,而是科长的话伤了他的自尊心。 因为,那个傻科长要请小孙帮忙,却一口一个小王好、小张不错。 难免小孙会想,既然他们都不错,那就用不着我呗。

在第二个故事中,事情那么难办,银行主管却给办好了。这是什么原因呢?

道理很简单,因为"除了你,谁也办不好这件事"这句话满足了银行主管的虚荣心。 人人都有自尊心、虚荣心,人人都想要获得别人的认同,都希望自己是"唯一的""特别的"。 诸如此类的"唯有你能"或"除了你,谁也不能"等字眼,常常会让人觉得很受用,让人的虚荣心得到极大的满足。 因为这种错觉,间接地激发一个人的自尊心,满足其虚荣心。 虽然明知那是拍马屁,却仍然让人身心舒畅。 这也是为什么银行主管会竭尽全力地发挥自己的最大能量，最终办成了原本认为不可能的事。

在日常生活中，假如想要自己的观点被别人接受，并且让别人按照自己的意愿办事，不妨大方地使用这样的字眼。

比如，分派下属一项重大任务，你可以特别强调一下任务的艰巨性，说："我想来想去，也只有你可以担此重任。"强调"非他莫属"。

让家人去做一件烦心的家务事，你可以强调一下做家务的重要性，说："干这个活，你最拿手！"强调他的不可替代。

请求他人为你解决棘手问题的时候，也可以强调对方有多么重要，说："除了你，谁都干不成这件事！"

请相信，这样的光环没有人能拒绝，他们因此能够特别为你办事，帮你办成"特别"的事。

一旦你把这种认识固化在你的头脑里，时时谨记，你将获得不可思议的洞察力，清楚地了解到人们为什么要做他们正在做的事。

人们不在乎你知道多少，却非常在意你对他们了解多少。 当他们知道你关心他们时，他们对你的感觉也就发生变化了。 因此，你要让别人知道，对你而言，他或她是重要人物。 人们如果得到理解和信任，人人都能成为重要人物。 如果他们获得了你的信任，他们真的就能成为重要人物，使你顺利达到自己的目的。 对你而言，人人都有成为重要人物的潜质，而他们需要的只是来自你的信任和鼓舞，从而激发他们的潜力。

永远记住，不要显摆自己的重要性，而要让他人高看他们自己。 相信他们，他们就会开始正确地做事。

焦点效应：人人都想以自己为中心

基洛维奇是一名著名的心理学家，他曾经做过这样一项实验，他们让康奈尔大学的学生穿上某名牌 T 恤，然后走进教室，让这名学生自己估计会有多少人注意到他的 T 恤，他觉得会有大约一半的同学。但是，出乎他的意料，只有23%的人注意到了这一点。这个实验说明，我们经常以为别人在注意自己，但实际上并非如此。由此可见，我们对自我的感觉的确占据了我们世界中的重要位置，我们将别人对我们的关注程度放大了，其实并没有那么多人注意到我们。

这就是心理学中的焦点效应。人们都会将自己当成中心，而且高估了外界对自己的关注，这是心理学中所公认的一个事实——人都是以自我为中心的。其实，这也是生活中常见的现象。

比如说，同学聚会时拿出集体照片，大家都会先找自己，的确每个人也都在照片中首先找到了自己。又比如说，朋友之间聊天，大家会很自然地将话题引到自己身上来，而且，大家都希望被别人所关注，被众人所评论。这就是焦点效应在生活中的体现。

焦点效应意味着人类往往会把自己看作一切事物的中心，这常常会使我们高估自己的受关注程度。和初次见面的人一起用餐，你不小心把酒杯打翻，或者不小心将菜撒到了外面，该送到嘴里的菜意外地掉在桌上，此时，你是否会觉得非常尴尬？认为大家都在笑话你？可能很多人都会有这样的感觉，即使不那么强烈也会觉得不好意思，然后变得非常小心。这是很正常的表现，大家都希望能给别人留下一个好印象。有个朋友每次出门前都要花好长的时间在挑选衣服上，她觉得她一走出去，所有人都会看她，因此一定要把自己打扮得漂漂亮亮的。其实，这些紧张都是没有必要的。有实验表明，其实我们（不是公众人物的情况下）并不是那么受人关注。没有人会注意到你夹的菜掉到了地上，即使看到了，人们也是不假思索地就过去了，根本不会放在心上。

很多时候，都是我们对自己过分关注，以至于认为别人也是这样关注着自己。这是一种自我焦点效应在作怪，总觉得自己是人们视线的焦点，大家都在看着自己，这样就会让人产生社交恐惧。

社交恐惧者总是会觉得自己是大家关注的中心。社交恐惧者会高估自己的社交失误和公众心理疏忽的明显度。假如我们不小心碰倒了杯子，或者自己是宴会上唯一一个没有为主人准备礼物的客人，就会觉得非常尴尬。但是研究发现，我们所受的折磨，别人不太可能会注意到，即使注意到也可能很快会忘记。没有人会像我们自己一样关注我们。因此，正确理解焦点效应有助于消除社交恐惧。

正是因为每个人都有焦点效应，所以销售员常常会利用这一点。

业务员的主要任务是推销产品。大多数的推销员一进门就对客户说"我们的产品怎么怎么样""我们的产品有什么优点"等。其实，没有人愿意听他们这样啰唆，谁也不愿意听关于别人的事，特别是对于陌生人，没有人会想这样白白地浪费时间。

但是，恰恰相反，客户更愿意去听关于自己的事。

一个业务员走进了客户王总的办公室。王总正在忙，他静静地坐了下来，观察了一下客户的办公室。客户的后面是一个书柜，桌子上有一张王总穿着博士服的照片，照片一侧竖写了四个大字"大展宏图"，看起来照片是精心装裱过的。

王总忙完了以后，业务员对他说："王总，您是博士毕业啊？读的哪所大学啊？您是博士又掌管着这么大的一个公司，可真是事业有成呢，这样的人可不多见呀！"客户一听，立刻哈哈大笑："你过奖啦，这是我以前在读……"客户兴致勃勃地讲起了自己的事。

客户谈了一会儿，就主动切入正题，谈起了产品。但是，当报价的时候，客户又沉默了。业务员很快反应过来，说："王总，照片上的字是您写的吧，真有气势，您的书法肯定也相当了得呢！"

王总接过话来："过奖了……我以前……"

最后，这笔生意很顺利地谈成了。

一开始，业务员具有针对性的一句话很快拉近了他与王总的距离，在冷场的时候，业务员再次利用心理学中的焦点效应，让王总成为焦点。客户也喜欢谈自己的事，试想，如果一开始业务员滔滔不绝地谈自己的产品，这笔生意能这么简单达成吗？

焦点效应不仅能够用于销售，我们也可以将它应用在生活中。

例如，追女孩子。当你看到一个漂亮的女孩子，你想结识她，套个电话、QQ 什么的，利用焦点效应，肯定不会让你空手而归。你可以上前说"小姐，你这衣服真漂亮，在哪买的呀？我也想给我妹妹买一件"。当然，也不局限于衣服，提包、鞋子、钱包、手机、手链等都可以，让她知道你在关注她，这样，她的联系方式马上就可以到手了。如果你说"我没有听说过这个地方呀，可不可以请你帮忙？"没有人会轻易拒绝你，她的联系方式就到手了。

每个人都希望成为外界关注的焦点，这样你会快速领会对方的目的，打破对方的心理防线，表现出你对他的关注，使对方放松戒备。

第二章

玩转心理，掌控人就要掌控心

滴水穿石，以柔克刚

　　这几天，林琳的老公总是与她吵架。于是，她向闺蜜哭诉道："我和他刚认识的时候，只是觉得他的脾气不好。独生子女嘛，多少都有些脾气，这我理解。可是直到现在才发现，他脾气太暴躁了，他做事情做错了，我总喜欢骂他两句。可他倒好，不听也就算了，还对我发脾气。每次他发脾气的时候，我也控制不住自己的脾气，就吵起来了。其实，和他吵架也只是想着用强硬的方式压一压他的锐气，以免他日后更嚣张。但最后往往是两败俱伤，矛盾也越来越大，我真的是无计可施了。"

　　林琳为什么会处于这样一种境地呢？这是因为对于像她老公这类脾气暴躁的人而言，她所运用的方法不够恰当：总觉得自己和他相处的时候，要以暴制暴；总以为自己不怕和他吵架，更不怕闹矛盾，便在他暴躁脾气发作的时候，和其大吼大叫，想以此压压他的锐气。

事实上，对于那些脾气暴躁的人，你越是想以暴制暴，用强硬的方法和他们相处，他们的暴躁脾气越会发作。因为脾气暴躁的人，性格往往会很冲动。当你用强硬的说话方式或者相处方法与其交流或者相处的时候，会更容易让他们变得急躁起来，进而暴躁。他们对你就不会像开始那般友好，更不要说想掌控他们了。

那么，我们要怎么与脾气暴躁的人更好地相处呢？对此，心理学认为：脾气暴躁的人特别反感别人的态度强硬，因为他们性格中本身就带着强硬，所以并不畏惧这个。但是，他们却不知道怎么应付温柔的东西。这就告诉我们，对于这类人不妨来点温柔之术——以柔克刚。

滴水穿石的现象形象地反映了心理学的一个道理：一块厚重的石头，放到地面上，用厚重的铁锤去敲，不见得会打穿它，但一滴轻柔的水滴，经过长时间坚持不懈地努力，却能将其洞穿。这便是柔的力量。

我们应该怎样对待性格暴躁的人呢？其实，以柔克刚就是一个很好的方法。但要真正做到以柔克刚，还要掌握具体的方法，才能事半功倍，更容易地达到自己的目的。现将一些具体的方法介绍如下：

1. 好言好语的态度不失为一种"柔"的策略

生活及工作中，当我们向别人述说事情或者分析道理时，难免会有人与我们意见不同……假如你遇到的人脾气暴躁，那么你在和他说事情，以及讲观点的时候，就要格外用心了。对这些人来说，你的语气稍稍硬一点，或者说话的声音稍稍大一点，都有可能引发他们的暴躁脾气，使你没办法顺利完成自己的任务。

假如你有耐心，温和地跟他们交谈，相信他们就是感到有些不耐烦，甚至想要发脾气，也会碍于你的好言好语的态度，控制自己的脾气。而此时，你的任务也会很容易完成。

2. 在对方暴躁脾气上来的时候，不要顶风而上

生活中，有些人与脾气不好的人发生争吵时，不仅不会避风头，反而会顶风而上，这样就会越吵越激烈。

这样做的人非常不明智。因为对于那些脾气暴躁的人而言，当他们的脾气发作时，最好的办法就是控制住你自己的情绪。要知道，他们的脾气已经失去控制了。如果你也控制不住，那矛盾就会升级，交流就会无果而终，到这时你就更加没法掌控对方、驾驭对方了。

与其这样，还不如等他们冷静了，再心平气和地与之进行交流。相信再暴躁的人，对于你的包容，都会产生几分愧疚之心，控制自己的情绪，而你也掌握了驾驭他的有效方法。

脾气暴躁的人不能接受别人比他们还要强势。因为他们性格中本身就带着强硬，并不畏惧这个。相反，他们对温柔的东西，却会显得无所适从。这就告诉人们，以柔对待脾气暴躁的人不失为一种好方法。

利用愧疚心理，巧提要求

詹宁是一名保险推销员，他经历过这样的事：那一年，他们公司发现了一位很有潜力的客户，但他拒绝了好几个推销员的游说。后来，詹宁负责去推销，经过仔细思考，他没有用惯用的方法，而是换了一种推销方式，征服了这名客户，将保险推销了出去。在日后的推销中，他对这种方法的应用得心应手。詹宁的做法如下：

詹宁："您好！我是健康保险公司的推销员，您有购买保险的意愿吗？"

潜在客户："没有。"

詹宁："那您对保险知识有兴趣吗？"

潜在客户："对不起，我没有时间。"

詹宁："我只需要占用您几分钟的时间。您不想用几分钟的时间了解一下您不知道的事情吗？"

潜在客户："那好吧……"

于是，詹宁开始了讲解："保险……"结果，詹宁向潜在客户讲授了很多保险知识，如，买保险的益处，买保险的手续。最后，他说："我希望我的讲解会对您有所帮助。如果您还有什么不明白或者不了解的地方，您可以打我的电话，我的电话是……"一个星期后，这名潜在客户主动打电话对詹宁说："我需要一份保险。"

其实，詹宁的聪明之处在于：面对有排斥心理的客户时，他懂得运用心理学中的留面子效应为自己的目的服务。所谓留面子效应，简单地说就是：在让别人了解自己的目的前，先向别人提出一个大的要求，待别人拒绝之后，再提出自己真正的比较小的要求来，这样就会增加成功的可能性。

著名心理学研究者查尔迪尼在 1975 年曾做过这样的实验来验证这个策略的效果：他让相关人员进行募捐，共分为两个募捐小组，并用不同的方式进行。第一个小组在动员大家募捐的同时会说上一句："哪怕你捐出一分钱也好，这也是为慈善事业贡献自己的力量。"第二个小组则只是要求大家为慈善机构捐款。最终的结果是，第一个小组的捐款额远远超出了第二个小组。

我们可以从实验中得出，先提出一个请求，然后再提出一个小的请求，往往比直接提出请求更易于让人接受。那么，这个方法为什么能发挥作用呢？这是因为，当你提出一个较大的要求时，别人会本能地拒绝你，而一旦他们拒绝了你，则往往会有一点愧疚之情。这时，当你再提出另外一个相对小的请求时，对方就会碍于面子，不会直接拒绝你。于是，便退而求其次地接受了你的请求。

此外，当你先提出一个过分的大的请求，再提出你真正的要求时，会给对方造成一个这样的假象：你后来提出的这个请求是很小的，而如果自己对于微不足道以及不值得拒绝的请求再拒绝，就好像太不近人情，太不符合常理了。于是，他的心理防线就会被击破。

了解了这些，在驾驭他人、掌控他人的时候，就可以加以灵活运用。也就是说，当你在驾驭对方的时候，假如知道对方不会同意，则要学会用上点留面子效应：先提出一个过分点的请求，再将自己的真实意图亮出来。其具体方法以及注意事项如下：

1. 两个请求要形成鲜明的对比

我们都经历过这样的事情：在街上，当有人直接向你索要 20 元钱遭到你拒绝，再次索要 18 元的时候，你依然会继续拒绝。但是，如果对方直接向你索要 100 元之后，再向你索要 18 元，你会发现自己会毫不犹豫地给对方。

这便告诉我们，面对不会同意你的要求的人时，即使用提出点过分请求的方法去刺激对方，也要善于形成鲜明的对比。这样，对方觉得后一个要求相比于前一个来说特别微不足道，进而产生巨大的心理变化，也会答应你的要求。

2. 第二个要求一定要小于第一个要求

在面对有可能拒绝你的人时，用提出点过分请求的方法更易于掌控对方、驾驭对方，但在掌控的时候，也要有所注意：第二个请求一定要小于第一个请求，如此才能使对方答应你的请求，接受你的想法。 例如，你要向朋友借钱，假如你一下子说借 2000 元，朋友多半会碍于各种因素，毫不犹豫地拒绝你。 你退一步说"借 500 块也行"，朋友多半会感到这种变化以及你所作出的让步，将钱借给你。 相反，倘若你一下子提出借 500，即使借到了钱，可能对方也不是那么心甘情愿。

当你提出的要求有点大时，别人会本能地拒绝你。 而他们拒绝了你的时候，又会带着几分愧疚的心理。 这时，当你降低要求，对方即使不想接受，也会碍于给你给自己留面子，不好意思直接拒绝。 于是，就会接受你的请求。 而当一个人接受了你的请求的时候，你也便掌控了他。

满足对方的虚荣心

　　大王在企业里是部门负责人，经常要和客户打交道。一次，公司遇上一位爱慕虚荣的大客户。老板决定让大王去接待对方，且要求一定拿下这个项目。

　　同事们都不看好大王，可令大家没想到的是，大王仅用了两天的时间，就将合同拿到手了。同事向大王请教成功的秘诀："很简单，他不是爱慕虚荣吗？那我就让他体会到赢的滋味，满足他的虚荣心。例如，在喝酒的时候，假装把自己灌醉了；猜拳的时候，与其赢对方几拳，不如主动输几拳；打麻将的时候也让他赢……第二天见面的时候，再说上两句，你的酒量真是大，昨天可把我喝多了；你的拳术真是高，很难猜透；你麻将打得可真是好，我根本不是您的对手……想想啊，他虚荣心强，让他体会这种虚荣心带来的满足感。他还能不高兴，不愉悦？而一旦对方高兴、愉悦，那项目不就拿下了吗？"

大王的话没错，当你和那些爱慕虚荣的人打交道的时候，与其跟他们浪费口水，或者说服他们去做什么，还不如找个合适的机会，投其所好，这样反而更容易驾驭对方。

我们为什么要让那些爱慕虚荣的人赢呢？ 是因为让他们赢，在一定程度上，能够让其品尝到胜利的滋味，满足他们的虚荣心。 而多数爱慕虚荣的人一旦虚荣心理得到满足，便会产生愉悦的心情。 当人处于高兴、愉悦的状态中时，往往对周围人提出的信息更愿意接受，也更倾向于喜欢接受周围人的意见。 因此，我们更容易使事情向我们想要的方向发展。

此外，爱慕虚荣的人有个显著的特点：常常会夸大自己的优点，然后炫耀出去，期待获得他人的羡慕。 如果不管在什么场合，让其体会到赢的滋味，这无疑给了对方向你炫耀的机会。 你再心甘情愿地去接受他的炫耀，让他感到满足，他自然会高兴得合不拢嘴，对你产生好感。

1. 让人赢，也要让人感到这是真的赢

为了让别人品尝到赢的滋味，很多时候，我们要巧妙地输给他。 例如，一起打赌某件事情，你要故意输给他；或者一起谈论某件事情的时候，你要跟着他的意思走。 可虽然是你主动输给对方，这个输也要做得逼真，才能满足他们的虚荣心，他们才更愿意和你共事。 而当一个人愿意和你相处或者愿意和你一起做点什么的时候，你离目标就会越来越近了。

相反，如果故意输得太明显，就是对方赢了你，也不会感到愉悦，甚至会认为你是故意小瞧他，自己胜之不武，反而弄巧成拙。 所以，在故意输的时候，一定要让对方感觉到他是真的凭自己的实力赢的。

2. 让他赢的同时，要让他产生亏欠感

虽然让对方赢有利于满足对方的虚荣心，然而在故意输的时候，不能让对方赢得理所应当，或者是天经地义，有必要让他产生亏欠的心理。 例如，当你和对方打赌，开始的时候争执得面红耳赤，结果对方赢了，那他自然觉得这本来就应该他赢，他心里痛快，才不会觉得亏欠你什么。 但倘若你们在打赌前，你并不想打，表现出只是陪他打而已，结果他不出所料地赢了，那么他就会产生亏欠心理。 在这个时候，他便会想方设法地弥补你。 你就能离你的目标更近一步了。

让对方赢能够满足他的虚荣心，虚荣心被满足后，便会产生愉悦的心情。 当一个人在愉悦心情占据主导地位的情况下，便会乐于听取别人的建议。 到这时，我们就能掌控事情，使事情按照我们的意愿发展了。

"让一步"比"争一步"对你更有利

独木桥上迎面走来两个人，桥很窄，只能容纳一个人通过。双方都希望别人能退回去，把路让出来。

一个人说："我很着急，你退回去吧。"

另一个人说："既然这样，我们把身体侧过来一起过吧。"

两人一想也对，就将身体侧了过来。

这时，一个人暗暗推了另一个人一把，另一个在即将掉下去的时候抓住了他，结果两个人都掉下了河。

墨子说："恋人者，人必从恋之；害人者，人必从害之。"心境平和，礼貌谦让，自己也可以从中得到方便。

做人是一生的学问，人们总是争来争去，都算不上真正懂得做人底线的智者。 与之相反，让一步可以海阔天空。

"让"与"争"的区别在于："让"在于敢舍一切，"争"在于不失分寸。 如果用"争"的方法，结果永远不会满意；但用"让"的方法，就会有可喜的收获。 语言的杀伤力也是巨大的，假如只是嘴上功夫占便宜，倒不如让步为好。

谁都不愿意承认自己的错误，承认了心里也会不舒服，但若承认了却可以把事情办得更加顺利，成功的希望更大，这样就会抵消你承认错误的沮丧感。 况且大多数情况下，只有你先承认自己也许错了，对方才有可能退一步，认为他也有错。 这就像拳头出击一样，伸着的拳头要想再打人，一定要先暂时收回来。

遇到争论时，首先做出让步，不仅表示了你的礼貌，也表示你的气度。 如果执意争吵，会导致两败俱伤。 因此，快速地、真诚地让步，承认自己的错误，可以拉近双方的距离，在他觉得你是真诚的情况下，他也会付出真心。

当你对的时候，可以试着使用一些技巧使对方认同你的观点；而当你错了，就要迅速而真诚地认错。 这种技巧不但能产生惊人的效果，而且事情也会因此成功。 人们最容易被"让"字所打动，最容易被"争"字所激怒。 "让"与"争"关系的选择，智者总会选择"让"，远离"争"。

得理让三分，兔子急了也会咬人

苏格拉底是著名的教育家、哲学家，他曾经说过："一颗完全理智的心，就像是一把锋利的刀，会割伤使用它的人。"在这个世界上，没有完全绝对的事情，每件事情都有其两面性。这就告诫我们做人做事都不要太绝对，一定要留有余地。

一个春天的早晨，房东太太发现有三个人在后院里东张西望，她觉得可疑便马上报了警。就在小偷被押上警车的一瞬间，房东太太发现他们都还是孩子，最小的仅有14岁！按照法律规定，他们要被监禁半年，房东太太心存不忍，便向法官求情："法官大人，我请求您，让他们帮我干半年活，以示惩戒吧。"

法官最终同意了房东太太的请求。房东太太把他们领到了自己家里，像对待自己的孩子一样热情地对待他们，与他们一起生活和劳动，还给他们讲做人的道理。半年后，三个孩子不仅学会了各种技能，而且个个身强体壮，对房东太太非常感激。房东太太说："你们应该有更大的作为，而不是待在这儿。记住，孩子们，靠自己的实力吃饭是最重要的。"

许多年后，这三个孩子其中一个开了个工厂，一个成了一家大公司的主管，而另一个则成了大学教授。每年的春天，不管他们在哪儿，都会回来与房东太太相聚在一起。

"得理让三分"，房东太太从中收获了很多珍贵的东西。

"人活一口气，佛争一炷香。"当一个人被其他人欺负或者排挤的时候，经常喜欢说这样"争气"的话。

其实也没有必要如此。想一想，一个人的气量到底有多少呢？大不了三万六千天，这还是极少数。古代名人张英有云："万里长城今犹在，不见当年秦始皇。""千里捎书为堵墙"，却不如得饶人处且饶人，"让他三尺又何妨"？这方面，古往今来，有很多人，很多事值得我们学习。

"得理不让人，无理搅三分。"许多人都有这个毛病。其实，一个人怎么可能总占理？所谓"有理""得理"往往只是相对而言的。凡事皆有一个度，物极必反，"得理不让人"就有可能变主动为被动。反过来说，如果能得理且让人，不仅可以显示出自己宽大的胸怀，也能获得别人的尊重和诚服。

它具体表现在：

(1)得理不让人，让对方走投无路，在将对方逼上绝路的时候，会激发对方"求生"的意志。 而既然是"求生"，就有可能是"不择手段"。 就像将老鼠放在一个密闭的空间里，不让其逃出。 老鼠为了求生，就会对空间里的东西进行破坏，这将对你造成严重的伤害。 放它一条生路，它会认为"逃命"要紧，就不会伤害到你。

（2）对方"无理"，自知理亏，你在"理"字已明之下，退一步，他会铭记在心，来日自当知恩图报。 就算不会如此，也不会再跟你对着干。 这就是人性。

（3）得理不让人，伤了对方，也会伤害对方身边的人，甚至毁了对方，这有失厚道。 得理让人，这也是人脉的一种积累方法。

（4）人海茫茫，却常"后会有期"。 你今天得理不让人，日后你俩可能会再相逢。 若那时他强你弱，吃亏的就可能是你！ "得理让人"，这也是日后为自己留条后路。

人情翻覆似波澜。 没有永远的朋友，也没有永远的敌人。 世事如崎岖道路，困难重重，狭路相逢的时候不如往后退一步，让对方先过，就是宽阔的道路也要给别人三分便利。这样做，为自己以后铺了一条路，也就多了个朋友。

出乎意料的无私可以获得更多的信任

　　有些人与不相熟的客户或者朋友交往时，他们都会从各方面去考察、判断你的动机和行为是从自己出发，还是为别人考虑。　当他们发现你从来不会为他人着想，只是在为自己的利益做事时，他们就会放弃与你深交，也就不会再和你进行更深入的生意合作；相反，当你为他们做出了超过他们预期的无私的事情之后，他们就会把你当成真正的朋友，你的想法也会变得更加可信，他们愿意与你在生意上合作。　因为你用行动证明了你对他们的关心。

　　　有一对老夫妇买了一幢园林式的新房，想雇请一位园艺师，有一位园艺师是邻居们一致推荐的。于是夫妇俩对这个园艺师很好奇，决定聘请他。
　　　出乎他们的意料，这个园艺师见到他们之后，不仅询问了园艺方面的情况，还问了他们很多其他方面的问题，并做了非常详细的记录。比如："你们一般什么时候会在家?""周末你们喜欢钓鱼吗?""你们最喜欢谁家的院落?"诸如此类的问题,这个园艺师都询问得一清二楚。

不过很快,老夫妇就知道他为什么要问得这么详细了。他除了按时修剪植物外,还给他们带来了很多意外之喜:他会把他们新买的圣诞树挪到一个更阴凉的地方,寄一些如何打理绿植的文章给他们,他还会在周末来临时准备好钓鱼的渔具。老夫妇终于明白为什么邻居都向他们推荐这个园艺师了。他全心全意为我们的利益着想,我们能不满意吗?

你为对方所做的事情能否让别人满意决定着你与对方的关系。 你所做的事达不到对方的预期,合作关系就很难达成;你所做的事刚刚符合对方的预期,你们的关系也只能是一般化;只有你所做的事完全超出对方的预期时,对方才愿意与你长久合作。

第三章

所谓会聊天，就是把话说到别人心里

说话前要三思，口不择言易伤人

在言语上伤害他人，有时只是我们的无意之举，我们以为没什么的话，在别人耳中却能造成一定的伤害。

口不择言可能不是出于你的本心，但却很容易把人际关系搞得很糟糕。不过要人们的每一句话都三思而后言也是强人所难。只有通过不断地实践、不断地总结和锻炼，我们方可在说话的时候把握得当、收放自如。

"你会说话吗？"面对这样的问题，你一定不屑地一笑，只要是正常人，说话谁不会？实际上，说话是一门非常高深的艺术。谁都会说话，但有些人说话总是欠考虑，口不择言，往往一通发泄之后，只顾自己快活，不顾别人死活。

我们还是先看几个关于口不择言的笑话：

一剃头师傅家被盗劫。第二天，他给别人剃头的时候唉声叹气。主顾问他为何发愁，师傅答道："昨天晚上我们家遭到强盗抢劫了，现在想想，只当替强盗剃了一年的头。"他的主顾听了这话，心里很不高兴，愤怒地就把他赶走了。后请的师傅问："先前有一师傅服侍您，为何另换小人？"主人就把换师傅的原因告诉他。这师傅听了，点头道："他说话口不择言，真是自己砸自己的饭碗。"

在寿宴上，客人同说"寿"字酒令。一人说"寿高彭祖"，一人说"寿比南山"，第三个人开口便说"受福如受罪"。众客道："这话不但不吉利，而且用字也不对，该罚酒三杯，另说好的。"这人喝了酒，又说道："寿夭莫非命。"众人生气地说："生日寿宴，你怎么可以说话不经过大脑。"这人自悔道："该死了，该死了。"

有一人请客，四位客人中有三位先到。主人等得着急，随口说道："唉，该来的还没来。"一客人听了，心中不快："难道我是不该来的？"告辞走了。主人着急，说："不该走的又走了。"第二位客人也生气了："难道我就是那该走又赖着不走的？"说完扭头就走。主人苦笑着对剩下的一位客人说："他们误会了，其实我不是说他们……"这第三位客人听了更不舒服："不是说他们就是说我了。"主人的话未完，最后一位客人也走了。

虽然是笑话，但生活中这样的错误却屡见不鲜，如果我们说话时不加思考，就可能伤人败兴，导致人与人之间产生尴尬的场面。所以在说话时一定要注意说话的场合、对象、气氛，需要三思而后言。像有些人去菜市场，问卖肉的：

"师傅，你的肉怎么卖？"或饭馆服务员上一盘香肠，说："先生，这是你的肠子。"我们一定要留心规避这类低级的错误。

明人吕坤认为，说话是一件最难的事情。像上面所说的情况，还不是太难的。只要注意语言修养，斟酌我们说的每个字句。说话难，其实最要命的就是说真话、说实话太难。

央视节目《实话实说》节目主持人崔永元谈到了办节目时遇到的一些事。他说，这个时代没有了"文字狱"，说真话已不会闯下大祸，但"说实话免遭迫害，可不定能免遭伤害"。《实话实说》栏目邀请过很多名人学者，结果呢？一位座上客因此评不上职称，原因是"喜欢抛头露面不钻研业务"。另一位本来有机会升为研究所副所长的，因做节目耽误了前程，理由是"节目中的观点证明此人世界观有问题"。一报社记者录制的节目一经播出，就被单位的人指指点点，同事说他出风头，什么都敢说。另一电台记者回去后被领导审查，领导认定他是收受了贿赂。还有一位老年女性在节目中真诚表露了自己的人生感受，结果被人们看成精神病……

崔永元苦恼地说："很多时候我们自己都失去了信心，节目到底还能做多久？"他也体会到了"说话是人生第一难事"。

有人"见人说人话，见鬼说鬼话"，并且有不少人学习此道。明明是这么回事，有人偏偏说成那么回事。前一秒说的话，后一秒就立刻改口。 这样随风转舵，看人下菜，言不由衷，自欺欺人。 俄国作家契诃夫笔下的"变色龙"，就是这样很"累"地不断自打嘴巴地说话，这是典型的反面教材。

说话的技巧是要学习的，但是我们也必须坚持原则，不可指鹿为马曲意逢迎。 如果违心地说话，那技巧就变成了恶行。 崔永元说得好："如果我们在俗世学会了花言巧语，我们用酒精泡出了经验，我们得意地欣赏属于自己的一份娴熟时，我们也就失去了很多真实的东西，那些东西对我们很重要。"

说话如果不坚持原则，那丢掉的就是人格。

说话这事，对于孩子们来说很简单，有什么就说什么。只有大人们才觉得是道难题。 大人们深思熟虑，思前想后，知道掂量和玩味，但孩子们的思想里没有那么多顾虑。 那么，如果我们实在想说，如鲠在喉，不吐不快，却不知怎么说才合适，怎么办？ 崔永元出了个主意：有什么就说什么，就像来自德国的教练施拉普纳对中国足球运动员说的："如果你不知道该把球踢到什么地方，就往对方球门里踢！"

这样做既简单又有效，曲意逢迎固然能避免口不择言，伤及他人的毛病，但是也只是一时的避免。 要真正地说好话，避免伤及他人，就一定要用心，培养说好话的能力与技巧，自然而然地说出来，实在不能说时，宁可选择沉默。

要把忠言说得不逆耳

在现实生活中，我们或许会碰到领导或者朋友出于意气用事，或者本身就自恃权重不甘于平庸，欲成大事而决策失误，使得各方面都遭受巨大的损失，这个时候我们应当仗义执言，阐明利害关系，说服其改变主意。

战国时期，名将赵奢原先只是赵国田部的官吏，掌管田地税赋的征收。当时，四大公子之一平原君赵胜家不肯照规定缴纳税款，赵奢依法施罚，把平原君府上九个管家正法。平原君大怒，预备杀赵奢以示报复。

赵奢趁机献上忠言说："您贵为赵国公子，今天连您自己也放任家臣不守国法，国家法令的尊严就会受损；法令受损，国家就会越来越贫弱；国势弱，则诸侯就会伺机而动，赵国就会有亡国之忧。到那时，您又该如何享受这种富豪的生活呢？反之，如果公子您都以身作则恪守法度，则可以使全国上下一心，国家就会富强，赵国自然能长治久安，而您呢，贵为国戚，还怕天下人轻视吗？"

平原君闻言对赵奢赞赏有加，于是把他推荐给了赵王。

赵奢在这里并未当面批评平原君管教下属无方，而是从国家社稷的角度出发进行劝谏，毕竟平原君是赵国的贵族王子，从他的利益出发点来劝谏是最好不过的，所以他能采纳赵奢的意见，同时，发现了一个忠心耿耿的拥护者。

在现代社会中，有一些商人不脚踏实地，而只是通过凭空想象，仅考虑到某些片面的利益，导致做出的决定不合时宜，从而蒙受更大的损失。对于这些情况，不能听之任之，应当仗义执言，否则等到产生不良后果，领导还会怪下属未及时反馈情况。虽然是大家共同的责任，但对于企业和社会将是很难弥补的。

一些领导身居要职，有指挥权，往往会独断专行。所以，如果你诉说的仅仅是目前的现象和实情，他也不会轻易接受，而且搞不好，有的领导还会认为你不理解他的苦衷，或是以为你是在故意推脱责任。怎样才能让领导理解你的苦衷呢？最好的办法是，你可以采用推导可能结局的方式。从领导准备做出的决定出发，合乎逻辑地推导出最可能产生的后果，从而让领导自己幡然醒悟悬崖勒马，从而达到诉说的目的。

小常在一家私立学校任教，由于学校的宣传很到位，学校开办伊始就有很好的生源。这样一来，现任的各位教师授课任务十分繁重。但领导认为应该"宁缺毋滥"，决定只用现有的教师力量，增加他们的授课时间，并承诺按增加的课时给老师们涨工资。因为小常特别看重自己的名声且是一个有高度责任感的老师，若是长时间这样劳累，势必身心疲惫，从而影响教学质量，这样不利于自己和学校的声誉。于是，他决定向领导诉说一下自己的想法。他从关心学校的前途命运入手，跟领导说明教学质量需要时时抓不可轻视，从而推导出如果按照领导的方式发展下去，教学质量下降是必然现象，而这正是领导非常关心的问题。领导也就愉快地接受了他的建议。

仗义执言也要分清领导的真实意图，有时候某些领导并非真心想让你提意见，而是一种向下属炫耀自己水平的方式，这时更要多点"心机"，否则不但得不到什么好感，严重的时候还会自毁前程。

同时提意见也要注意相应的方式，诸如先扬后抑，如果想要达到好的效果不妨以请教的姿态进行。

小麦曾供职于某个广告公司。她工作上能吃苦，且待人热情、聪明能干，很受上级领导的重视。但有一天，老板找到她，说自己拟订了一份公司经营规划，想让她给提提意见。小麦年纪轻轻没有经验，结果对老板的经营规划提出了不少批评意见，有些意见还是很尖锐的那种。当然，她的出发点是好的，而且她的很多意见都很有见地，若是老板真心想听她的意见自然会受到夸奖。但不足一个月，她被老板炒了鱿鱼。因为，虽然老板大多数表面上会摆出一副虚心采纳下属意见的姿态，但是实际上却很反感下级提出过于尖锐的意见。小麦错就错在自己说话太直率了，明显地不把领导放在眼里，让领导心里产生不快。

想要获得尊重，就必须首先尊重别人。对于领导和老板也是如此。要想尊重上级就要多多注意自己的言行，尤其在老板要你给他提意见时，要巧妙使用说辞。比如，你可以采用赞扬和肯定的语气，先对老板的计划赞美一番："老板，您的策划真的是高屋建瓴，假如付诸实施的话，一定能使公司的业绩有大幅度的提高。但是，有一个小问题，您觉得这样会不会好一点……"采用这种方式提出自己的意见，既能够让老板开心，也能达到提意见的目的，岂不是两全其美？

善于提意见或者说服别人的人大多数是懂得察言观色，说话委婉，不急不躁，听似柔若无骨，实则主见分明，这就是把忠言说得悦耳之道。

说好话，有好运

有这样一个故事：

有一位严肃的"直话"先生和一位专爱捧人的"好话"先生，某天俩人都被邀请去参加一个舞会。他们同时看到一位风韵犹存的老妇人，于是"直话"先生走过来对她说："您使我想起您年轻的时候。"老妇人高兴地说："怎么样？""很漂亮。"

老妇人略有不悦地说："我现在丑了吗？""直话"先生一本正经："是的，比起您年轻的时候，现在的您皮肤松弛，缺少光泽，还有皱纹。"老妇人一听，脸上顿时五彩缤纷，红一阵白一阵，怨恨地看着他，刚才的欢快心情瞬间消失无踪。

这时，"好话"先生快步走来，彬彬有礼地邀请老妇人跳一支舞，并对她说："您是舞会上最漂亮的女人，如果能与你共舞，将是我莫大的荣幸。"老妇人刚刚黯淡下去的眼睛顿时又闪现出了神采，她欣然同意。于是"好话"先生与她跳了好几支舞，老妇人开心极了。

"直话"先生在旁边看到老妇人一下子好像萌发了青春的活力，全身都洋溢着生命的激情与魅力，脸上也露出迷人的微笑，就像一个漂亮的年轻女郎。

老妇人离开之后，"直话"先生问"好话"先生："跳舞的时候，你对她说了些什么？""好话"先生笑着说："我跟她说您真漂亮，我真希望能娶你。""直话"先生眼睛瞪得大大的，气愤地说："你怎么能这么说！这太荒唐了！""但是她很开心，不是吗？"但是最后两人都没有把对方说服。

到了第二天，他们都收到了一封参加××葬礼的信，在墓地，两位先生再次碰面，原来，这是那个老妇人的葬礼。葬礼过后，仆人叫住他们，分别把信封递给"直话"先生和"好话"先生。

"直话"先生拿到的那封信是这么写的："'直话'先生，你说得对。衰老和死亡不可避免，不过我们往往不希望被人这么直接说出，我将我的日记赠送给你，那是我的真实。"与此同时，"好话"先生也阅读着老妇人留给他的信："'好话'先生，十分感谢你的赞美。它让我生命的最后一夜过得如此幸福，也让我仿佛又年轻了一回，你化去了我心中厚厚的霜雪。我将决定把我的遗产全部赠予你！"

有的人并无恶意，也许他也只是实话实说，但却不知自己的那些实话是在"泼冷水"，让本来心情大好的人，被冷水越浇越冷，严重的甚至会让两人的关系也随之破裂。实话固然重要，但是学会照顾别人的情绪则更为关键。

多说好话和赞美别人的话，能够让人与人之间的距离变得更加亲近，令环境愉快，就像那位"好话"先生，他那些出于好意的话语，让他得到了好运，继承了一大笔遗产。

蒋介石当上了国民革命军总司令后，身份一下子显赫起来，不过他还是对自己的祖先一无所知，也不知道自己的老家在哪里。很多人对他进行人身攻击，说他本不姓蒋，是她母亲带他到蒋家的，而且他来历不明。这件事一直让蒋介石耿耿于怀，于是他手下的那些文人便开始忙碌起来，整天帮他查族谱。

但蒋介石对他们查到的结果不甚满意。宜兴县的县长蒋如镜，是一个很有心计的人。他翻阅古书，走访民间，潜心考察蒋介石的祖先籍贯。功夫不负有心人，他终于考证到了一条线索。

光武帝时有一人名叫蒋横，是个将军，但后来死于诬害，他的儿子蒋澄被降至阳羡。翻案昭雪之后，他的子孙继承了官爵，可谓是显赫一时。其子蒋澄被封为函亭侯，并且在宜兴城内的东庙巷及官林镇附近的都山，都设有函亭侯的祀堂。

蒋如镜认为蒋介石与宜兴蒋氏是同出一脉，并梳理家谱，上报给了蒋介石。这份家谱让蒋介石非常满意，祖上有个将军，还被封过侯，祖宗如此显赫，而蒋介石也成了将门之后，这样自己的司令身份也就更加有威望。

于是蒋介石马上认祖归宗，并视蒋如镜为贵人。

试想，蒋如镜从一个小小的县长到成为蒋介石的座上宾，真可谓是一步登天。可他如此好运怎么来的呢？这一切正是因为他趁机献上的"好话"，让蒋介石很受用，从此他备受蒋介石荣宠，仕途平坦，步步高升。

好话像春风，而伤人话则似冬日寒风。如果你说的每一句话都像春天般温暖，你的身边就会有似锦繁花，随之也会为你带来好运。

多提对方的自豪之事

语言是架起人与人之间关系的桥梁，赞赏是打开他人心门的一把钥匙。 特别是对方值得称道的优点，当你发现了它们，且不吝赞美之辞，对方自然会认为你是值得信任并了解他的人，亲切感便油然而开。

就算是混得不怎么样的人，也会有一两处值得称道的优点。 比如一个人优点很少，却很有运动天赋，或者酒量非常好，你都可以利用这些。 地位低下的人尤其在意自己的小小闪光点，当然也有的人不太在意。 但无论他是在意还是不在意，当听到别人恭维自己的闪光点，看到自己被人肯定，都会感到很高兴。

1960 年，法国总统戴高乐访问美国，尼克松总统夫妇设宴迎接他的到来。总统夫人精心布置了一个鲜花展台：在一张形似马蹄状的桌子中央，有一个精致的喷泉，四周摆上五彩缤纷的花，两者相互映衬。

戴高乐将军一进宴会厅，就被这个设计吸引住了，他明白，这是主人为他的到来花心思制作的，所以他真诚地夸赞道："夫人您真是有心，这必定花费了很多心思和时间进行设计与布置，才能这样漂亮、雅致。"尼克松夫人听了这话，感到非常喜悦，觉得自己的工作成果得到了肯定与尊重。

对于尼克松夫人而言，布置鲜花展台应该是她分内的事情，有什么可称赞的呢？然而戴高乐将军并不吝啬赞美之辞，并向夫人表示了诚挚的感谢和肯定，为晚宴创造了轻松愉快的气氛。

赞美是件好事，但却是件较难的事。如果你不喜欢某个人，最好的解决办法就是寻找他值得称道的地方。而且你也一定会找到一些，只要你看到对方身上的闪光点，你也就能够对他"另眼相看"了。

比如对一个漂亮的女性，如果像众人一样只夸她长得美，这样"锦上添花"的赞美，她几乎天天都听，你再怎么费力赞美她，她也只觉得平淡无奇。但是如果你对她说："你真是个才女，有能力，有才干，人也长得好看，简直就是才貌双全。"相信她一定会喜上眉梢，认为你这人很具有眼光。

可见，夸赞别人的长处优点时，最好是称赞他最不显眼，或许是连他本人都未能察觉到的亮点。因为他最大的优点大家有目共睹。若是单调地重复，可能会让这个人对你产生反感，而那些小的优点，是别人从未发现或者不经常提起的，因此也就显得弥足珍贵。而你的发现与称赞为对方增添了一份对自己的认识，也给了对方一个自我认识之外的惊喜。 同时，你独特的观察力还会获得对方的好感。

拿破仑是个对奉承很反感的人，跟随他的将士们都很了解这一点，都不敢对他说奉承的话。 然而，有一个聪明的士兵却对拿破仑说："将军，您跟其他人真的很不一样，从来不愿听人奉承。"拿破仑一听这话，认为十分真切，不但未斥责他，还感到有人理解他，觉得非常开心。

这位士兵之所以能成功奉承不爱被奉承的拿破仑，最主要的原因是他发现了拿破仑值得称道的地方，并准确地称赞拿破仑的这个闪光点。

别人对你赞美，相信你不能无动于衷。 只不过有的人会赞美他人，有些人却很不擅长。 大文豪萧伯纳说过："每次有人吹捧我，我都头痛，因为他们捧得不够。"可见，人都钟爱赞美，重要的是你懂不懂得巧妙地选取奉承的内容和方法，说到别人心里。

若是能多留意一下寻找别人身上的闪光点，并适宜地赞美，对方会觉得你很在意他、欣赏他，他们对你自然也会十分亲近。 同时，这样的赞美还能激励一个人潜在的能量，让别人越来越自信。

要学会照顾对方面子

中国人都非常注重"面子"，从古语"士可杀不可辱"中可见一斑，面子有时甚至重于性命，一旦撕破脸面，关系便彻底断绝了。

所以，任何情况下都要顾及别人的面子。 试想，如果你由于某些原因未及时完成工作，你的上司当着众人不留情面地批评你，你一定会觉得面子扫地，十分难受，甚至会因此而仇恨对方，和对方对着干。 所以，聪明的人都会慎重对待别人，尽量不伤及对方的面子。

柳颜和丈夫结婚多年，已经习惯了丈夫对她言听计从，有时候在人前也对丈夫颐指气使。一天下班回家，她突然看到丈夫领来了一帮不速之客，买了一大堆烟酒鱼肉，搞得整个房子一团乱。她顿时生气了，也不管丈夫和朋友聊得正欢，冲过来对着丈夫就是一阵数落："你怎么带人来也不和我说一声啊！"说完就摔门而去。

在场的人们一个个一脸惊愕，尴尬万分。原来，这几个人与柳颜丈夫是多年未见的旧友，因为出差刚好聚在一起。柳颜的丈夫与旧友相见特别开心，于是豪气万分地对他们说："走，去我家吧！"大家都开玩笑地说："是不是需要和嫂子打个招呼啊？"柳颜丈夫听了这话，觉得面子上挂不住，于是一拍胸脯说："咱家哪有这规矩啊。"

原本是大伙其乐融融的一次聚会，却由于柳颜的闹腾，很快就散了。这件事仿佛一根导火线，柳颜的丈夫因此与她大吵大闹，最后不得不以离婚收场。

在大庭广众之中批评别人，逞一时口舌之快，确实令别人反感。尤其是夫妻之间，更要注意这点。柳颜的无知让聚会不欢而散，而斯大林因一句话却永远地失去了妻子。

斯大林在一次十月革命纪念晚宴上喝得心情大好，他在众人面前对妻子娜佳喊道："喂，你也来喝一杯！"这句话要是放在家中，本是亲昵之语。可是，斯大林是当着党政高级官员和外国代表的面这样说，让妻子觉得自尊受到了伤害。

正巧娜佳又属于年轻气盛、十分要强之人，她有很强的自我意识。当听到斯大林的这句话时，觉得很失颜面，感到受了羞辱，心里十分气愤，于是就大喊道："我不是你的什么'喂'！"

说完她站了起来，在众目睽睽之下拂袖离场。第二天清晨，人们发现年仅22岁的娜佳已经躺在了血泊之中，她已经饮弹自尽。

一句话断送了一个鲜活的生命，实在是令人扼腕。娜佳虽说有些小心眼，但斯大林也并非没错，他不该在公开场合不注意妻子的面子，所以令结果一发不可收拾。如果他当时对娜佳说："娜佳，你也来喝一杯吧！"事情完全不会是如此悲剧结局。

除了夫妻之间，在生意场上，朋友之间，也要注意考虑对方的面子。

抗战胜利之后，张大千准备从上海返回老家四川，众人设宴相送，并特别邀请了梅兰芳等人作陪。宴会开始，众人请张大千列首位，但是他却幽默地说："梅先生是君子，应坐首座，我是小人，应陪末座。"

众人听了这话十分纳闷，于是张大千解释说："不是有句话讲'君子动口，小人动手'吗？梅先生唱戏是动口，我作画是动手，所以还是请梅先生入座首席。"听毕大家哈哈大笑，并请两个人并排坐了首位。

张大千此举，是主动为梅兰芳做面子，不但让梅兰芳感动，更向人们展示了自己宽阔的胸怀，也令宴会的氛围更加宽松和谐，真是一举数得。可见越是重要的交际场合越要注意顾及别人的面子，假若无法做到这点，就很容易令彼此的关系陷入僵局。

有的企业家在代表公司与另一家公司洽谈合作业务时，不但没有按时赴约，而且他一见面就向对方说："我工作很多，我们快点谈吧，完了我还有其他安排。"这种说法，完全置别人面子不顾，是不尊重对方的表现，这种情况下谈业务自然很难成功。　不管对方是大人物还是小人物，给人留足面子，才会让自己的工作和生活游刃有余。

"模糊表态"才不会给人落下话柄

不可否认，讲话坦白能给别人留下好的印象，明确而坚定的表态也给人以自信的感觉。但是当我们在做决定时如果总是轻易地使用"绝对""一定"等字眼不留余地讲话，那就不是正确的做法了。有心计的人知道，一旦话说了出来就很难再收回去了，为了避免别人抓住你的把柄，他们大多会选择用"模糊表态"的方式以留后路。

模糊的表达方式也不失为一种好方法。对于不必要、不可能和不能把话说绝对的态势，就要选择模糊的表达。我们要随机应变，有时模糊语言就显得尤其重要。

从前，有三个考生去赶考之前曾求教于一位著名的算命先生。三个人把自己的情况说完之后，算命先生故作神秘地伸出一个手指，闭眼沉默片刻，三个人待要追问，算命先生曰："天机不可泄露。"待到第二年他们又去拜访那位算命先生，连称其神。因为三个人中只有一个人考取了进士，当时算命先生伸出一个手指不就这个意思吗？但算命先生却有他自己的秘密：如果两人包括在这三个中，也有可能是其中之一不中的意思。如果没有一个落榜，那么伸一指就表示没有一个不中，因此不管最后结果怎么样，算命先生都是正确的。

在生活中，有好多为人处世精明的人都在模糊地表达自己的想法。比如，在接受别人的谢意时，在索取自己报酬时，在表达爱意时，甚至在骂人时都表现出含糊不清的样子，这样的含糊不清保住了他们的修养和面子，还不至于把话说太死。

或许每个人都会有这样的经历：假如某人询问你事情，你不便回答而又不得不回答；人家针对某些事情来征求你的建议，你赞成不是，不赞成也不是，甚至两面都不讨好。此时你不妨来个语言太极拳，即利用模糊的语言做出较为含糊或宽泛的回答。这样做比较容易脱身，能够体现自己的良好修养也显现出自己的机智和敏锐。如果遭到别人似是而非问题的刁难时，千万要让自己的嘴控制好，绝对不能胡言乱语或与人抬杠，含糊其辞是最好的表达方式。

客家有句俗谚："人情留一线，日后好见面。"很多尴尬的事情都是由于自己不经意间造成的。其中有一些就是因为话说得太绝造成的。凡事要三思而后行，才能给自己留条后路。在外交上这是用得最多的。每个外交部发言人一般都不会给出绝对的回答，要么是"可能，也许"，要么是含糊其辞，以便一旦有变故，可以有回旋余地。一个人成不成熟，可以看他说话是否绝对。

当然，生活中并不是所有人的思想都成熟老练，还是会有人讲话很绝对。总觉得自己的见解没有错，甚至不用争辩，便马上盖棺定论，不留余地。可是，把杯子留出空间，是为了轻轻摇动时，不会溢出液体；气球留有空间，是为了不会因轻微的挤压而爆炸；任何事情都应该要留有一定的空间，这不仅是给别人方便，而且当你没有达到自己的预期目标时，压力也不会太大，别人也不会太责怪你。

　　有个公司的产品部经理在每项产品进行市场预测的初期，总会召开很多的会议，还经常会叫上销售部和设计部的成员对共同的问题进行探讨，而且会征求其他员工的建议。

　　"初生牛犊不怕虎"，开会的时候，刚来不久的两个美女员工李聪和张珍都对自己超前的思想作了表达，这也得到了公司相关部门的认可。但在对自己想法阐述时，两个人还强调如果按照她们的方法成功是势在必得的。产品部经理立马就表示要李聪和张珍共同针对此来设计出详细的策划，公司会对她们的提议认真考虑。此话一出，李聪和张珍欣喜若狂。作为新人的她们能得到领导如此重视，都觉得自己很幸运。但是在这项新产品的制作过程中问题频繁出现，整个公司也跟着紧张起来。

　　事后，公司在解决这件事情的时候，都把矛头对准了李聪和张珍，而本该为这个项目负责的产品部经理和所有参与产品研讨的销售部经理、设计部经理却都相安无事。最后李聪和张珍被炒了。其实，事外的人都知道其实领导也有一定的责任。因为正常来说，领导对公司的发展和重要决策应负 90% 以上的责任。但这次新产品出了问题，领导们却没有承担责任，而是拉出了李聪和张珍这两个替罪羊，原因就出在产品部经理在她们共同写的计划书上，说了要给她俩参考的意见，给自己留了条后路。当然，如果出现问题，文字东西便是证据。

　　她们俩本身也存在问题。她们的说话方式不够"模糊表态"，最终给人留下了话柄。开会的时候她们将自己的想法说得很清楚，但却没必要在后面加上"按照这个方法来做就会百分之百成功"这样的话。这种对未来不确定事件的过分肯定，太过于自信，也注定了她们最后会自讨苦吃。一旦公司追究责任，产品部经理只要把李聪和张珍共同写的计划书一交，自然就可以声称自己与此事毫无关联。

　　用不确定的词句一般都可以降低人们的期望值，如果你不能达到别人的期望值，人们因对你期望不高而能用谅解来代替不满，甚至有时候也会看到你的努力，不会认为你一无是处；你若能出色地完成任务，他们往往喜出望外，这种额外的惊喜是很利于你的人际关系的。

　　把话说得太满，这并不一定是自信的表现。 话说七分满，反而是一种谦虚的态度。

第四章

解开心理密码，就能赢得人心

他人之恩不可忘，施予之恩切谨记

《战国策》中有一句名言："人有德于我也，不可忘也；吾有德于人也，不可不忘也。"主要是说别人对自己的恩情，不可以忘掉；我对别人有恩有好处，不能不忘掉。这正是人们相处的王道。

帮助朋友时他们会说："哎呀，可太谢谢你了！""咱哥俩谁跟谁啊，没事！"这其实就是帮助了人，却又不把这份帮助放在心上，这会让朋友对你更加感激。因为一般来说，朋友找你办的事，都是他所办不到的，如果他能办了，也就不会来找你了。所以，你若办成了，就要学乖点，不能以此自夸自大，更不要铭记在心。

你应该轻松点，不要把这份恩情放在心上，就像这件事情从没发生过一样，朋友就会对你更加器重了。当然你不能老坐等朋友过来，而应该主动送"货"上门，把人情送给正需要你的朋友。这也是人际交往中的大智慧。

胡雪岩在资助王有龄进京捐官时，用的就是这种技巧。当时正是王有龄穷途末路的时候，胡雪岩就这样慷慨相助，王有龄自然对胡雪岩无限感激。而胡雪岩这次拿出钱来"赌"，用心良苦，以求一搏，但并不把这种着急之情表现出来。

胡雪岩不仅资助了王有龄 500 两银票，而且想得非常周全。为了王有龄路上使用方便，胡雪岩还将这 500 两银票兑换成各种面值的票子。这时王有龄才明白自己遇上了贵人，却连贵人的一点信息都没有，便连忙询问。

胡雪岩只说了自己的名字。王有龄又问起了家庭方面问题，他也只说了一句"凭一点薄产度日，没什么说头"便岔开话题，不肯再多说。在知道王有龄要动身后，胡雪岩便与他约好后天再见，为他饯行。王有龄满口答应。

到了约定的时间，王有龄来到了上次见面的地点。但是一直等到天黑，仍然不见胡雪岩的踪影。他甚至都不知道胡雪岩的家在哪里，只好再等。直到夜深客散，茶馆收摊子时，这才把王有龄撵走。他已经雇好了船，也不得不走了。他非常痛恨自己连走之前都没有见恩人最后一面。

但是胡雪岩这一招是很有学问的，他这一手真是漂亮极了，助人于危难之中，却又悄然离开，令王有龄久久惆怅。

胡雪岩擅自借款给王有龄，自毁数年来苦心经营的钱庄前途，一家老小将生计无着，穷困潦倒。然而，他却能表现得很从容大度，不能不令人敬佩。假如换成其他人，则定会跟王有龄说，等他有朝一日，不要将他忘掉。如果这样的话，王有龄即使再对他感恩戴德，也会心里很反感的。难怪有人称胡雪岩为神人。

由此，王有龄发迹归来时，便念念不忘恩人胡雪岩，总想报答胡雪岩的恩情，却苦于无处寻觅。因为胡雪岩并没有把家庭地址告诉王有龄，因此，王有龄几次寻觅，都无果而终。但越是寻不着，其报恩之心也就越切。

当时的胡雪岩生活很清贫，只差一步就要到讨饭的地步了。但即使如此，他也不主动寻上门。不用问，这时的王有龄，自是很思念胡雪岩。

"他人有恩于我，不可忘也；我有恩于他人，不可不忘也。"帮助了朋友，却不把这件事情铭记在心，让对方知道的话对方会更加感恩。因为一般的人帮助朋友，求的都是报答，这也是人之常情。但你伸了援助之手却大恩不言谢，不求对方报答，对方就会被你深深地感动，因此会把你当成真心朋友来对待。当然，这并不是要你真的"忘"掉这件事，而是要你不要把它放在心上、嘴上，表面上看起来应该是这样。

气味相投和优势互补的朋友都重要

在美国的硅谷，就有这样一条"规则"：有两个 MBA 和 MIT 博士组成的创业团队可以说是获得风险投资人青睐的最好保证。 不管这说法是否真实，但里面却蕴含了这样一个道理：做生意做事业都要选择合适的人才，要注重优势互补。

这一点在我们结交朋友时也需要注意，我们不但要与志趣相投的人交朋友，还要结交一些可以优势互补的朋友，这样事业才会更上一层楼。 这里的优势互补既是指性格，也是指才能，当然也是指行业。 这同样是我们交友的原则之一。

人们交朋友一般都喜欢找那些性情、志趣比较相近的人；其实这是有狭隘性的，对自己的帮助也是有限的。 倘若以互补性来讲，选择那些自己在某方面有缺陷，而对方又很在行这一条件来交朋友，就会使你在生意和做事上能够取人之长、补己之短，生意也会越做越好，这就是所谓的"立体交叉"效应。

这里所说的立体交叉，可从不同视角分析一下：从道德的角度来讲，就是不仅与那些比自己德高性善的人交际，也要和能力不如自己的人交往；从性格的角度上说，就是不仅与那些性格意趣相近者交际，还要和与自己个性不同的人交往；从专业知识的深度来说，就是不仅要与文化、专业类似的人交往，还应发展与那些不同文化层次、不同专业行业的人的交际。通过与这些不同类型的人交往，尤其是那些与自己互补类型的人物交往，你获得的信息会更多，并且一定会有助于你的事业。

有一位著名的企业家，在为自己挑选助手时，就很喜欢选那些与自己个性截然不同的人。例如，他自己常常横冲直撞、不顾小节，他便挑一些考虑周全，但是不肯轻易行动的助手；他自己是一个刚毅果敢的实干家，他的助手就是个能说会道的理论家；他给人的印象是温和愉快，他的助手会比较冷峻；他的发言流利、圆滑，并夹杂着些许幽默，他的助手说话会比较犀利一些。

正因为他们的个性和才学互不相同，合作时才可以互相补充，因此产生惊人的力量，不仅使企业避免了很多错误的决策，而且业绩也直线上升。这位企业家深知这一点，所以经常对他这位助手说："我这辈子能遇见你，真是觉得十分荣幸。因为只有你才能完成我不能完成的事情。"

可以看出，有很多种类型的人，比如动力型、开拓型、保守型、外向型、内向型等等，而各人又有各自独特的、他人无法替代的优势和长处，只有将每个人的优势和长处，根据自己的情况加以互补，构成有机的整体，实现优势互补，才会收到最好的效果。要想做到这一点，你就得认识更多的优势互补的人。

　　在互补方面，有一种人是必不可少的，那就是老年人。一般来说，青年的个性很像没有管教好的野马，藐视既往，目空一切，好走极端，勇于改革而不去估量实际的条件和可能性，结果因为缺乏经验又急于求成导致改革失败，思考多于行动，议论多于果断。 为了弥补这一缺陷，你就需要找一些"忘年交"，从老人身上取经学经验，比如坚定的志向、丰富的经验、深远的谋略和深沉的感情。 而且老人已经积累了很多人脉，可以适时运用他的人脉帮助你。 因此在你的人际圈子中，老年人是必不可少的。

朋友之间需保持持久联系

有事的时候找朋友，人皆有之；没事的时候找朋友，你可曾有过。

很多人都有过这样的经历：当自己遇到了困难，觉得某人有能力帮自己时，本想马上去找他；后来想一想，以往本来要去看他的，结果却都没有去，现在有求于人了就去找他，是不是太唐突了？ 会不会出现因太唐突而被拒绝呢？ 但是这有什么办法呢，为人交友，就应该常常联络才对。 缺乏了必要的联系，时间一长，再牢靠的关系也会变得松懈，再好的朋友也会渐渐地生疏起来，到时候再去求人办事做生意，就会有很多隔阂和不快。

所以，即使你现在不需要他人的帮助，你都应该和朋友多联系。 如果你只在需要他们支持的时候，或者很渴望得到他们帮助时，或者需要他们为你引荐关系的时候才想起与他们联系，那么很快他们就会明白，你只是在利用他们；此举不但会影响原本的关系，还容易损害你们已建立起来的关系。

有事没事多跟朋友联系，会给你的事业带来很多机会。

　　有一个业务员和一个客户，他只能在每年从八月中旬开始到九月底为止的这段时间里见到他，这是因为客户公司在这段时间要整理财务报告。还有就是每年五月的一天，当客户把纳税申报单带到办公室来的时候。业务员说："除此以外，我们从来没有联系过。"

　　这天，业务员突然一想，邀请了那位客户一起吃午饭。他回忆说："我们一点也不要谈生意上的事情，这一点，我有言在先。我发现，我们都很钟情于一位作家。之后，我发现了一位新作家，他的作品和我们喜欢的风格很像，在我家里有这位作家的书，我就想把它们送给他。我把书带到办公室，包装好了以后寄给了他。"后来，他们两个又经常在一起谈论这个作家以及其他的一些话题。业务员后来没有想到，他从这个客户这里竟然又接到了很多单生意。尽管那次午餐只是临时决定的，却给他的业务带来了更多机会。

　　还有一个业务员，他会每季度寄给客户东西。他给他们寄去的不是销售广告信息，而是与客户相关的其他消息。比如，他从报纸或杂志上看到一篇和他的客户事业有关的文章，那是关于他们所处的行业的，他觉得客户会很有兴致，于是就把文章寄给他们。在客户生日的时候，他会给他们打电话，会寄生日贺卡。通过这些"琐碎"的联系，他和客户的联系很多，当业务员有事找他们时，他们总是乐于合作，他们也很热衷地介绍业务给他。

关系的建立和发展自有其自己的规则。你和朋友联络得越多，关系也就越深厚，你从中得到的也就也越多。而且积极的、牢固的关系包含着给予和收益的双重内容，如果你在不需要他们的时候还是持续保持与他们的联系，当你真的需要帮助时，他们自会很主动地帮助你。经常和他人保持联系，即使你的联系方式很简单，比如一声问候："你好吗？""你的孩子该上初中了吧？成绩怎么样？""什么时候来我这里，我们一起吃午饭怎么样？"等等，或者一个简短的短信、邮件等，都会让他们觉得亲切。日后当你真的需要他们时，他们也不会觉得太突兀，因为你已经做足了朋友之间该做的工作。

所以你要记住：闲时多烧香，急时有人帮。

学会维护朋友的自尊

我们很多人都有这样的经历：当我们伸出援手帮别人时，我们会感觉很愉快。 但是，我们有没有想过对方是什么感受呢？ 特别是我们的帮助有点过头时。

倘若我们偶尔受过别人帮助几次，我们会对他非常感激；但是在有些时候，对于一个受到过他太多恩惠的人，我们往往会视为应该的。 为什么会出现这种情况呢？ 因为我们受到别人的帮助较少时，心里的感觉只有对他的感激；但是若我们接受帮助太多的话，我们的自尊心在无形中就会受到伤害。 同样，我们提供帮助太多，他也会产生这种心理。

当然，对于那些发生在日常生活中的种种关怀，那些不需要我们给予回报、出于对我们表示尊敬的友谊行为，这种想法就不合适了。 因为这种对于我们的殷勤，显然表示了我们在别人眼里是一个重要的人物，这种帮助不仅不会让我们心里难受，反而会使我们感觉到愉快。 所以经常给别人一些这样的殷勤的关心，倒是可以让别人对你有很多好感。

但是，如果你对别人的帮助过了头，会显得别人很无能，引发了他的自卑感，就会导致他为自己的"没有出息"而苦恼。倘若这种苦恼很困扰他，他就会把这种烦恼的原因归结到让他陷入这种处境的人，即帮助他的人身上，形成以"怨"报德，对提供援手的人心生厌恶感。从这个角度来说，帮助别人太多也不是个好的办法。

所以，在帮助别人的时候，尽管初衷是好的，但是你仍然应该采取一些委婉而巧妙的方式，既要帮助人，又不能过分刺激人，以维护对方的自尊心。这样双方的关系才能走向正轨，你的事业也会不受阻碍。

有一个著名的广告商，就曾有过这样的经历。

他的一位好友从事工程师的工作，他给他好友的生意提供过很多帮助。但是后来他却发现，这位好友在有意地疏远他，甚至就快要背叛他了。广告商当然不能坐视这种局面继续下去了，可是他就弄不明白里面到底出了什么问题。他认为自己对这个朋友并不错啊，在他需要帮助的时候他都会伸出援助之手，使他渡过了难关，可他们的关系为什么不如以前了呢？

有人向他提了个建议，他觉得很有道理。这是因为他提供的帮助有点多了，所以刺激了他的自尊心，让他心里对自己没有了自信，因此心情很郁闷。于是，广告商想了个办法，他诚恳地邀请这位朋友做他新建房子水管系统的设计总监，并希望他能提出一个具体方案。

这位工程师爽快地接受了这一邀请，勤奋地工作起来，提出了很多有建设性的意见，并把他设计好的方案交给了广告商。从那一天起，他们俩的老交情又恢复到了往日的状态。广告商利用水管系统的设计工作让朋友找回了自信，才挽回了双方的关系。

此外，在帮助别人时，你的态度绝不能高傲，否则即便你最终帮助了他，你那居高临下的姿态也会成为他心中的刺，导致俩人的友情变质。所以，你应该时时提醒自己，不要伤及对方面子，否则，你提供的帮助也没什么用。此外，有以下几点需要注意：

一是要让对方觉得接受你的帮助并不是个包袱；

二是要做得自然，也就是说在你提供帮助的时候对方可能没有立刻就感觉到，但是日子越长越能体会出你对他的关心，这个状态是最好的；

三是帮忙时要高高兴兴，不可以心不甘情不愿的。倘若你自己都在犹豫要不要给对方提供帮助，意识里存在着"这是为对方而做"的观念，那么一旦对方对你的帮助反应也很小，你一定会大为生气，认为"我这样辛苦地帮你忙，你还不知感激，太不识好歹了"，这种想法最好不要冒出脑海。

朋友会真正地为对方着想

胡雪岩之所以能够广结善缘，有很多的人愿意为他效力，一个重要的原因就是他在为人处世时总是为别人着想。他自己都这么说："前半夜想想自己，后半夜想想别人。"

王有龄做上浙江海运局"总办"后，碰见一件不好办的事情：海运局负责朝廷每年征收的粮食运往北京，原本是通过河道运输粮食，但由于运河年久失修，加上干旱，沿路漕运不畅，粮食久运不出，朝廷已经开始严词催逼。倘若王有龄不能如期把粮食运到，后果可想而知。

胡雪岩就给出了一招：到上海就地买米，然后海运到北京。王有龄甚为高兴，于是便由胡雪岩出面，带了20万两银子，和人一同前往上海。打听到上海松江漕帮的通裕米行有十几万石大米刚好够数后，胡雪岩他们就来到了漕帮。胡雪岩事先打通了松江漕帮当家人尤五的师父魏老爷子的关系，讲好条件就是把他们的米先垫给海运局，到时仍旧归还米。

但是尤五却有很多难处：这次垫付数倒不是问题，眼看漕米一改海运，漕帮的处境异常艰苦，无漕可运，收入大减，帮里弟兄的生计，要设法维持，得想点别的办法才行，哪里会不需要大把的银子。他们都把希望押在这十几万石的粮米上了。如今垫给了海运局，虽然有些差额，但将来收回的仍旧是米，与原本自己想的脱困方法就不一样了。

胡雪岩察言观色，知道尤五有难处，便诚恳地说："五哥，既然是一家人，咱们无话不谈，如果你那里有难处，不妨实说，大家商量。你们为难的地方我们肯定会想办法帮您解决。我们不能只顾自己，不顾人家。"

尤五便感激地说道："爷叔！你老人家真是体谅！不过老爷子既然已经发话了，您就不必操心了。今天头一次见面，还有张老板在这里，先请宽饮一杯，明天我们就按说好的办。"

但是胡雪岩并不这么觉得，他很认真地说："话不能这么说！不然于心不安啊，五哥！我再说一句，这件事你们做起来不为难才行，如果勉强，我们宁愿想别的办法。在江湖上走，决不能让朋友为了难。"

尤五沉吟了一会儿，终于讲出了自己的难处。胡雪岩听后立马一起想办法，请信和钱庄放一笔款子给漕帮，帮他们渡过难关，将来卖掉了米再还。张胖子很爽快地答应贷款10万两银子，尤五一直担心的事情也尘埃落定，同时也更加佩服胡雪岩的为人。胡雪岩人情练达、处事周到，善于为他人着想，帮人帮到实处，让对方对他很是佩服和欣赏。

做事总要为朋友着想，这是商海中与人相处的首要原则。一个人要想有更大的作为，做事前就应先站在别人立场上想问题，要设身处地地想一想对方的利害得失与困难，再作出自己的决策，让决定既利于自己，也避免损害对方的利益，使对方更容易接受，从而乐于与你合作。

多为对方着想，才能赢得别人的信任，赢得别人的尊重，赢得对方的友谊，并为自己树立良好的形象，让我们的生意发展的机会多起来。

共同体验有利于缩短人与人之间的距离

世界经典爱情名片《魂断蓝桥》的开头还记得吗？ 第一次世界大战期间，在滑铁卢桥上，拉响的警报声一声比一声紧急，即将奔赴法国战场的英军上校罗依·克劳宁遇到了舞蹈演员玛拉，他们同时进入防空洞躲避。 在拥挤的人群中，四目相对的他们，爱上了彼此。

无须说，这就是一见钟情魅力的体现，其实，也体现了共同体验的魔力。

共同经历危险的两人，自然而然产生了特别的亲密感，彼此的关系就此发生了质变。

也许有人会说，这是电影，是艺术，不是现实生活，那么，让我们看看下面这个真实的故事吧：

有一对青年男女，高中同学三年，关系很是一般。进入大学之后的第一个学期并无任何联系。然而，大一还未结束，两人就开始恋爱了。

传出两人恋爱的消息时，同学们都震惊了，因为这事来得太突然。在此之前，没有谁察觉到一点儿蛛丝马迹。后来，还是这位男生自己爆料事情的缘由，大家才清楚。

原来，大学第一学期暑期放假期间，高中同学聚会，去爬山的十几个人中也包括他们两个。下山时已近黄昏，刚好遇到了一群地痞上山，他们似乎喝醉了酒，不知为什么双方就开打了。男生们让女生们先跑，这名女生体质差，跑得慢，落在了后面，这个男孩就拉着她并帮她拿包，两人一起跑到了山的另一面，最后与其他同学失散了。

后来，两个人摸黑下了山，女生被男生护送回家。此后，两人开始交往，返校后互通书信，关系一天天好了起来，水到渠成地成了恋人。

想想也是奇怪，偶然拥有私密的共同体验竟促成了两人的终身大事。

在日常生活中，经常可以见到两人的关系因共同体验某件事情而贴近的例子。 比如：重修旧好，冰释前嫌的两兄弟，原来是在父母面前一个替另一个撒谎，使其免于挨打。两个同学关系特别好，原因是一个人的作业被另一个人抄了，但未向老师告发。 两个同事突然好了起来，原来是不久前单位组织外出，在旅馆的电梯里两人被困了半个多小时。诸如此类的行为，两人共同经历了只属于他们的同一事件。通常，这种私密性越高越特殊的共同体验，两个人的关系也就会越亲密。

这是为什么呢？ 从心理学的角度来讲，当人遇到困难时，会有一种"喜欢自己"的心理在其潜意识里产生。 所以在这种爱自己的延长线上，就会有强烈的喜欢与自己有相似点的人的潜在心理。 利用这种心理作用，从彼此间共同拥有的经历中，对他人的好感就会爆发出来。 有时，因为拥有共同体验，即使是双方比较生疏、甚至彼此含有敌意，也可能彼此之间认同、成为知己。

《红楼梦》中的黛玉，性格孤傲清高，看到宝钗和宝玉在一起时，便会心生嫉妒，把宝钗视为"情敌""心腹之患"，因而每当有机会，黛玉总要对宝钗贬损一番。但是宝钗总能巧妙地化解。

有一次，贾母与一干人在玩乐猜拳行令时，黛玉无意中说出了几句《西厢记》和《牡丹亭》中的艳词。这类剧本在当时可是禁书，读禁书、说艳词怎能是黛玉这样的名门闺秀所为，这会被人指责为大逆不道。好在许多读书不多的人没有听出来，但是宝钗却听出来了，然而宝钗却没有感情用事，贪图一时痛快，让黛玉无法下台。相反，她认为这是一个绝好机会来化解她和黛玉之间的矛盾。

宝钗在无人时把黛玉叫住，冷笑道："好个千金小姐，好个尚未出阁的女孩儿！满嘴说的是什么？"让黛玉感到这是一个严重的问题。黛玉只好求饶说："好姐姐，你千万别与别人说，我以后再也不说了。"

宝钗看到满脸羞红的她，就没再追问下去。宝钗还设身处地、循循善诱地开导黛玉："在这些地方要谨慎一些才好，以免授人以柄。"黛玉听着话垂下了头，心中暗服，只有答应一个"是"了。

此后，宝钗守口如瓶，黛玉失言之事未向任何人透漏。也就是说，这事除了黛玉自己和宝钗，只有"天知地知"。由此，黛玉对宝钗的成见也化解了，两人后来竟然因此成了知己。

可见，改善与上司、同事、朋友的关系比我们想象得要简单得多。只需我们寻找机会、创造机会，共同体验一回。

第五章

行走在社会上的每一步，都是一次心理博弈

做人应量力而行，无须死撑

《论语》上说："惠则足以使人。"意思是说，给他人实惠，就可以去使唤他人。所以，要警惕朋友的小恩小惠、大恩大惠。

在复杂的社会人际关系中，"面子"有很多种含义。"你敬人一尺，人敬你一丈"，人情就是面子。"一个好汉三个帮，一个篱笆三个桩"，关系就是面子。中国人的面子害死人，有的人就爱打肿脸充胖子，自认自己特能，朋友一有事相求，胸脯立马一拍，说包在我身上。哪怕是明知自己力不能及，但一句"咱俩什么交情，能不给你这点面子吗"，便杀头成仁，舍生取义。四处奔走，求爷爷告奶奶，事一办成，人也轻松大半。但是如果最后没办成事，把朋友的事耽误了，又把自己的名声也害了。因此，能拒绝的就尽量要拒绝，但"吃了人家的嘴软，拿了人家的手短"，这一短，若想再长起来，就不得不帮朋友做事。

现代人的生活离不开社交活动，人情在这些形形色色的活动中必定会涉及，而世界上最难偿还的债就是人情债，人活一世不欠人情，那是做不到的。所以如果欠了人情，就要留点神，至少要留条后路给自己，别让人情成为你做事的负担。

礼尚往来，朋友之间你来我往，提点礼物，这都是很正常的，不包含在上列内容之中。但是，带有明显功利目的的朋友，是可以看得出来的。现代人与古人不同，人的生活速度在现代已有很大的提高，请朋友办事的速度也大大加快。如果突然一天一位不是很熟的朋友造访，你可千万别奇怪，或者常见面的好友，带着比平时贵重的礼物，你也要有所防范。

中国人好面子，你不收他的东西，他会认为没面子，你瞧不起他，你再让他带回去，那就更是有损尊严了。所以，人家的面子你也要顾及一些，盛情难却时，你大可以暂时收下，但这个人情你必须想办法还回去。你要去回访他，带着差不多的东西，两下扯平，也不会伤了和气，日后不用为此而难为情。

朋友请你办事就会请你吃饭，送到门的东西，你就要给面子，但是吃饭总得预约，这就给了你推脱掉的理由，但脑袋要转得快些，推辞时要讲得委婉些。脑袋转得快些，要知道对方是谁，弄清关系，搞清朋友圈，然后，再考虑是推掉还是接受。

若要想避免情债，就要量力而行，切不可打肿脸充胖子。自己的能力自己是最了解的，能干多少事，能吃几碗饭，自己也是知道的。然而，冠冕堂皇的面子会害死人，有的人自认为有能力，朋友一求，马上一拍胸脯，包在我身上。更有甚者，明知自己力不能及还是为了面子揽了下来。

　　三国时的蒋干就是这么一个人。他自以为了不起，认为可以同春秋战国的雄辩天才联横、合纵比口才。于是他向曹操自荐，说他可以去说服周瑜投降于曹操，并且十分自信。青衣小帽，再加一个书童，乘着小船就去找周瑜。周瑜是什么人啊，年纪轻轻便能统帅百万军队，说客就算是同窗也动摇不了他。他来到周瑜的兵营，连三句半都没说上，就被周瑜耍得团团转，最后走得也不正大光明，曹操上了他带回密信的当，损失了两员大将。

人要有自知之明。所以，就算是帮最好最铁的朋友做事，也要量力而行才对，千万别逞强，说不定你会把事情搞砸，适得其反。办不成的事，要老实地说，没什么不好意思的。蒋干就是太自不量力，没办好事不说，竟然还被人家骗了。

真正的聪明不要说出来

不要一根筋地想事情，纠正过错的方式多种多样，只有不够聪明的人才喜欢去批评别人。因此我们一定要牢牢记住：人们只有在他人不指出自己的缺点时，才记得"忠言逆耳利于行"，任何人都不喜欢被他人挑刺儿。经常指责别人是一种缺乏教养的行为，正如霍尔·金小姐在日记中所写的那样："要想使一个人改正错误，你绝不能寄希望于训斥的方式，那是最愚蠢的方式。"

古希腊哲学家苏格拉底一再地告诫他的门徒："你唯一知道一件事情，就是你一无所知。"正所谓大智若愚，不要告诉别人你比他更厉害，也就是中国人常说的"守拙"，是一种掩饰自己、保护自己、积蓄力量、等候时机的人生韬略，经常在双方对峙时使用。在今天这个竞争激烈的时代，这种策略仍然很实用。

不要告诉人家你比他更聪明，这种韬略还可以用来维持并且拉近与他人的关系，特别是当你发现了他人的错误又不能不指出时，使用这些技巧十分关键。 因为无论你采取什么方式对别人的错误加以指出：一个蔑视的眼神，一种不满的腔调，一个不耐烦的手势，都有可能带来难堪的后果。 因为这等于说："我一定要让你改变看法，我比你更聪明。"这等于否定了他的智慧和判断力，打击了他的荣耀和自尊心，同时对他的感情也会造成创伤。 他非但不会改变自己的看法，反而还要反击。 这时，即使你搬出所有的权威理论和任何的既定的事实也毫无作用。 为什么要给自己增加困难呢？

因此，在指出别人错误的时候，不要告诉别人你比他更厉害。 例如，你可以用若无其事的方式或者以也许是你自己犯了错的方式加以提醒，提醒他不知道的好像是他忘记了的，或者提醒他错了好像是他没说清楚似的，这将会产生意想不到的效果。

永远不能讲这样的话：看着吧！ 你会知道孰是孰非的。这等于说：我会改变你的看法，我比你更聪明。 这本质上是一种宣战，在你还没有开始证明对方的错误之前，他已经准备迎战了。 为什么要给自己增添这些无用的困扰呢？

有一位年轻的纽约律师，参加了一个非常重要的案子的讨论，这个案子牵涉到一大笔钱和一项关键的法律难题。在辩论中，一位最高法院的法官对年轻的律师说："海事法追诉期限是 6 年，对吗？"律师思考了一会儿，看看法官，然后率直地说："不，庭长，海事法没有追诉期限。"

当时，法庭突然变得鸦雀无声，似乎连气温也降到了冰点。显然年轻的律师是对的，法官是错了，年轻律师也如实地指了出来。当然法官不会因此感到高兴，反而脸色铁青，令人望而生畏。尽管法律站在年轻律师这边，但是他却犯了一个不可挽回的错误，居然当众指出一位声望卓著、学识丰富的人的错误。

年轻的律师确实犯了一个比别人正确的错误。在对别人的错误加以指出的时候，为什么不能用一些高明的方法呢？为什么要让他人觉得你更聪明呢？

科学家说人与其他动物的最大区别之一，就是人是非常理性冷静的动物；但是，并没有说人只有理性。实际上，感性的东西在我们日常活动中也发挥着重大作用，甚至比理性所起的作用要大得多。"良药苦口利于病，忠言逆耳利于行""口蜜腹剑非君子，防他背后暗伤人"。中国古人流传下来的许多警语是在告诫人们必须清醒理性地面对问题，尽量多地听取一些逆耳忠言。但是，即使如此，人们还是愿意听到别人关于自己积极的评价。即使那些出自善意的指责和批评，往往也只会导致人们的反抗与抵制。即使人们在内心明白许多批评是真诚善意的，但在有人对自己的缺点或错误加以指责的时候，还是会使人感到不开心。

树大招风，不要争做第一

日益发达的交通和通信设施，使人类的生存状态正在发生着翻天覆地的改变，也使得企业间的竞争变得愈加残酷，不论是第一还是第二，只有先生存、找出路，才可能再谋发展，毕竟登上塔顶浪尖的企业少之又少。对于大多数公司来说，抛开"老大"的光辉，寻求到自己的生存空间，才是更现实的生存之道。

中国企业的经营管理理论中，曾经有一种说法叫作"老二哲学"，就是不做第一，只做紧紧跟在排名第一的后面做老二，等找到机会之后再向第一的目标迈进。或许是暂时不愿做"出头鸟"，或许是想挂在后面搭个便车，不过最后谁也不愿意永远屈居于第二，"老二"也只是个过渡。

万燕是做 VCD 行业的火车头，最后步步高和爱多等后起之秀却把钱都给赚走了。当年，万燕花了大把的钱，告诉消费者：VCD 是好东西。直到市场培育好了，VCD 是大家公认的不错的东西的时候，步步高、爱多却出手把自己的品牌树立了，把自己的营销网络完善了，再把价格降下去，它们反而成功了。　相反万燕在市场上却销声匿迹了。

《孙子兵法》曰：不战而屈人之兵，乃上策也。　不动声色地走在别人的后面，便是不战而屈人之兵的上策。　日本索尼公司曾向外界公布了这样一个秘密，我们从中受益匪浅。

过去，索尼投入很大的资本来进行研发，但往往只开花不结果，费了九牛二虎之力将新产品推出之后，别家公司却迅速地掌握了相关技术，所以索尼公司成了冤大头，总在为他人做嫁衣裳。　为此，索尼公司改变了经营策略，紧跟市场，等到别人用新产品将市场打开之后，索尼马上研究其不足，通过进一步的技术创新，把第二代产品迅速地开发和推广开来，在性能、价格、设计等方面都比第一代产品要优胜很多，结果取得了"青出于蓝而胜于蓝"的技术创新和市场竞争效果。

在某种新产品刚上市时，人们对其性能和功用并不是很了解，如果进行新产品生产的是一家小企业，那么，小企业就完全没有必要做"出头鸟"，不要投入大量广告做产品宣传，采取跟随大企业的方法未尝不是一个好方法。

很多时候，当行业里的老大推出新产品时，尽管先机并不是被你抢占，但是你可以通过你的优势脱颖而出，由跟随别人的老二上升为第一。　温州人生产打火机的例子就足以证明这一方法的实用性。

十九年前，一些旅居海外的温州人回乡探亲，买了日本打火机作为礼物送给亲人。他们的亲戚朋友中不乏机灵的人将打火机一一拆开，仔仔细细地研究了每个零件。短短 3 个月，温州人第一支手工打火机问世，这在中国可是首创。生产出打火机的人就是周大虎。

20 世纪 90 年代初，一般人还买不起打火机这种高档产品，日产金属外壳打火机的市场售价在 30～40 美元左右。温州人凭借廉价的劳动力成本、迅捷的仿造工艺，制作的打火机质量与日本的完全一样，并以 1 美元的售价投入到国际市场。因为温州打火机这样的低价畅销势头，曾经使世界三大打火机生产基地的日本、韩国和中国台湾，出现了 80% 的厂家关门大吉。温州打火机的国内市场份额达 94%，世界市场份额达 80%。有些人开玩笑地说，如果把温州人一年生产的打火机排起来，可以绕地球转两圈。其实这并非是夸大其词。

做打火机生意起家的温州商人说："我不认为模仿别人有什么难以启齿的，最重要的是要赋予你所模仿的东西新内涵，赋予它崭新的生命力。"愿意做"老二"的不是真的没有竞争第一的野心，而是先尝尝做"老二"的甜头，从而使自己在做事的一开始就可以借力获利。

"枪打出头鸟，刀砍地头蛇。"在今天的社会，与其呕心沥血地把自己老大的位置捍卫好，不如先尝尝做"老二"的甜头。从百事公司挑战可口可乐的佳绩，佳能在复印机市场超越施乐，以及电脑行业戴尔的崛起中，我们发现做"老二"好处还是很大的。

做"老二"还意味着可以心安理得地蹭车、蹭饭。甘愿当小弟，把这样的便宜积累起来，也会是一笔相当可观的利润。初创的小企业，既没资金也没技术，因此，在品尝"市场大餐"时，很少被"邀请"。不过，这并不意味着吃不到这顿饭。在大企业"应邀"时，小企业也应学着"蹭顿饭"。而且还别小看了这"蹭饭"，小企业去了就只管埋头吃饭，最后可能比大企业还吃得多。

山西别样红饮料就是一个鲜明的例子。

红牛饮料刚刚进入山西市场时，整个山西市场使用金色罐子的饮料只有红牛一家。红牛广告攻势强大，而且市场价格偏高，在山西消费者心目中形成了一个概念——相对高档的饮料都是金罐子饮料。此时，别样红抓住了这个机会，也使用金罐子的包装上市，立马冲击了消费者的视线，消费者误认为别样红与红牛一样都是高档饮料。其结果就是，别样红不但节省了一大笔宣传费用，而且把市场迅速地打开了。

静下心来想想第一与第二的声名，究竟有多少是宣传、多少是噱头、多少是虚名？做企业、积累财富和做事业，就不要把这些虚名放在心上，而应该踏踏实实地向利润看齐，向长远发展看齐。倘若有免费的大餐可以吃，不妨跟着企业龙头大哥们"蹭一顿"；如果行业里有爱出风头的企业，它们爱占风头就让它们去占。踏踏实实做"老二"，扎扎实实练本事，实实在在赚利润，这种行动无疑是最聪明的选择。

"木秀于林，风必摧之。"任何行业中，领头羊总会受到最大的阻力，而跟随者则会省力很多。 你看大雁迁徙的时候，队形不会一成不变，它们会一会儿排成"人"字，一会儿排成"一"字，其中一个原因就是它们要更换头雁。 头雁在最前面领飞，遇到的阻力最大，体力也消耗得最多，因而雁群中强壮有力的个体就要轮流做头雁。 倘若头雁一直让一只大雁来当，再强壮的大雁也不能承受如此巨大的体力消耗。

学会因势利导出危局

在伊朗有一座富丽堂皇的皇宫，那就是德黑兰皇宫。人们都以为在德黑兰皇宫的天花板和墙壁上镶嵌了很多很多的钻石，因此很多人都震撼于它的豪华。可是，当人们走上前去才发觉，天花板和墙壁上镶嵌的并不是钻石，相反却是一堆碎玻璃。

德黑兰皇宫刚开始被建造的时候，建筑设计师本来是想在德黑兰皇宫的天花板和墙壁上挂满一面一面的镜子，可是当商人把镜子从外面运到德黑兰皇宫时，镜子没有完好的了，没有一块是完整的。商人心痛地把破碎的镜子埋在了一个山洞里，然后他诚挚地把事实告诉了德黑兰皇宫的建筑设计师。设计师听了商人的话后，也比较焦急，因为德黑兰皇宫的施工工期很紧张。这时，设计师沉思片刻想了个办法，他告诉工人们去把商人埋到山洞里的碎玻璃全都挖出来，让碎玻璃变得更小，把弄碎的小玻璃镶嵌在了德黑兰皇宫的天花板和墙壁上。

虽说在德黑兰皇宫的天花板和墙壁上用碎玻璃代替了镜子，可是那并不影响德黑兰皇宫的整体设计，反而使得德黑兰皇宫的豪华凸显出来了，成了世界宏伟建筑中的一大景观。

人生有时就像镜子一样，碎掉是不小心的，可是谁又能说这破碎的镜子就不是镜子了，而谁又有完美无憾的人生呢？也许，会因为一些破碎让我们成长，而那些破碎了的人生又何尝不是我们人生中的钻石？

俗话说："人生不如意之事十有八九。"风平浪静和一帆风顺绝不是人生的常态。环境和遭遇常有不尽如人意的时候，问题在于一个人怎样面对逆境和不顺。当人力改变不了的时候，不如面对现实，随遇而安。怨天尤人只会给自己增加苦恼，还不如因势利导，从容地适应环境，既然条件已经存在，那就尽自己的才能和智慧去发掘乐趣。

某次婚宴上，来宾济济，大家都争着抢着给新婚夫妇送祝福。

有一位先生因为情绪激动而说错话："走过了恋爱的季节，就步入了婚姻的漫漫旅途。感情的世界时常需要润滑。你们现在就好比是一对旧机器。"

其实，他本想说"新机器"，却口误说错，大家都感觉震惊而尴尬。

这对新人对此的不满更是溢于言表，原因就是他们两个并非都是初婚，自然以为刚才之语隐含讥讽。

那位先生的本意是要将这对新人比作"新机器",让他们彼此都懂得收敛脾气和珍惜对方,彼此多些谅解。但话既出口,临时改正也不会起到作用。他马上镇定下来,略加思索,不慌不忙地补充一句:"已过磨合期。"

这话一说出口,大家都感觉很好。这位先生继而又深情地说道:"新郎新娘,祝愿你们永远沐浴在爱的春风里。"

大厅内掌声雷动,两位新婚人也笑开了怀。

这位来宾的将错就错真是令人叫绝。错话出口,并不急着改正而是因势利导,反倒巧妙地改换了语境,使原本尴尬的失语被深情的祝福完全取代了,同时又道出了新人情感历程的曲折与相知的深厚,颇有些点石成金之妙。

一般来说,在社交场合,说错了话,做错了事,就应该老老实实地承认,认认真真地改正。不过在有些特定的场合时候,如此照办会使自己陷入极为难堪的境地或者造成无法弥补的损失,这时则不妨考虑一下,将错就错出奇制胜也未尝不可。生活中就不乏其例,并且令人感觉很有趣的是,这种"文过饰非"非但不被视为"恶德",反倒还是善于审时度势、权宜机变的智谋表现。

1876 年,一位 20 来岁的年轻人只身来到芝加哥。没有文化又没有特长,为了生存,只好在商店卖起了肥皂。

他发现发酵粉的利润比较高,就立即投入所有老本购进了一批发酵粉。结果,他发现自己犯了一个错误:

当地做发酵粉生意的人远比卖肥皂的多，以自己现在的实力还打败不了他们。

倘若不及时处理掉发酵粉，将损失巨大。年轻人一咬牙，决定将错就错，索性将仅有的两大箱口香糖贡献出来——买一包发酵粉，送两包口香糖当作赠品。很快，他将手中的发酵粉处理一空。

年轻人后来又发现，口香糖貌似比发酵粉更有利于发展。于是，他又倾尽了所有家当，把宝押在了口香糖上。

营销过程中，他把顾客的意见利用起来，配合厂家改良口香糖的包装和口味。慢慢地，他感觉这种配合局限性很大，索性再次倾其所有，就这样一个口香糖厂被他办起来了。

1883年，他的"箭牌"口香糖面世。但当时，市场上已有十多种口香糖了，人们对这支生力军接受的速度非常慢，困境又一次袭击了他。

这次，他想出了一个更加大胆的招数：把全美各地的电话簿都搜集了过来，然后按照上面的地址，给每个人寄去4块口香糖和一份意见表。

这些铺天盖地的信和口香糖把年轻人的家当几乎耗光了。同时，也几乎在一夜之间，"箭牌"口香糖迅速风靡全美。

1920年，"箭牌"口香糖有90亿块的年销售量，成为当时世界上最大的营销单一产品的公司！

这位善于在错误中因势利导的年轻人，就是"箭牌"

口香糖的创始人威廉·瑞格理。今天，"箭牌"口香糖也已成为年销售额过 50 亿美元的跨国集团公司。

很多人在做事之前，为了避免犯错误总是希望设计出一种最完美的方案。 当然，这是无可厚非的。 但殊不知，计划赶不上变化！ 今天计划好的事情，明天很可能会因为情况的变化而导致失败。 世界上没有一套方案是可以完全避免失败的。

那么，当我们遇到或可能遇到错误、失败时，你是选择放弃，还是应该积极想办法解决，用创意来另辟蹊径呢？ 机遇总会在犯错的过程中被发现。 错误的尝试被经历了，成功方位才能清晰地被找到。 这也就是所谓歪打正着、剑走偏锋吧，它反而会成就你的成功！

人情留一线，日后好相见

做人要留有余地，就不会把事情做绝。 于情不偏激，于理不过头，就能在追求成功的路上进退自如。

传说太阳神阿波罗的儿子法厄同经常驾起装饰豪华的太阳车横冲直撞，恣意驰骋。当来到一处悬崖峭壁上时，恰好与月亮车相遇。月亮车正欲掉头退回时，法厄同却依仗太阳车辕粗力大的优势，一直逼迫到月亮车的尾部，使对方毫无回旋的余地。正当法厄同眼看着难于自保的月亮车幸灾乐祸时，自己的太阳车也走上了绝路，连掉转车头的余地也没有了，向前进一步是危险，向后退一步是灾难，最终只得葬身火海。

这个故事告诉我们做人要留有余地，不可把事情做得太绝。

世界上的事情是复杂多变的，任何人都不应该偏听偏信，自以为是。 即使是某些以为拥有科学头脑的人，也应该留有一片余地供别人游览，供自己回旋。否则的话，难免给别人留下把柄。

1790年7月24日，一块巨石降落在法国的一个小城儒里亚克，巨大的响声把居住在这里的加斯可尼人吓了一大跳。更让人惊讶的是，这块石头把加斯可尼人教堂旁边的屋子砸了一个大窟窿。市民们目睹了这一切，并对这块破坏了他们宁静生活的怪石议论纷纷。他们以为这块石头可能还会飞上天去，为了预防这件事，就给巨石凿了个洞，用铁链穿起来，然后把铁链锁在教堂门口的大圆柱上。最后市民们又通过一项决议，要给法国科学院写一封信，请科学院派科学家来研究这块怪石。儒里亚克市的市长对市民们在信上所写的事做了证明，并在上面签上了自己的名字，又派专人将信送往巴黎。

在巴黎的法国科学院里，在宣读儒里亚克的这封来信时，阵阵哄笑声从人群中发出，有的人甚至笑得前俯后仰，还有人连眼泪都笑出来了。有些科学家嘲笑说："哈哈，加斯可尼人是最爱吹牛皮的，今天他们向我们报告天上落下巨石，过几天天上又掉下五吨牛奶也会是他们报告的内容了，外加一千块美味的带血的牛排……"嘲笑过后，他们以科学院的名义做出了回应，对加斯可尼人的撒谎和儒里亚克市长的愚蠢表示遗憾，同时对所有有科学头脑的人发出号召，不要相信这些荒诞不经的报告。

那么，究竟是谁更有科学头脑，谁更愚蠢、可笑呢？历史最终给出了公正的答案。

做事不给自己留余地的人在笑够了别人之后，也会把自己的短见暴露给别人，在伸手打别人耳光的同时，也打在了自己的脸上。

我们在做人时讲求留有余地，就是说不能把话说得太满，要容纳一些意外事情发生的可能，以免自己下不了台。

小杨以前在一家新闻单位工作，曾经把一个采访任务交给一个男同事去做，这是一件有一定困难的采访工作，小杨当时想向他详细地介绍一下，可他却拍着胸脯说："没有问题，包您满意。"三天以后，没有听到任何的动静，小杨便向他询问采访进展，他才不得不对小杨说："任务没想象中的那么简单。"虽然小杨也知道这个采访不会很轻松，但很反感他当时轻易地拍胸脯表态，小杨最终还是同意他继续做些努力，完成采访任务。

生活中有很多事情并不向着我们所预想的方向发展，在不了解事情的发生背景时，切不可轻易地下断言，要给自己留下足够的回旋空间。

有一位年轻人与同事之间有了点摩擦，心情很不愉快，一时冲动便对同事说："从今天起，我们断绝所有关系，彼此再无瓜葛……"这话刚说过不久，这位同事就成了他的上司，年轻人因讲过过重的话很尴尬，只好辞职。

因把话讲得太满，而给自己造成窘迫的例子俯拾即是。

把话说得太满，就像把杯子倒满了水一样，再也滴不进一滴水，否则就会溢出来；也像把气球打满了气，再充气爆炸就是必然。

凡事总会有意外，留有余地，就是为这些"意外"留下容纳的地方，杯子留有空间，就不会因为加进其他液体而溢出来；气球留有空间便不会爆炸；为人处世时留有余地便不会因为"意外"的出现而下不了台，因此也可以从容应对。

我们可以见到一些政府官员在面对记者采访时常常使用一些模糊语言，如：可能、尽量、研究、或许、评估、征询各方面意见……他们就是运用这些字眼来为自己所说的话留有余地。以免一下把话说死了，当结果事与愿违时，面对难堪的局面。

那么，怎么样才能为自己留有余地呢？

（1）与人交恶，除非有杀父夺妻之仇，否则不要口出恶言，更不要说出"誓不两立"之类的话。不管谁对谁错，最好是沉默以对，以便他日携手合作还有"面子"。

（2）不要过早地对他人下评断。像"这个人完蛋了"，"这个人一辈子没出息"之类属于"盖棺论定"的话最好不要说。人生路途，变化多样，不要一下子判断"这个人前途无量"或"这个人能力高强"等这样的溢美之词。

总之，做人要留有余地，使自己行不至于绝处，言不至于极端，进退有度收放自如，以便日后更能机动灵活地处理事务，解决社会中复杂多变的问题。同时也给别人留有余地，无论在什么情况下，都不要把别人推向绝路。这样一来，彼此都可以从事情的结果中获益。

给人留台阶等于给自己留台阶

在批评对方的同时也给了对方一个很好的台阶下。事实上，给人留台阶，也是给自己台阶下。所以，在人际交往中以下事项需要加以注意：

1. 不要在公共场合揭对方的隐私

据相关调查显示，没有人愿意向把自己的缺点与隐私"曝光"在众目睽睽之下，若被人曝光，就会感到难堪或恼怒。所以，在人际交往中，假如没有什么特别的情况，通常都应尽量避免触及这些敏感区，以免让对方下不来台。就算一定要揭对方的隐私，也一定要委婉地暗示，同样可以使对方感觉到一种压力。切忌行为过分，点到即可。

一个杂货店老板刚结婚两个月，他的妻子就生了一个小男孩，邻里乡亲都赶来祝贺。老板的一个很好的朋友也赶来了，他拿来了自己的礼物——纸和铅笔。老板谢过了他，就问他："尊敬的米多先生，给这么小的孩子送这些纸笔，不是太早了吗？"

米多说："不，您的小孩脾气急躁。原本应该九个月后才出生，但他只待了两个月就出世了，再过五个月，他肯定会去上学，因此我就把纸和笔准备好了。"米多刚刚讲完这些话，全场哄然大笑。这把杂货店老板夫妻折腾得不知所措。

人际交往中很禁忌调侃他人的隐私，上例中的米多在众人面前道出了杂货店老板妻子未婚先孕的隐私，在这种情况下，使自己变得尴尬。

所以，在调侃别人时切忌曝人隐私，或许你讲得无意，听者却有心。你可能就多一句嘴，对方就会认为你是有意跟他过不去，就会日后把你当作敌人。

2. 不要有意渲染、夸大对方的失误

人非圣贤，孰能无过。日常生活中谁都会犯一些小错误。例如，念了错别字，讲了外行话，记错了对方的姓名、职务等等。如果对方的错误你正好发现了，只要是无关大局，就不要对此大加张扬，有意搞得人人皆知，使原来已被忽视的小过失，被慢慢放大。更不应抱着讥讽的态度，以为"这回可抓住笑柄啦"，来个小题大做，将人家的失误当作笑柄。你这样做除了让当事人难堪，伤害他的自尊心外，还会使他很反感你甚至恨你，从而对你进行报复都有可能，更加不利于你自己的社交形象，会让别人感觉到你为人非常刻

薄，大家以后在交往中会对你敬而远之，增加防范心理。

3. 不要使对方失败得太惨

在现实生活中，经常会见到一些带有比赛性、竞争力的文体活动。例如，棋类比赛、乒乓球赛、羽毛球赛等。虽然仅是一些小的娱乐活动，但人都有争强好胜的一面。对于那些有经验的社交老手来说，在自己实力雄厚、志在必得的情况下，也不会让对方败得狼狈不堪，还会有意让对方胜一两局，不但不妨碍自己总体上的获胜，而且不会让对方感觉丢面子。因为这些社交活动，并不是真正意义上的较量，对输赢也不必看得那么重，主要目的还是在交流感情，增进友谊，满足文化生活的需要。

4. 先知将，再去激

在社交活动中，使用激将法一定要注意区分对象，根据各自的性格采用不同方法，犹如对症下药，才有可能药到病除。不然的话，只会白费唇舌、枉费心机，这样根本起不到任何效果。

第六章

知人要知心，一眼看透他人心理

言谈方式显露言者心理

　　语言在人们的日常生活中起着举足轻重的作用，每个人都要借此传达信息，但为什么同样一句话在不同的人嘴里说出来，会产生不同的效果呢？ 这关键取决于说话者的说话方式不同，细心的人会从语言发掘人的心理。

　　对事情发展的预测很准的人，他们并非真的料事如神，只是较其他人善于对事物进行细致分析，久而久之就会形成相当强的分析能力，然后综合各种信息，做出估计和预测。这一类型的人在绝大多数时候都能领先他人一步。

　　善于倾听的人，多是富有自己独特的思想、缜密的思维，并且谦逊有礼的人。 他们刚开始可能并不能引起他人的注意，但通过一段时间的交往，便会赢得别人的尊重，他们虚心好学，善于思考，是值得人信任的。

　　在说话中常带奇思妙语的人，大多比较聪明和智慧，有幽默感，而且随机应变能力强，他们乐观开朗，很招他人的喜欢。

在谈话中转守为攻的人，多心思缜密，遇事能够沉着冷静地面对，随机应变能力强，面对不同场合刻意调整自己。他们做事稳重，从不做没有把握的事情，总是首先保证自己不处于劣势，再寻机成功。

能够根据谈话的进行，适时地改变自己的人，头脑灵活，能够正确分析自己的处境，然后寻找适合的方法得以解脱。

在谈话中能够运用妙语反攻者，不仅会说，而且更会听，当形势对自己不利时，寻找反击机会，从而使自己处于主动地位。

有些人能够以理服人，他们多是非常优秀的外交型人才。 他们有敏锐的洞察力，往往能够对他人有非常清楚的了解，然后使自己占据主动地位，牵制对方，以赢得最后的胜利。

谈吐非常幽默的人，多感觉灵敏，心理健康，胸襟豁达。他们很少死板地遵循某些规律，甚至完全不拘一格。 他们非常圆滑、灵通，显得聪明、活泼，所以人缘不错，他们会有很多的朋友。

在谈话中，经常说一些滑稽搞笑的话以活跃气氛的人，待人多比较热情和亲切，富有爱心。

自嘲是谈话的最高境界，善于自我解嘲的人多心胸豁达、超脱、乐观。

在谈话中善于旁敲侧击的人多能够听出一些弦外之音，敏锐察觉出语言中的信息。

在谈话中软磨硬泡的人，多有较顽强的性格，有一股不达目的誓不罢休的精神，等到对方妥协，不得不答应时才罢手。

在谈话中滥竽充数的人，多胆小怕事，遇事推卸责任，生性安稳，不求有大成就。

避实就虚者常会制造一些假象去欺骗、糊弄他人，一旦被揭穿，就寻找机会脱身。

固执己见者从来听不进他人的意见和建议，即使别人是正确的。

苛求完美的人爱发牢骚

"我们老板真抠门啊，只知道加班，不知道给加班费。"

"那家伙真是令人讨厌，事情做不好就早一点说嘛！一点也不为别人考虑。"

像这种上班族喜欢在喝酒时发的牢骚话，一说就没完没了。为什么有人特别喜欢发牢骚呢？因为人生在世，不如意之事十之八九，人们总想吐吐苦水。

而在这群人之中，有些人总是抱怨。像这类抱怨多的人，多属于追求完美的人，凡事要求高水平、高理想，心中有美好蓝图，由于达不到理想，自然也就开始牢骚不断了。

这些满腹牢骚的人当中，很多人缺乏自信。如果他们能够认清事实，了解自己本身也并非十全十美的话，就可以少一点抱怨了。然而他们过于相信自己，认为自己的表现完美无缺，因此常会愤世嫉俗地认为："我这么努力在做，可惜其他人都笨得像猪，只知道拉后腿。"在他们的心目中，自己永远不会出错。因此，这种类型的人可以说是非常难相处的。

在这些人之中，也有许多有才能，但怀才不遇的人，他们人际关系不好，以致无法受到提携。当身边有人在，就总是吐苦水，但谁都不喜欢当别人的垃圾桶。因此，当身边那些受不了你抱怨的人，一个接一个地离开，只剩下自己孤单一人时，你就要及时分析自己的缺点了。

但话说回来，若世界上没有这样的人存在，世界便无法进步。正因为有这些会抱怨、敢批评的人存在，才能让人们更加努力追求完美。这些老是抱怨的人虽然啰唆，但更能发现缺陷，并拥有傲人的才能，所以有时候不妨侧耳倾听，会有意外收获。

握手可以传递对方的心思

握手时的力量很大，甚至让对方有疼痛的感觉的人，他们常常自负。 但这种握手的方式在一定程度上表明对方的真诚与真情。 同时，他们的性格也是坦率而又坚强的。

握手时显得不积极主动，手臂紧紧靠拢身体的人，多是小心谨慎，封闭保守的。

握手时轻轻碰触，这种人多内向，他们时常悲观，情绪低落。

握手时显得迟疑，多是在对方伸出手以后，犹豫再三才伸手。 排除掉一些特殊的情况以外，在握手时有这种表现的人，性格多疑、内向。

不把握手当成表示友好的一种方式，只是例行公事，这表明此种人做事草率，缺乏诚意。

一个人握着另外一个人的手，很久才收回，这是一种测验支配力的方法。 如果其中一个人先把手抽出、收回，则耐力不如对方。 相反，另外一个人这样做，也说明耐力不足。

总之，谁能坚持到最后，谁取胜的把握就大一些。

在与人接触时，握紧对方的手后马上放开。 这样的人在与人交往中多能够很好地处理各种关系，与每个人的关系都很好。 但这可能只是一种外表的假象，其实在内心里他们是非常多疑的，他们不信任任何人，即使别人是非常真诚和友好的，他们都会小心提防。

在握手时，手心潮湿、紧张的人，在外表上，他们的表现冷淡、漠然，非常平静，一副泰然自若的样子，其实他们的内心并不平静。 只是他们懂得用各种方法，比如说语言、肢体动作来掩饰不安，避免暴露一些缺点和弱点。 他们看起来是一副非常坚强的样子，让别人以为他们很坚强。 在比较危难的时候，人们可能会把他们当成是一颗救星，但实际上，他们遇事则乱。

握手时显得没有一点儿力气，像是为了应付，而被迫去做的人，他们在大多数时候有些软弱。 他们做事缺乏果断、利落的干劲和魄力，显得犹豫不决。 他们希望引起别人的注意力，可实际上，其他人往往在很短的时间内就会将他们忘记。

用双手和别人握手的人，表示热情，甚至过分的热情，让人觉得无法接受。 他们大多不习惯于受到某种约束和限制，喜欢自在地安排生活。 他们有反传统的叛逆性格，不太注重礼仪、社交等各方面的规矩。 他们在很多时候不拘小节。

把别人的手推回去的人，他们有防御心理。 他们常常感到缺少安全感，所以时刻都在做着准备，在别人没有进攻之前，自己先给予有力的回击，占据主动。 他们不会轻易地让谁真正地了解自己，因为这会让他感到更加不安全。 他们之所以这样，在很大程度上是由于自卑心理在作乱。 他们不会轻易相信别人。

习惯于抽水机般握手方式的人，他们大多有相当充沛的精力，可以担任数职。 他们做事非常有魄力，说到做到，干脆而又利落。 除此以外，这些人也很亲切随和。

像虎头钳一样紧握着对方的手的人，表现得十分冷淡，有时甚至是残酷。 他们希望自己能够征服别人、领导别人，但又表现得十分谦虚，常常运用一些策略和技巧，在自然而然中达到自己的目的。 可见他们的心计。

如何区分花言巧语

在现实生活中，有些人为了达到自己的目的，或是想往上爬，或是想获取某种利益，便采取说好话的方式，以花言巧语来巴结、奉承别人，或是做出行为过于亲密的举动，让你上当受骗；也有的人是采取拉关系、套近乎的方式，拐弯抹角地想和你套近乎，这些人都是应该警惕的。要想摸准这种人的心理特征也并不难，因为急功近利是这些人最直接的表现，所以其内心活动也就暴露无遗。我们一起来看看下面的故事，或许能从这些故事中得到启发。

荀攸是曹操的谋士，他从小就是奇才，13岁那年，他的祖父去世了。在他的家人非常伤心时，他祖父昔日的下级张权跑来吊丧。张权一走到荀攸祖父灵枢前面，就大放悲声，如丧考妣。他哭着，一而再再而三地要求为逝去的老太守守墓，以报答老太守的深恩大德。张权的虔诚表现令荀家上下十分感动，怀着感激之心的大家准备答复他提出的请求。这时，始终不动声色的荀攸，经过观察，觉得这个人的行为不太正常。他想到祖父生前从来没有向家人提起过张权这个人，可见他与祖父并无深交，也没有听过祖父对他有什么大的恩惠。他觉得一个人施之过重，必有他意。此人对死者的悲情言不由衷，对死者的爱也不是他表现出来的那样。而且张权请求过切，谈吐又闪烁其词，料他必有所隐；再者张权面带惊扰，必有所惧。荀攸看出破绽，急忙和叔父谈了自己心中的疑惑。果然，待叔父唤过张权，经过一番盘查，张权便招认自己犯了杀人之罪，想以为老太守守墓之名，逃脱法律的制裁。

荀攸识破张权的言行时，采取站在一旁静听，和他保持一定距离地旁听，一边听他说话一边搜索记忆，回想祖父对这个人的态度和这个人所表现出来的行为，经过对照，确定张权言行有诈。

总之，对向你花言巧语的人，应该采取提高警惕、戒备和慎听的态度，才有可能避免被对方所骗。再看另一故事：

吕布战败，被曹操手下擒获。

曹操非常高兴地得知生擒了吕布的消息，曹操爱才，素知吕布骁勇善战，武艺高强，天下无敌。虎牢关刘、关、张三英战吕布，也只不过打了个平手。曹操本来就有让吕布归降的想法。吕布这个人，武艺虽然高强，却没有自己的政治立场，先是做了丁建阳的干儿子，被董卓用高官厚禄收买，杀了丁建阳；后做了董卓的干儿子，又被王允巧用美人计破坏了他和董卓的关系，他又杀了董卓。他唯利是图,反复无常,对他这个人的品性,天下人都有评论。当他被曹兵抓到时,他又显现出他贪生怕死的性格。当他被推到曹操帐下时,他便用可怜的声音试探曹操,说:"缚得太紧了,实在难受,请稍松一点行吗?"曹操讪讪地说:"缚虎不得不紧。"吕布听出曹操有想留住自己的想法,便乘机说:"丞相所顾虑的,不过是我。今我为你所擒,只要不杀我,我真心实意地辅佐你,天下何虑之有?"吕布一席话说出来,有哀求,正和曹操想的一样。曹操听后,就打算留用吕布。

可是,曹操佯装思索。吕布担心曹操犹豫,见刘备坐在曹操身边,恳求刘备能为自己在曹操面前说几句好话。曹操这时也想听听刘备的意见,便两眼看着刘备。想不到刘备突然说出一句话:"丞相难道不记得董卓和丁建阳吗?"就是刘备这句话提醒了曹操,吕布被曹操下令的刽子手推出去斩首了。

曹操熟知吕布为人,因为他高超的武艺所以想要收留他,又被他花言巧语所迷惑,正要免他死罪收在麾下,刘备的一句话使自己顿时清醒,立刻改变主意将其斩首。 姑且不论刘备一句话出于何种用心,就凭吕布这样的品质,曹操一旦留下来,对他自己来说,也可以说是凶多吉少。

总之,保持对花言巧语的戒心,"害人之心不可有,防人之心不可无"。 对突然闯进来的"善意",对超越范围的"亲热",对为了达到个人的愿望而进行的乞求,都应该慎听、严察,一旦被花言巧语所蒙蔽,又不听人提醒,就会导致不可想象的后果。

好揭人隐私者的四大动机

或许不会有人不喜欢听别人的隐私，所以报纸杂志，才会乐于报道政治家、企业家、文体明星的花边新闻。

据说女性很喜爱这类报道，但男性也不逊色，往往在他们喝酒时，也会把他人在单位中的事情拿出来谈谈，一来这可解除他在工作单位中的紧张；二来也可以把在工作单位中获得不了的证据得到。

四五个同一单位的同事聚在一起谈话，话题总喜欢围绕工作单位中的消息打转。 此时，有的人扮演的是提供话题的角色，当着大家的面揭露隐私；有的人则扮演听众的角色，于是说闲话的条件便成立了。

仔细分析这种揭人隐私者，其心理动机到底何在呢？

1.想排解欲望得不到满足的郁闷心理

这种人大半部分的价值观与上司有差异，而自己的意见未被采纳，心中感觉不痛快，才会提供这些话题。

当然，他不觉得这是自己身上存在的固有的问题，而认为是全工作单位的人都对上司感到不满，所以揭露上司也就成了他的义务，让大家的憎恨与攻击欲望得到满足。 因此，这种人往往会在言谈之中，说一些刻薄的话，且希望听众和自己是站在统一战线上的。

2.基于嫉妒的心理

这一类话题的对象，不是上司、部下，而是同事。 所以，这类话题容易与上司产生共鸣，并且深受异性的欢迎。所提供的话题，话题内容往往是私生活，以企图破坏其形象。如果再加上听众对这个对象不怀好意，提供话题者更容易达到自己的目的。

3.听众可以通过种种隐私，掌握上司在工作单位里不为人知的一面

由此，听众得到的与以往截然不同的印象，可能以前会觉得话题的对象是个死板的人，想不到听了他的有关传言，才知道他原本很有人情味。 或者平时他看起来知书达理，事实上不过是个庸俗的人。

4.大伙儿聚在一起时，互相打听别人的私生活

提供消息的人，无非是心中对对象怀有敌意、羡慕、自卑等情结，而且听众多半都有这样类似的心态，但绝大多数人都是比较好奇的，所以才会注意听。 但一旦听众认为提供话题的人所说的内容与事实不符时，就认为他是个造谣的人，而对传闻置之不理。

贪吃爱喝的人怕孤独

一位很年轻的女孩去看病，说最近 3 个月，她的体重增加了 15 公斤，而发胖的主要原因是吃得太多。

这位女孩，毕业于一所外地的专科学校，3 个月之前来到本地。她以前从未离开父母单独生活，但因为毕业分配，因而不得不离开父母。抱着对将来有很大的希望的她，便搬来本地，过着枯燥无味的孤单生活。每当从公司回到宿舍的时候，没有人去迎接她，只有冷清、黑暗的空屋子，只有她自己动手准备晚餐，这就是她每天的生活。

她难以忍受孤独的生活，因此当她独自在鸦雀无声的屋子里时，会涌起吃东西的冲动，所以就开始乱吃东西，因为只有多吃，才能让她心里获得平静。这次冲动刚刚平静，下次的冲动又会袭来，于是随着自己的冲动她不断地吃，到最后一天三餐根本吃不饱，得一天吃六七餐，之后她便养成了这个习惯，日子一长她只能每天不停地吃。

　　不久后，除了每天吃以外，还必须把冰箱塞满食物，否则她就会感到非常的不安。而且她把这种离不开食物的习惯，也带到了单位，经常把办公室的抽屉塞满饼干、面包，只要一有冲动，也顾不得是否在上班，马上偷偷拿出零食来吃。因此，3 个月胖 15 公斤也是不足为奇的。

　　这种原因的形成，源于她离开了父母。当心里感觉孤寂时，没有别的排遣方式，只有吃东西才能安抚自己孤独的心灵。除了食物外，当人在失意、孤单时，类似"借酒消愁"的冲动也会随之产生。

　　这类人，除了吃得很多外，也很爱说话。 由于满足口欲可以是多说话，所以，我们常可看到有的女孩子一边谈话一边不停地吃东西，外表上她们看起来虽然是个成熟的大人，但心理状态仍停留在爱撒娇、未成熟的小孩子阶段。

第七章

从心出发，所有人都会帮助你

予人头衔，使人相助

头衔是虚幻的东西，它不会使人的经济收益增加，但它可以极大地增强人们心理上的满足感。很多人为了取得自己的成功而给予他人一个光辉闪耀的头衔。

斯坦梅茨是一名非常有潜质的电器公司职员。但是，在他就任通用电气公司的行政主管时，他的工作表现使公司领导很是失望。最终，他的行政主管一职也被撤销了，变成了顾问兼工程师。那么，怎样做才能使斯坦梅茨改变工作态度，提高工作的积极性呢？

这时，高层管理人员想出了一个绝妙的主意。他们把一个耀眼的头衔——"科学的最高法院"授予了斯坦梅茨。一时之间，每一个公司里的人都知道：有一个叫斯坦梅茨的工程师非常了不起，他被称为"科学的最高法院"。而斯坦梅茨为了自己这份崇高的荣誉，工作总是竭尽全力，创造了很多奇迹，为通用电气公司创造了巨大的经济效益。

头衔是一束美丽的奇葩，面对它，几乎没有人能够真正抗拒。 头衔让许多人激动不已，能激发他们的工作热情，发挥出他们潜在的才能。 一个小小的头衔真的拥有如此巨大的魔力吗？

事实的确如此。

一方面，从个体心理学的角度看，当光辉闪耀的头衔笼罩着一个人时，他对自己的认知就发生了改变。 潜意识中，想让自己的行为和头衔相匹配，如果他不按头衔的要求去做的话，他就会产生认知失调，也就是自我认知和言行冲突，从而心理上会产生不适。 因此，为了防止出现此种情况，他的言行一定会积极地配合潜意识中的思想。

另一方面，从社会心理学的角度看，当人们的头上笼罩着耀眼的光环时，实际上是被赋予了某种社会角色。

著名心理学家津多巴做过一个有意思的科学实验：

参加实验的都是男性志愿者。并将其划分为两组，一组扮演监狱里的"看守"，另一组扮演"犯人"。

一天后，每个人都进入了自己的角色状态。"看守"变得十分暴躁和粗鲁，甚至想出许多体罚"犯人"的方法。而"犯人"也呈现出他们在"监狱"中的不同反应，有的消极地接受一切，有的开始积极反抗，甚至有的会像看守一样欺辱其他犯人。

人都有一种自我的言行与头衔相匹配的天性，抛开头衔后，人很难会采取行动。

作为美国劳工协会缔造者的赛谬尔·冈伯斯，就深刻地认识到了这一点。 在刚开始的时候，在面临资金短缺的同时，他的另一难题是寻求合作者。 为此，他创立了"民间委任状"，专门把荣誉称号授予那些愿意组织工会的人。 通过采用这种方式，在短短的一年时间里就有 80 人与他建立了良好的关系并提供帮助。 从此以后，加入这个群体的人也越来越多。

著名的军事家拿破仑也创设了许多头衔和荣誉称号。 他设立了十字荣誉勋章，1500 多个臣民被授予这种勋章。 采用了法兰西的官衔制，并给 18 位将官授予了官衔。 他还将"大军"头衔授予那些优秀的士兵……他良好的人生基础就是通过这样的方式逐步打下的。

强盛的气势能助你不战而胜

古代，有一个人叫纪消子，训练斗鸡是他擅长的工作。一天，君王让他代为训练一只斗鸡。10 天过后，君王询问训练情况："斗鸡训练得怎么样了？最近是否可以派上用场了？"纪消子回答道："时机尚未成熟，它杀气腾腾，一上场即横冲直撞随处逃窜。"

又过了 10 天，当纪消子再次被君王询问时，纪消子还是回答说："不成！它只要一听到斗鸡的叫声，便马上斗志昂扬，没法保持冷静。"

又过了 10 天，君王又来询问此事，说："怎样了？是时候可以派得上用场了吧？"纪消子仍然摇头，说："还不行，在它目所能及之处只要看到有斗鸡的身影，便会立刻冲上去与之蛮斗。"

最后 10 天很快过去了。君王像前几次一样再次询问纪消子，纪消子终于给君王满意的答复了："大功告成！如今置身竞赛场的它，不论其他的斗鸡如何挑其怒气、煽其斗志，它都不会为之所动。这就是内心充满‘德行’的证据。现在，不管其他的斗鸡有多么厉害，只要看见它，都会落荒而逃。"

军事上讲究"攻城为下，攻心为上"，说的道理就跟上面讲的例子一样。一个真正的强者是不会将威严流于表面的，他震慑的是人的心理，让人感觉他高深莫测。他的内心世界让他人无法真正了解，因此他人认为最好的选择就是听从于他，俯首称臣。强者不声张，不傲气，给人一种捉摸不透、神秘莫测的感觉。正是这种感觉，把他们独有的性格给予凸显，让他人心甘情愿地敬畏、崇拜。内心沉稳、不怒自威才是处世的最高境界。

纪渻子高超的斗鸡术是我们不得不承认的，他将斗鸡培养成大智若愚的木鸡，锻造了斗鸡的内心气势，让恐惧感充满其他斗鸡的内心，不战自败。人也应该同那只斗鸡一样，要学会涵养、沉稳，大意随便只会流露出无知的本质。只有长时间地积累气质才能够使自己的能力得以提升。

在当代竞争日益激烈的社会，我们在与对手搏斗时不要操之过急，而要注重气势的培养。急于求成不但不利于竞争，还有可能成为我们失败的原因。韬光养晦、引而不发，培养自己深沉、淡泊名利的品质。当我们的修行到了一定境界的时候，自然而然就会把内心的威慑力给流露出来，竞争还未开始，我们的对手便会甘拜下风，胆怯退出。

如今，"木鸡"是很多企业者所属的类型，他们给自己的团队带来了极大的影响。 虽然平时这类人的话语不多，可一旦出口，句句都很在理，可谓"一语中的"！ 要么不说，要说一定说到点子上，并且让它发挥作用。

做一个强者、智者，不需要豪言壮语，只需要不怒自威的气势。

"意外"能改变他人的想法

一般情况下，我们遇到态度固执的人，往往会束手无策，甚至会有放弃说服他们的念头。面对这种情形，我们可以创造"意外"来改变他的想法。

以前一般的美国人都认为奶油比人造黄油好，导致人造黄油的销售量日趋下降。但是人造黄油的经营者们却信心十足，他们打算尽最大努力，让人造黄油替换奶油。他们尽所能做大量的宣传，希望把人造黄油的销售量提高。他们这样做就是想打破"人造黄油不如奶油"的守旧思想。因此，有关机关受经营者委托，调查造成这种偏见的原因，经营者也采取了相关举措。

在某次午餐会上，有很多妇女说她们对人造黄油和奶油有很好的辨别能力，她们认为人造黄油有腥臭味。于是调查人员把黄、白色各一块奶油状的食品发给她们请她们鉴定。结果，95%以上的妇女认为黄色的是奶油，认为它的味道纯正。认为人造黄油是白色的，并说有腥臭味。

但是，最终公布的结果却令人意外，黄色的是人造黄油，白色的是刚刚制造出来的奶油。

心理学家们很想了解那些鉴定错误的太太们当时的反应。但是经营者没有直截了当地说"太太们，你们的嗅觉是不是出现了什么问题？"他们并没有采取这种愚蠢的行为来破坏对方的先入之见，而是把这个话题给避开了。相反他们通过宣传人造黄油给人们带来的"满足感"而提升了销售量。

因此，如果对人们的先入为主的接受过程有所了解，就不应该从正面反驳对方的先入之见，否则会使他产生逆反心理。而采取的方式应该是对方毫无察觉的，给予他意外的体验。这样，我们获得的结果将令我们惊喜。

另外，让对方有意外的体验，从而改变其先入之见，用言语劝服对方也是不可少的方式。

马丁和瑞恩两人为了让自己的日常开销增加，分别对妻子展开说服攻势。

首先，让我们来看看马丁的说法：

"你想想，上次加钱是什么时候？我已经记不起来了……你知道吗？我最近都被同事说变得小气了，这样，我的人际关系会被影响的。再这样下去，大家一定都会疏远我。你曾经也在社会上工作，被人排挤的滋味应该也了解吧！它会严重地影响我的工作情绪，我的苦衷你一定能够了解的！"

马丁太太听了丈夫的话，认为丈夫的话有道理，说："是呀，看来你的零用钱确实应该加点了，万一影响工作就不好了。这样吧，从这个月开始，每个月多给你增加3000元的零用钱！"

马丁先生就这样轻而易举地增加了零用钱。紧接着我们再来看看瑞恩先生是怎么说的。

"喂，从这个月开始再多给我3000元的零用钱！你从来就不替我考虑，现在这个样子，酒不能喝，烟也不能抽，这是什么生活？总之，我的零用钱尽快给我加了。"

听到这话的瑞恩太太火冒三丈："你说的是什么鬼话！不是前些天刚加完钱吗？你哪一天不是喝得醉醺醺回来？烟也是一根接着一根抽，却还说什么没烟抽，没酒喝。你还想要加钱啊？开玩笑，不行！"

"刚加钱？我记得那件事是三年前的吧。喂，只要你少参加几次才艺班，那3000元不就可以省出来了吗？拜托嘛！"瑞恩先生看太太有些动怒，便缓和了一下语气。

"好吧，那就加1500吧。"瑞恩太太不情愿地说了一句。

"哎呀，我看你这个人就是小气！"

由此可知，马丁、瑞恩两位先生，在争取提高零用钱一事上，虽然自己的目的都达到了。但我们却可以明显看出马丁先生略胜一筹。而从成功的技巧来看，瑞恩先生是有失君子风范的成功。 这是为什么呢?

因为瑞恩先生的劝说压根就没有把自己心中所想表达出来。 因此瑞恩的太太对丈夫要求加钱的理由完全无法理解,而最终加钱是迫于丈夫死缠烂打的无奈,如"减少你的才艺班课程"。 由此不难预见,今后这对夫妻在遇到更难处理的事情时,将会是什么样的场面。 在他们心中,并没有打算把自己的想法明确地告知对方,进而说服对方。 而只是盲目地逼迫对方采纳自己的意见,直到让对方无奈地接受为止。

通过马丁夫妇与瑞恩夫妇之间的比较,不难看出说服技巧的重要性。

马丁先生把自己缺少零用钱的苦衷向妻子阐述了,让妻子了解到,这种状况如果持续下去对于她也是相当不利的。于是,太太细思后发觉如不增加丈夫的零用钱,不良后果确实会随之而来。 于是当机立断,答应了马丁先生的请求。 马丁先生极其聪明地抓住此关键,把自己的利害关系巧妙地与妻子联系在一起,让妻子欣然接受他的意见。

在进行劝说之前,什么是我们应该做的呢? 卡耐基认为所谓的说服是:替对方的行动制造契机,把对方行动的欲望、情感等唤起。 将自己希望对方做的事情,逐步地演变成自主的行为。 在这个过程中,在让对方充分理解你的同时,更应该让他清楚地明白,如果对方采取行动他能得到什么样的好处。 总之,说服,就是把你的想法让别人深刻地了解。

所以,在先入之见上你要使对方有客观的认识,如果想让对方接受你的请求,就请遵循这一规则:改变一种方式,把全新的体验带给对方。

给人好处不要张扬，予人恩惠无须张扬

郭解是古代有名的大侠。有一次，洛阳某人因与他人结怨而心烦，为了调停多次去央求地方上有名望的人士，无奈对方就是不给面子。后来他找到郭解门下，请他帮助化解这段恩怨。

郭解接受这个请求之后，亲自到委托人的对手家中去劝解，做了大量工作后，对方终于同意了和解。照常理，郭解不负人托，顺利化解了这场恩怨，可以走人了。可所谓棋高一招，更妙的处理方法在后面。

待一切澄清之后，他对那人说："这个事，我听说很多人都尝试着调解过，但最终都是因为不能使双方达成共同认识而失败了。这次，你很给我面子，能了结这件事情我感到很幸运。可是我在感谢你的同时，也为自己担心，毕竟我身在异乡，在本地人出面不能解决问题的情况下，我出面解决了问题，会让那些有名望的本地人感到没面子。"

他接着又进一步说:"不然这么办,我请你帮我一次,表面上让大家认为我没有出面解决问题。等我明天离开了此地,本地的几位绅士、侠客还会上门,你就给他们点面子,算作是他们完成此美举吧,拜托了。"

郭解的做法在帮助别人的同时,还顾及到了其他绅士的面子,换个角度想,他也必然获得了这些人的心。这为他在当地更好地立足、拓宽人脉创造了有利条件,可见他高超的为人技巧。

我们在帮忙时,应当注意以下事项:

第一,不要让你的帮助变成对方的一种负担。

第二,要做得自然。换而言之,就是说对方无法在当时强烈感受到,但是日子越久越体会出你对他的关心,最理想的是能够做到这一步。

第三,要高高兴兴地帮忙,不要有不情愿不甘心的样子。如果在帮忙的时候,你认为自己很勉强,存在着"这是为别人而做"这样的想法,那么如果对方对你的帮助毫无反应,你一定会大为恼火,认为:我辛辛苦苦地帮你忙,你还不知感激,太不识好歹了!有这种想法、态度都是不对的。

事实上,对方如果也是一个能够设身处地为别人考虑的人,那么他会记得你对他的种种好处,因此你的帮助绝不会像飞出去的子弹一样,一去不回,他一定会在某些时刻用其他方式感谢你。对于这种知恩图报的人,我们应该在他需要帮助时帮助他。

总之,人际往来中,帮忙是互相的、双方的,我们持有的态度应当是理解，一定不可像做生意一样非要做等价交换：你帮了我的忙，下次我一定帮你。这样会忽视感情的交流，也会让你成为一个斤斤计较的人。那么，也不会有长久的交情。

再而言之，"施恩"原本就是在帮助别人，但不是"施舍"，分清二者的含义，才让人更容易接受，才是真正的帮助。

还有一则故事：

一个大雪天，贫穷的村民向村里的首富借钱。那天，恰好首富很高兴，便爽快地答应借给他两块大洋，最后还很大方地说了一句说："拿去花吧，不用还了！"穷人接过钱，小心翼翼地包好，然后就急匆匆地跑回家。首富冲他的背影又喊了一遍："不用还了！"第二天大清早，首富打开院门，发现自家院内已经被打扫得很干净，没有一点积雪，连屋瓦也擦得干干净净。他让家人在村里打听后，得知是那个借钱的村民做了这一切。这时首富恍然大悟：如果给别人施舍，那么别人只能变成乞丐。于是他前去让那个村民写了一份借契，村民眼中流下了感激的泪水。

村民要维护自己的尊严，于是扫雪，而成全了他的尊严的正是首富向他讨债的行为。在首富眼里，世上无乞丐，而村民也从未在心中视自己为乞丐。

学会把他人时时放在心中

不要总计较别人能带给自己什么，自己能为别人做点什么才是应该首先考虑的，即时刻为他人着想，为社会着想，最根本的文明就是如此。 古圣贤人一再告诉我们，在帮助他人的时候不能贪图报答，因为一次性报答过了，帮助人的意义也就丧失了，帮人的初衷与当时也就不一样了。 帮助人是一种缘分。 缘分在人与人之间都是一样的，你我互相包容，你中有我，我中有你。 我帮助你，你帮助我，他又帮助你。 当有人请求你帮助时，支配你的是社会共有的缘分，一种情感流通在你的帮助下产生。

生活无须技巧，指的是人与人之间不要怀着某种私有目的，要坦诚相见。 因为一旦对方发觉你在利用他，即使你对他再好，他对你的反感也会产生，他会拒绝和你继续保持关系。 要建立真正良好的人际关系，就只能在和别人交往的时候用真心与其推心置腹。 在这种前提下，你再去帮助他，他才会感到人间处处是真善。 对别人的帮助，不能只停留在口头上,要真真切切落实在行为上。 帮助一共有两种,随便帮帮和一帮到底做足人情。 前一种帮助不能否认它是帮助,因为它也能给人带来一些好处,但真正的帮助人并不是随便帮帮,因为这种随便的帮助在关键的时刻未必管用。 能称得上是真正的帮助的,是能够彻底解决实际困难的帮助。

帮助别人需要技巧。 在具体的情况下,当某个人需要你的帮助时,需要注意具体方法,如何帮助他,才能使他真正受益。 一位利用三轮车上坡的残疾人,由于坡度较大,费了很大的劲也没有成功。 热心的你走上前,告诉他如何正确用力他才能上坡。 却忽略了如果顺手推一把,就能轻而易举地解决问题。

单身女子罗斯在华盛顿一个闹市区居住。有一次,罗斯回家时搬着一个大箱子,由于电梯坏了,她只能自己扛着箱子上十二层楼。彼得是一个平时就在大街上散心,偶尔还闯点祸的人,这次他看到累得气喘不止的罗斯,想上前去帮助罗斯。罗斯并不信任彼得,以为他图谋不轨。十分迷惑的彼得,花费了很多唇舌,想要罗斯明白他用心善良,却无济于事。罗斯拒绝了彼得,然而在筋疲力尽地上到五层后,她开始犹豫是否接受彼得的援助。

最终,彼得帮助罗斯把箱子搬上了十二层。为了证明自己的真诚善意,彼得在罗斯家的门口把箱子放下,坚决不进去。后来，罗斯和彼得成了朋友，一年后，两个人结为了一对幸福的夫妇。

人是情感动物，彼此需要的是互爱互助，但不能像自由市场做生意那样直接，一口一个"有事吗"，"我不会忘记你，因为你帮了我的忙"。忽略了感情的交流，你们的交情无法长久下去。

付出是人人都懂得的事。你拉着我的手，我拉着他的手，他拉着你的手，一个美丽和谐的社会就会诞生。

做得好比说得好更实用

20 世纪 80 年代末，堤义明是日本企业的帝王，名列全球大富豪首位。 他的西武集团是个超大型企业集团。 如此庞杂的企业集团管理起来，堤义明竟然泰然自若、游刃有余。难怪他被赋予了天才、怪杰的称号。

如果用中国农村的"村长"来形容生活中的堤义明是再合适不过的了，平凡、正直、开朗、善良、宽容，虽不免独断专行，但在他内心深处同时存在着自己和别人。

通过对堤义明深入分析，人们发现了他有着非凡独特的处世为人之道：他用自己的真诚聚集了西武 10 万职员，而他的开明赢得了商界、政界诸多人士对他的信任。

与其说堤义明是依靠他的巨额财富称雄世界，不如说是依靠他感人至深的品格魅力。

日本人在企业取代了村落的存在之后，便将企业视为将会一生陪伴身边的生活内容。 在他们的心目中，企业老板就是村长，普通职员便是村民，村长要对村民负责，村民要依附村长生存。而这个大的村落就是西武集团。10万村民，不，应该是10万户村民，如果再加上他们的家属大致会有40万人，如果把几千家同西武集团相关的中小企业包含进来，那么将有80万人依靠西武集团生存。老实说，要养活这么一大群人，实在不容易。

以独裁方式管理的家长式企业，会引起职员的不满和失望，最后破产，这种事情在企业间经常发生。

但堤义明不愧是个好领导。他在家长式的管理模式下，依托与职员的融洽关系，使职员们都相信他，从而不断壮大西武集团。

为家庭内每个成员承担责任，把事业作为公众分享的大众业务，已经贯穿了他创业的始终，他认为自己有责任像一个家长那样关怀照顾这个地方的居民。因此，他的西武职员们大多是他从地方上聘用的，经过认真培训，然后再委派到地方出任要职，以此方式，不断开拓西武企业的新事业。

堤义明同职员建立了密切良好的关系。"水与舟"被他常用来比喻自己和职员的关系，而且他在劝诫自己的时候常用荀子的那句"君者舟也，庶人者水也，水能载舟，亦能覆舟"，10万职员的利益如同滴水积成海洋，企业的平安航行就靠此保障。

堤义明作为西武集团的村长，从不用一个资本家的态度去对待职员。每当他巡视即将建成的新饭店时，职员用的房间、食堂、工作场所以及休息室他都会仔细留意。他认为，员工只有在好的生活和工作环境下，才能促使企业有长足的发展。

他的职员除了有良好的工作条件和娱乐条件外，相比其他同性质的企业薪酬待遇也比较高，对职员的家庭照顾是企业尤其关注的一个环节。

当然，堤义明也会有因压力大发脾气时，但绝对不会跟公事牵扯。在职员被叫去批评之后，他也不会再放在心上，而开除或降职之类就更是少之又少了。

堤义明的处世方法，温暖了公司每一个职员的心。

日本企业中，职员的从业态度一般有以下几种：自觉主动地为公司着想并努力的占1/3；顺利完成业务，但是是在上司的催促下的占1/3；而剩下的1/3就是缺乏工作热情，不肯好好工作的员工。

然而堤义明的职员，几乎全部努力自愿地为公司去工作，100%属于一等的优秀职员。

堤义明的幸福则被整个日本企业界羡慕着，能够获得100%员工的支持，何其幸运！

做人要学会变通

我们的工作和生活中难免会出现错误和过失，是勇敢地承认与自责，或是羞愧难耐，想方设法粉饰太平呢？

聪明人往往会选择前者。因为，真心的自责，能有效地减少危害，由此解除隔阂、怨恨。

面对失误，你完全可以这样想：发生这种情况真是太遗憾了，不过我不是有意这么做的。今后为了避免再有这种事情的发生，我应该分析一下原因……这种真心诚意的反省，起到的作用往往会比责难更好。

一位从法国留学回来的中国学生讲法国人乐于认错。有一次，他没有租用电话，账单上却记载了19法郎的租用电话费用，他便去电话局询问。接待人员虽不明白详情，却坦率承认可能是电话局的错，并推测是大意的工作人员输错了房间号码。后来，问题查清，失误的的确是电话局。为了向中国留学生道歉，负责处理此事的营业员专门写了一封信，承认自己在工作中仍然有地方需要提高，并给中国留学生免除了部分电话费，作为对他造成麻烦的补偿。

这位留学生通过观察还发现，除了善于认错，法国人也很少埋怨和批评别人。因为考试迟到而抱怨天气或者堵车的学生在法国几乎没有，而踩上了狗屎的人也不会责怪邻居什么。他分析，这也许是法国人认为既然已经遇上了不愉快的事情，再去责难客观已于事无补，而更必要的是为了避免下次再犯同样的错误我们要自我反省。旅法几年，在公共场合很少能够见到法国人吵架。他认为，法国人在生活中之所以冲突少，这是由于他们乐于奉行自我认错的习惯。

变通为人，多反省、少责人是不可少的策略。多认错，如果自己是真的错了，那就争取主动承认；如果不是，有错的一方就会对你表达他们的谢意或者敬意。更为常见的情况，就是责任在双方。在这种情况下，主动认错比横行霸道、惹祸上身要好得多。

第八章

爱与幸福，尽在心与心的碰撞

女人的十种恋爱心理

常言说得好，"女人心，海底针"，又有人说女人的心好似秋天的云。确实，女性的心理多变，让人感觉难以捉摸，使大多数男性追求者或无从下手，或坐失良机，或半途而废，又或者无功而返、功亏一篑。以下分析一些女性的心理特点，也让男性们增强一些破译女性芳心的能力。

1.直抒胸臆

对于理智型的女性，可以考虑直抒胸臆的方法。追求理智型的女性，须先以强烈的爱情魔力吸引她，采用直爽的方式进攻，或是直抒胸臆。用感情战胜理智，是追求她们的最佳方式。因为一般来说，理智型女性因为充满智慧而让人望而生畏，许多男性往往敬而远之。理智型女性接收爱的机会较少，而直抒胸臆能让她们更真切地感受到爱。

2.体贴入微

追求内向型女性，可示以关怀、体贴，可以让她在心情不好时向你耐心倾诉，并制造供她宣泄感情的机会。 因为内向型女孩子平时不爱表达感情，常因为积压的小事心生压抑，以致容易产生感情的猛烈爆发。 如果你能让她感到舒心，你就会慢慢地成为她的倾诉对象和恋人。

3. 以静制动

有些时候女性表面上对你心不在焉，但实际上内心充满矛盾，因为一再地拒绝，会使追求者敬而远之，从而可能使自己饱尝独守空闺的滋味。 但如果你追得太紧，女性会本能地抗拒你，这也是女性的逞强好胜、不肯认输、好奇等心理在作祟。 如果你把握住这种女性常有的心理，掌握好追求的节奏，肯定会俘获芳心。

4. 巧留余地

自尊心强的女性通常自信于自己的容貌，当出现追求者时，她们总是不予理睬。 也正因为如此，她们特别注意自己留给他人的印象。 拒绝追求者后她们常会进行一番反省，原先超乎理性之上的感情逐渐降温、冷却，一种担忧在她们心中油然而生。 她们会想，如果自己做得太过绝情，就会被对方认为自己心肠太狠或缺乏教养。 她们很介意这些，这种担忧会使她们努力权衡得失，从而产生对追求者重新评价的意愿。 这就成为你成功表白的好机会，千万不可坐失良机。

5. 旁敲侧击

女性都有一种心理防卫本能，经常用话语掩饰内心真实想法，不喜欢别人一语道破天机。 如果男性自作聪明，戳穿其心事，往往会引起她们的反感。 因此，在追求女性的时候，一定要掌握说话的艺术，要善于察言观色，说话委婉而注意分寸。

6.单刀直入

大多数女性喜欢直率地表达，虽然初次约会对方就开门见山会让她感到不好意思，但她们却会觉得这样的男性充满魅力，因而很难拒绝这种表白。 相反，她们讨厌那种说话拐弯抹角、吞吞吐吐、欲言又止、过分含蓄的男性。 因此，邀请女性的时候男性要直率，如果对方不喜欢，她可能会暗示或找理由拒绝，如果对方默默不语，你就可以判断她不会拒绝你的邀请了。 同时，你还要让她感到是"没理由拒绝才来赴约"，这样做，可以使她得到安慰：她不是一个随便的女孩，她赴约是因为你的苦苦追求。

7.巧破常规

一般来说，很多女孩的生活平淡无奇，她们渴望变化，盼望发生一些出乎意料的事，让生活增添些变化。 所以，刻板的男生是不讨她们喜欢的。 当然，在迎合女性的这种求刺激、求变化的心理之前，你必须首先让她们确定你实际上很稳重，然后才能巧破常规，创造新意，使约会充满情趣。 否则会弄巧成拙，让女性误以为你行为轻佻。

8.潇洒从容

女性常常对男性心存戒备。 有两类男性不讨她们喜欢，一种是在女性面前呆若木鸡、少言寡语者；另一种是信口开河、举止夸张者。这两种人都是表现不自然的。因而，男性只有保持潇洒从容、真诚自然的本色，才会让女性消除戒心，并赢得其芳心。

9. 先入角色

听众会被说话者的情绪感染。懂得了这个心理，你就懂得了打动女性芳心的方法之一，即技巧高超的谈话。在与女性交谈时，要注意融入你对事件的感觉，加强叙述中的主观色彩，这有助于提高她对你讲述的事情的关注度。因此，男性在与女性谈话前要先入角色，占据主动，谈话间不要压抑自己的情感，融入自己的好恶，热情地营造谈话气氛。

10. 果断自强

女性都希望婚姻为她提供一个避风的港湾。她们喜欢刚毅、果断、勇敢、热情、爽朗、勇于负责的男子汉，不喜欢畏首畏尾、优柔寡断、迟疑不决的男人。因此，男性应该在女性面前充分展现自己的男子汉气质。

女性的心态千姿百态，错综复杂。其实，想了解女性内心并没有万能的方法。上面所描述的只是女性一些基本的心理特性。作为恋爱时期的男性，应该多关注女性的心理，并具体情况具体分析，因时而异、因人而异，运用高超的技巧，抓住女性的芳心，赢得爱情。

男人的五种恋爱心理

　　由于受各自所处环境、文化教养和个性差异的影响，男性也有不同的恋爱心理。比如说，一个大学生的恋爱心理跟一个搬运工的不一样，而一个城镇男青年与一个农村男青年的恋爱心理也肯定会有不同，更不用说东西方男性的差别。也可以说，这个世界上有多少数量的男性可能就会有多少种不同的恋爱心理。但他们全部都是男性，存在对待另一半的共同心理。

　　1. 较好的外在形象
　　人的外表有三方面：其一，容貌气质；其二，身材体态；其三，肤色服饰。男性大都很在意对方的外在形象，即他们看重对方的性吸引力。这点与女性不同，女性不仅会考虑外在形象，还会对男性的家庭出身、经济收入、个人品行等相关方面作考虑。她们还会开始一段试探性的交往，如果其他条件不错，即使外在条件不是特别好，她们也会与对方在一起。

2. 温柔贤惠

自古以来，温柔贤淑都是男性择偶的理想标准，也是无数女性终其一生所追求的目标。所谓温柔贤惠，具体来说，就是对待丈夫温顺体贴；在待人接物上，温文尔雅；在对待长幼上，贤淑大度。温柔贤惠的女性可能没有太多恋爱经历，却是大多数男性选择配偶的最爱。

3. 善于体谅别人

男性为讨心爱女孩的欢心，可谓费尽心思，他们希望听到温柔的关心话语；在外辛苦忙碌了一整天的丈夫都希望得到妻子的关怀和照顾。善于体谅别人，意味着她具有很强的同理心。妻子善解人意的体谅和关心，一直都是男性渴望的。

4. 希望对方年龄比自己小

人类的进化心理决定了从潜意识里，男性就喜欢比他年轻的女性，因为年轻就意味体貌更美丽、性感，意味着感情纯真。虽然有时事实与现实不符，但大多情况都是这样的。年轻的女性更容易吸引男性拜倒在她们的石榴裙下。另外，年龄较小的女性，会无条件地激发男性潜意识中保护弱小的心理。同时，年轻的女性更加依赖较她年长的男性，两者倒也相辅相成。

5. 有才识又含蓄

没有哪一个男性会喜欢和没内涵的人做伴，但他们更不喜欢自己的爱人过于炫耀。 如果女性懂得自谦的同时，懂得世故却又本分，即使她们的爱人不明言夸赞，内心也会充满敬重和满意。

女人应掌握男人的约会心理

在男女约会的过程中，最为遗憾的事情往往是：两人互有感觉却没能在一起。 这主要是因为双方对彼此没有产生深刻的了解，在这时男女有别的差异表现得更加明显。 在约会的过程中，男人和女人的心理、体验不同，约会的心态也不同。 对于同一件事情，两个人的感受不同、表达的方式不同，误会就产生了。 这是约会的最大困难。

女人熟悉自己在每一个阶段的心理特征，但对男人的心理却不甚了解，甚至一无所知。 每个约会中的女人都希望知道男人内心的想法。 "他究竟在想什么？" "他觉得我怎么样？" "我应该怎么做才能赢得他的好感？"女人都迫切想要知道这些。 只有在了解了男人的这些心理之后，她才能对约会有正确的把握。

大多数男人的约会心理很类似。 为了更快达到目的，很多男人通过朋友的介绍认识另一半，最后才会选择心动的人。 男人要是想接近一位喜欢的对象，大多会主动邀请对方，当然也有例外，比如他特别胆小或者有过强的自尊心。

　　和女人希望双方感情"循序渐进"的想法不同，多数男人每次约会都目标明确，有的甚至希望第一次约会就能成为情侣。 男人通常将初次约会的地点定在餐厅，然后看电影，然后再是运动或远足。 对男人来说，第一次约会非常重要，如果第一次印象不佳，他很可能去尝试下一个女人。 不是每个男人都有强韧的神经，经得起打击，他们也害怕被无情拒绝。

　　第一次约会时，男人往往表现得很殷勤。 只有在初次约会成功的情况下，男人才会认为接下来两个人的关系会"长势"良好。 相反，如果初次约会就感到没有希望进行下去，即便他表现得很诚恳，甚至要你的电话，但他还是会终止继续约会。 因此，女人如果有接受对方的诚意，就要对其做出积极回应，这样才能传达"我认为可以交往下去"的信息。如果你一直保持矜持，不给出任何暗示，就不能给你们的关系发展的机会。

　　当和你约会时，多数男人看似在认真倾听，实际上却在心里审视你，甚至开始判断你们之间是否会有结果。 如果他觉得可以继续下去，并且认为你也有同样的感觉，那么就会在这次约会时或者几次约会之后考虑深化你们的关系。 当然，一般来讲，当他们怀有某种和你进行亲密接触的企图时，会想办法先了解你，想办法先向你传达他的好感。 他们当然知道，太过冒失，导致最后被赏耳光或泼酒就难看了。

　　在试探女人心意这一点上，很多男人都是高手。 比如，看电影时，通过假装无意地轻轻触摸女方的手，或者膝盖靠近女方的膝盖等细微接触动作来试探女人的想法；在酒吧，通过肩与肩的触碰了解她的态度，这些都很常见。 女人如果对此反感，男人就会判断出她目前还没有打算深入发展；反之，如果她并不回避，就代表她对自己的亲密行为并不拒绝。当确认可以进一步采取行动以后，男人就会延长约会时间，他会提议餐后活动，或者送女方回家。 这些邀请或建议，多数都"醉翁之意不在酒"。

男人们约会前会将约会的场景在脑海中模拟很多遍。 比如约会前的准备、怎么打招呼、在何处用餐、餐间聊些什么话题、如何进一步让对方接受自己，全都在考虑之中。 加上不断设想约会是否会获得成功，结果，总让自己压力很大。 而在约会期间，他们也会绞尽脑汁考虑很多问题，经常错过一些很重要的细节。 就算女人已经进入谈话佳境，他们也常常浑然不觉。 这种时候，那些观察入微的女人，很容易误解为男人对待约会不认真，但事实并非如此。

刚开始互有好感却又处于相互试探阶段的男女，双方都有很微妙的心理。 如果亲密举动遭到拒绝，除了很少一部分男人会再找机会以外，绝大多数男人都不会再次相求，而会直接放弃。 如果女人有与他相处下去的意愿，但被要求进行亲密接触时，自己尚未做好心理准备，也应该尽量讲清楚，以免因误会产生遗憾。

爱要有主张，不可盲目

爱与被爱都是幸福，主动的爱换来长久的幸福，而被爱的幸福则可能会随时消失。

一些女孩子认为：女孩子在爱情中应该矜持谨慎。匆匆而过的生活里，幸运的女孩可能会遇到愿意主动关心爱护她的人，而不幸运的女孩即使有人主动关爱，也会因为两人缺乏必要沟通，而疲惫不快乐地接受。确实，每个女孩都喜欢享受被爱的感觉，有的甚至认为只有被爱才是快乐和幸福的，但是"爱"是个主动词，不是被动词。只有将一方的积极主动变为两人的互动，浅爱才会变成深爱，双方才会体会到真正的爱情。所以说，爱情中要主动出击。

爱别人的时候，内心充满了爱意，即使因为对方受到挫折，都不会觉得苦，因为心中有爱。倘若付出的爱收到回报，便会欣喜若狂，幸福感更胜一筹。但这样的幸福感，在被爱的过程中是体味不到的，因为内心不曾付出。

有对情侣相约下班后一起吃饭、逛街，然而男孩公司的临时会议耽搁了他的约会，当他冒雨淋湿了一身赶到的时候，已经是一小时后了。虽然男孩不停地道歉，但女孩不依不饶满腹委屈地数落："都怪你迟到，让我等那么久，你知道我等得多难受、多难堪吗？别人都在开心地吃饭，我就只能拼命地喝水，还不时有服务员前来询问点菜……""你怎么不先吃呢？"男孩原本想要解释，却变得有点不耐烦。这顿晚餐自然以郁闷收场。

女孩在男孩冒雨前来之后，只是不断地向他诉苦、抱怨，却忽视了对淋了雨的男孩的关心。女孩只是等待男孩的爱而不是去爱男孩。被动等待爱情的人就像是一个"牵线木偶"，如果线的一头是一个疼爱你的人，那也许你就是幸福的，否则，再甜美的爱情也会变得索然无味。

爱情本是简单的幸福，是一种自发的感情和行为。爱本身是一种付出，在付出的感情中，寻求到快乐。感受幸福，只是被动接受爱情的人体会不到。所以人要学着主动去爱，并享受在此过程中所创造出的幸福，这样的爱情才会更加甜蜜。

被爱是一种享受过程。有了心爱之人的关心与爱护，不必担心风吹雨打，因为有人时时刻刻都在为你着想，让你沉浸在幸福的海洋中。这样的幸福来得太容易，但太容易获得的幸福便不觉得珍贵，也体会不到其中的甜蜜。

而去爱却恰恰相反。这种爱是一种主动创造的行为，付出的爱是自己意志的表达。在去爱的过程中，他会享受着自己创造的幸福。

只知道被动接受对方的付出，这样的感情即使能勉强维持，也不可能永久地保持着新鲜度和热度。

1. 爱情要有自己的主张

天下的父母都希望自己儿女好，不受苦。所以父母会插入你的感情，甚至对你的另一半指手画脚，提出诸多的要求。这时，在爱情中要有自己的主张，不要一味听取父母的意见。要知道以后的生活是你和他（她）一起度过，而不是和父母。只有明白自己需要什么样的爱情，明白自己的心思，才能找到属于自己的幸福。

当然，父母的意见可以作为你的参考，不能一意孤行坚持自己所谓的"爱情"。拥有正确的爱情主张，才是走向幸福的正确道路。

2. 爱不是一味付出

虽然爱情需要付出，但不是盲目的付出。如果你单方面的一味付出，总有一天，对方会觉得这些都是你应该做的，便不会珍惜你的付出，那爱情就会变得毫无意义。

在爱情里，每个人都有尊严，地位都是平等的。爱一个人并不代表要为他（她）付出所有，这样的爱情是不会幸福的，也不是真正的爱情。人不可能一辈子无私付出、不求回报，我们也许嘴上都会这样说，但时间一长总会疲惫。

3. 爱不能失去自我

爱情虽然能使人疯狂，也能使人痴迷，但无论是谁都要在爱情中保持自己的个性，更不能失去自我。 情人眼里出西施，所以他（她）的缺点也就成了优点，但是"缺点"和"错误"是两个不同的概念。 人人都有缺点，包括一些伟大的人物，只要是不违背人生观的缺点，都是可以接受的。 而错误有时候则是对道德准则的背叛。

爱情需要情投意合而不是盲目服从。 爱要建立在平等的基础上，如果不能互相尊重，爱情将难以长久，这就需要两人的互爱互敬。 爱人首先要学会爱自己，所以我们在付出的时候要留几分给自己，爱人七分，留下三分爱自己。 会爱自己才更会爱别人，从而获得别人的爱。

要学会保持适当的距离，抓住对方

我们常常说：距离产生美。 但是常常也会有人说："有了距离却没了美感。"解决这个问题的关键就在于你要把握好其中的度。 好似制陶工艺中一个度就会影响整个陶瓷的质量，爱情看不见摸不着，很容易掌握不了度，有的时候拿捏不当，就会导致爱情的死亡。 真正懂得爱的人，心里往往藏着一个度量衡，这是通过生活经验积累起来的。 适当的距离感，也就是我们说的朦胧感，在这个时候显得再美不过了。

通常来说，不成功的爱情都有三个阶段：

恋爱初期，双方都很注重自己的形象，对对方关怀备至；

恋爱中期，男女双方自身的缺点逐渐显现，逐渐希望对方尊重自己的意愿；

恋爱后期，分歧越来越明显，双方易起纷争与隔阂。

当初的恋人最后成为陌生人的原因，是爱情在原地踏步。 爱情的更新需要人为的努力。 新总是与"陌生"联系在一起，相知相识便不能称之为新。 如果恋爱中的人天天生活在一起，每天重复着一样的生活，久而久之自然就会觉得疲乏，为一些生活小事难免发生争执。 同时，两个人慢慢地由熟悉而生厌倦，爱情也就变得十分脆弱。

中国有句古语叫作："穷则变，变则通，通则久。"这条法则同样适用于爱情。 保持爱情中的神秘感，不是弄虚作假，而是爱情保鲜的必要装束。

《开放的婚姻》一书中曾提到："在婚姻生活里，每个人都需要一些空间，不只是物理的空间——可以待在房间中沉思；还有心理的空间，心理的空间可以假想为一个人心理上的小房间。 人的成长需要有这样的空间，如果没有成长，即使感情最好的夫妇最后也会彼此厌倦。"普通人之间尚且需要空间，恋人间更应保持恰当的距离和适当的神秘感，这样会让爱情更加持久。

如何保持爱情的神秘感，来看下面的方法。

1.说话学会留一半

恋人在约会时，特别是在袒露个人情感方面，应当有自己的保留。 如果过于实诚，禁不住对方的花言巧语，把自己所有的事情都告诉对方，这就犯了恋爱的大忌。 过去的情史不能毫无顾忌地讲出来，当对方太了解你的过去时，不仅会横挑鼻子竖挑眼，而且爱情也会太过直白而平淡无味。 聪明的人永远只说七成，留三成让对方揣摩与遐想。 留有余韵让对方捉摸不透，这是恋爱中的一个关键。

2.变化才是硬道理

聪明的女人要像蒲松龄笔下的狐狸精一样总是在变，变才更能吸引男人的注意。

　　具体来说，就是要在恋人面前扮演不同的角色，要以不同的姿态出现在对方面前。 比如：作为妻子与爱人，温柔体贴，关怀备至；扮作女儿，让他哄，让他疼，给他一个有父亲的威严的机会；有时候做他的妹妹，需要他的保护来满足哥哥的豪情；有时候也得做他的母亲和姐姐，当他身心疲惫时，给他无微不至的关怀和独立的空间，给他独处的快乐；有时候也得做个情人，时不时浪漫一番，偶尔性感一回。

　　这样的变化可以维持爱情的新鲜感，也更能为生活增加一份浪漫，从而让彼此的爱情更加持久。

　　3. 独立是保持神秘感的重要方法

　　要保持神秘感首先要学会自立。 当我们把性格、空间、人格都依附在恋人身上时，就不要指望会得到更多更好的爱情，这就失去了自我，失去了神秘，爱情就没有了原来的味道。

　　独立的经济是人格独立的前提，女性有独立的经济能力是非常重要的。 同样的，对于男人，独立可以给另一半更多的安全感。

　　4. 距离不是疏远

　　异地相恋的两人有更多浪漫的机会。 到周末，一个人奔袭到另一个的所在地，然后缠绵。 距离的存在反而可以避免两人的矛盾。 这样的爱情是浪漫的，也是很有美感的。 所以，距离并不是疏远。 也有两人近在咫尺却形同陌路，没有找到两条线的交叉点。 但凡能懂得适当保持距离的人，手牵着手，走在一起，若即若离。 距离的存在是一种艺术。 因此适当的距离和保持神秘感是爱情中必不可少的新鲜剂。

5. 神秘不是虚伪

保持神秘感的目的是保持对方对自己的好奇心，而不是与对方产生隔阂与距离。 神秘感能激发恋人们的猎奇心理，但最终需要有一个结果，并不是完全没有答案的迷茫猜疑。其实神秘感是一种气质，也是一种技巧，需要拿捏。 甜蜜的爱情需要浪漫的元素，需要适当地卖关子和猜想，但紧接着必须要有明确的答案，需要两人能够开诚布公，如果一味神秘却没有分寸就会让对方失去信心，这就会显得虚伪了，反而因为消磨他人的耐心而引起反感之情。

6. 变化不是要小脾气

变化不是一天换三套衣服，更不是无缘无故地发脾气。变化的目的是为了保持彼此之间的新鲜感，并不是随意要小性子。 偶尔撒娇，对方还会用包容的心态来哄你，但是时间久了，就会产生疲劳，等到忍无可忍之时，爱情也就已经消磨殆尽。 相处中多一些包容，少一些无理取闹，爱情才会更加持久和甜美。

如何做个贴心男人

女人的反话和与生俱来的羞涩有颇大的关系。 女人是脆弱的，需要有人来疼爱。 而男人想要赢得女人的心就需要明白女人的话是真是假，把女人的反话正听，来读懂女人的内心，如果反话反听，当然会招惹更多麻烦。

女人往往喜欢说反话，这是女人的本性。 这种天性是专为女人制造的，因为女人都希望被她的男人哄着、疼着、呵护着。

与人交往时，女人通常会通过"反话"来掩饰自己的真实情感，探测别人的想法。 比如：有些爱逛街的女人，她可能会"无奈"地对丈夫说："本来我不想去逛街的，没啥意思，但她们一定要我去……"可要是做丈夫的没读懂弦外之音，说"不想去就别去了，我帮你告诉她们"，这种回答往往令妻子心生不快。

两人产生矛盾时，女人说"要你走"实际是希望你留下；女人如果气得说要和你分手，其实是想让你道个歉，说几句好话。 反话肯定不能被认为是她的真情流露，这时如果听不懂女人的弦外之音，真的听从女人的反话，将给两人的爱情蒙上阴影，结果是感情彻底灭亡了。

女人的话不能不信，但也不能全信。 女人多是话里有话。 男人听懂了女人的潜台词，就是明白了女人的心思。 男人要是能读懂女人心，就能在赢得女人心的同时赢得一份完美的爱情。

男人常说"女人心，海底针"，似乎最琢磨不透的便是女人心。 其实，女人之所以有那么多口是心非的"潜台词"，并非有意要跟男人作对，而是对男人的依恋以及缺乏安全感的表现。

男人如果想要拥有甜蜜完美的爱情，就要懂得女人心。 这不仅需要用耳朵倾听，还要用眼睛和心去真正了解女人的意思。

1. 生气有时只是一种撒娇

在男人看来，女人的心情说变就变，常常弄得男人莫名其妙、手忙脚乱。 其实女人天大的委屈是：最初的生气常常并不是真的"生气"，只是对男人的一种撒娇方式。 而太过实在的男人们却并不明白女人的心理，只是以为她说的就一定是她要的，结果往往弄巧成拙、弄假成真——女人在极度的委屈和失望中便开始真正地大发脾气。

其实，判断女人是否真生气还是有方法的。 男人只要看女人的表情和听女人的语气，就可以得出结论。 如果女人是"面带娇嗔"或是"语气明快"，便是希望男人能给予关爱。

事实上，女性常用"间接攻击"的方法来应对冲突——通过抱怨或者指责，来渴求你更多的关注和爱护。

2. 说分手也有真假

当爱情在女人的心中真正结束的时候，她会通过全身心的表现来告诉你：对不起，不要再来纠缠我。 她的眼神流露出坚定，她的身体也会跟你保持距离，她总是尽力不再跟你见面，就算是见了面也无话可说。 这样说出的"分手"，不仅是真的，也是无可挽回的。

但是，也有女人挂在嘴边的"分手"，其实不过是想要"敲山震虎"，想要让你对她的感受足够重视。 这时候的女人，无论是话语还是手势都在告诉你：她其实很无助。

想要了解女人是否真的和你分手也不难。 当她表情平静、眼神坚定地说分手，这就代表她真的对你失望了，即使你再挽回也没有用了。 相反地，如果她情绪激动，眼神飘忽，这就代表她很无助。 你若给予她及时的疼爱，不仅能抚平她的情绪，更能唤回她的真心。

3. 口是心非的潜台词

女人喜欢用语言来试探男人的心，所以常常容易口是心非，这也就出现了"潜台词"。 女人使用潜台词，主要是希望男人能够多关心与爱护自己。

所以，男人要切记：跟你所爱的女人对话，不要听内容，要听感受。 听内容的时候，你会过于关注事情本身的是非对错；而听懂她的感受并且积极主动地关心她，才能清楚地沟通两人的感受，享受爱情的甜蜜。

1.甜言蜜语是爱情的润滑剂

相爱的两个人需要通过约会、亲密接触等活动来促进感情。而在日常的接触中，男人除了物质的付出，更要有语言的付出。这时候甜言蜜语便充当了爱情的润滑剂。

女人大多是感性的，她需要你称赞她漂亮，需要你表达她对你的重要性。爱情中的女人往往都是小心眼，容易犯疑心病，有着强烈的虚荣心，你言语上对她付出的肯定是让她继续爱你的动力。所以，别小看甜言蜜语的力量，它甚至胜过行动的力量。有了甜言蜜语做润滑剂，爱情跑车才会更持久。

2.在细节中体现体贴

爱在平凡中往往显得更加珍贵，真爱是显现在生活细节中的。在爱的世界里，不是所有的感动都来自于轰轰烈烈，在平凡的生活中，小细节更能传递一份爱心。温柔地为她擦去眼角的泪，并告诉她："不哭，一切有我。"在天气变化时能及时给她一个小提醒："天气凉了，记得多穿些衣服。"这些小事看似毫不起眼，但是对她来说，却更能体现出你的体贴和疼爱。

温柔是女人赢得男人的撒手锏

女人可以不潇洒、不聪慧、不干练、不可爱、不妖媚，但绝对不能少了温柔。 温柔是多数男人所缺少的特质，却是女人作为母亲和妻子所必需的气质。

温柔是女人的一种特殊魅力，男人往往也更钟爱温柔的女人。 这样的女人像是绵绵细雨，给男人一种温暖柔美的感觉，也常常让男人心旷神怡，无限回味。 所以，女人要想紧紧抓住男人的心，温柔就是致命的杀伤武器。

受电视媒体的影响，一些温柔女性在看了《野蛮女友》等影视作品之后，便放弃了温柔。 随着时代的发展，很多女性以野蛮为荣，这令很多男人消受不起。 其实，不管时代如何变迁，男人们从骨子里都喜欢温柔可人的女人。 而女人不分场合的暴力、粗鲁，只会让男人感到失望。

随着时代的进步，很多女人通过暴力、粗鲁来驾驭自己的另一半，以表明自己的领导地位。 花拳绣腿虽然不是真正的暴力，但却刺痛了男人的内心世界。 王晓雪就是这样的一个野蛮老婆。

　　王晓雪和王哲是一对新婚夫妻。王哲有着好脾气，也很关爱他的妻子。王晓雪由于性格任性又抱有"打是爱骂是亲，是婚姻内的一种'有氧体操'"的观念，所以，经常对王哲施加暴力，而王哲出于对妻子的宽容，打不还手，骂不还口，微微一笑，照单全收。但是随着时间的推移，王哲实在是受不了王晓雪的行为。自己在外面辛苦工作了一天，回到家里，不仅不能享受到妻子的关心与温柔，还要受妻子的气，这让王哲疲惫不堪。

　　终于有一次，王哲忍无可忍，彻底爆发了。原因是王晓雪居然当着朋友的面打他的屁股，这令王哲非常难堪，并耿耿于怀。从那次开始王哲越来越讨厌他老婆，最后两人矛盾升级，走上了离婚的道路。

　　男人都是好面子的，这也是他们自尊心强的表现。男人最无法忍受的就是自尊受到伤害。王晓雪的行为就伤及了王哲的自尊，脾气再好的人也不能够忍受这样的老婆，最后王晓雪的野蛮不仅没能赢得老公的心，还赔上了自己的幸福婚姻。

　　温柔的女人能把浪漫变为温暖，把男人融化掉。而当男人被女人这种温柔彻底消融时，女人才算是真正走进了男人的内心世界。令男人爱上你的也许是个性，而让男人把心交给你的，却是你的温柔。

　　"温柔"应该是女人的代名词，也是女人不同于男人的地方。 天生温柔当然值得珍惜，后天的修炼同样也能让女人变得非常温柔。 作为女人，你需要有着良好的心态来不断重塑自己的性格，改变脾气。 通过一些技巧和手段，你完全可以做个女人味十足的温柔女人。

1. 通情达理的女人最温柔

通情达理就是说话、做事要讲道理。 作为女人，要谦让得体，多替对方着想，而且绝不能让男人在外人面前难堪。 在公共场所或人多的地方，可以使自己变得乖巧听话，这是对自己男人最好的恭维。 用温柔把男人的"面子""里子"都给足，从而赢得男人的心，这才是赢得爱情的上上策。

2. 同情心为你的温柔加分

一个富有同情心的女人能够体谅男人的辛苦，这种体谅能让你将温柔从骨子里流露出来。 要让男人感受到他被女人的这种温柔包围着，给他一种爱的温暖，这种爱包含着宽容、理解和给予。 这样温柔的女性怎么能不打动男人的心呢?

3. 善良是温柔的基础

善良的女人才可以宽恕犯了错的男人。 当男人言行举止不太得体，或对女人有冒犯，或是女人遭到男人误会时，宽容地对待男人，如此的温柔对男人是一种不能抵挡的诱惑。

4. 细节之中尽显温柔

在感情世界中，真正让男人感动的，不是有着突出成就的女人，而是女人那些适时的细心关怀和体贴。 轻声细语的问候，情深意切的关心，细心周到的照料……任何细节都能传递你对男人的关怀。 细节之中的温柔，让男人时时感受到你的贴心。 这对男人不仅是诱惑，更是一种致命武器。

5. 柔和的性格让你以柔克刚

女人性格要柔和，绝对不能有事没事就大发脾气。 首先，女人要了解，男人都是大男子主义的动物，只是有些表现多而有些表现少，要懂得以退为进的道理。 男人往往是逞一时英雄，因此，不必为他的只言片语大动肝火，要知道退一步海阔天空。 面对有了错误的男人，需要用温柔来引导他自己去发现错误，他才口服心服，从而实现以柔克刚。

6. 温柔要自然流露

温柔不是娇滴滴、嗲声嗲气。 发嗲是虚伪做作，温柔则是真性情，是骨子里生长出来的本能的东西。 温柔有着深刻的内涵，而不是生硬地表演出来的，是生命本体的一种自然散发。 自然流露出来的温柔是无处不在的，一笑一颦尽显温柔，这种温柔才是男人无法抗拒的。

7. 不要让温柔束缚了你

女人温柔全无，不行；但一味地温柔，也不可取。 温柔需要把握好度。

回到家中，有女人的问候语、热茶，在这个时候，温柔的定义仅仅限于一句微笑的话语："今天辛苦啦！"以及一个甜蜜的拥抱。 可如果随时随地保持温柔，对疲惫的男人没完没了地软言细语，如此温柔的结果，只会让男人觉得更累。 始终想着男人的女人，也会束缚自己的生活，累人累己，温柔便成了感情的绊脚石。

8. 温柔不是软弱

女人，你可以温柔，可以选择听男人的话，但不可以没有自己的主见而软弱无能。 女人的温柔不是软弱，不是言听计从或委曲求全。

女人可以对男人好，可以温柔，可以听他的，因为你爱他，但不能软弱。 温柔是抓住男人心的法宝，但软弱则是女人必须要克服的缺点。

心理学大全集

九型人格

职场高效沟通的艺术

曹君丽 编著

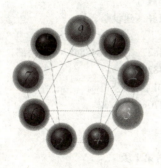

成都地图出版社

图书在版编目(CIP)数据

九型人格:职场高效沟通的艺术/曹君丽编著. -- 成都:
成都地图出版社,2019.3
(心理学大全集;2)
ISBN 978-7-5557-1108-7

Ⅰ.①九… Ⅱ.①曹… Ⅲ.①人际关系学 – 通俗读物
Ⅳ.①C912.11 –49

中国版本图书馆 CIP 数据核字(2018)第 287490 号

编　　著:曹君丽
责任编辑:游世龙
封面设计:松　雪
出版发行:成都地图出版社
地　　址:成都市龙泉驿区建设路 2 号
邮政编码:610100
电　　话:028 – 84884827　　028 – 84884826(营销部)
传　　真:028 – 84884820
印　　刷:河北鹏润印刷有限公司
开　　本:880mm×1270mm　1/32
印　　张:30
字　　数:600 千字
版　　次:2019 年 3 月第 1 版
印　　次:2019 年 3 月第 1 次印刷
定　　价:150.00 元(全五册)
书　　号:ISBN 978-7-5557-1108-7

前　言

　　九型人格，又名性格形态学。 它与当今其他性格分类法不同，九型人格揭示了人们内在最深层的价值观和注意力焦点，它不受表面的外在行为的变化所影响。 它可以让人真正地知己知彼，可以帮助人了解自己的个性，从而完全接纳自己的短处、发挥自己的长处；可以让人了解其他不同的个性类型，从而懂得如何与不同的人交往沟通及融洽相处，如何与别人建立更真挚、和谐的合作关系。

　　九型人格按照古老的图腾的九个角展开，揭示了九种不同的内心动力，每个人天生都是独一无二的个体。 九型人格论所描述的九种性格类型，并没有好坏之分，不同性格类型的人响应世界的方式具有可辨识的根本差异。 我们的性格都是自己的，性格会自行过滤并诠释我们的所见所闻，这在今日已成为共识，而九型人格论的基本原则正是：在九种可能的“过滤程序”中，我们每个人都拥有其中的一种，这个过滤程序会将我们此生的蓝图以及一般应当注意的焦点置于深处，常年隐藏在潜意识层，它可以用来保护我们本质的某个层面，形成我们与外界的沟通策略。

目前九型人格测试已成为美国斯坦福大学商学院的必修课程，来自苹果、华为等世界 500 强企业的员工和管理者都在分享这一全球通行的识人秘籍。

本书深入浅出，简要精到，帮助我们知己知彼、成就自我。主要分为十章，第一章介绍了什么是九型人格以及如何判断自己及他人属于哪种人格；第二章至第十章则分别讲述了不同人格的不同特点、沟通技巧等。

九型人格为我们提供了更多的可能，让我们以此为起点，有方向性地去进行自我改善、自我整合与自我超越。让我们以理解、宽容和欣赏的人生态度来面对现实生活中的种种挫折和不幸，敞开心扉营造出个性十足的积极的生命空间！

2018 年 8 月

目 录
CONTENTS

1

第六章
6 号人格：谨慎多疑的怀疑论者

第一章

1号人格：追求极致的完美主义者

1号性格特征全方位透析

1号性格者是完美主义者，他们勤劳工作、有正义感、完全独立，并且坚信朴素的思想和善良必将战胜人性的阴暗面。 他们相信生活是艰难的，安逸是用汗水换取的，德行是对自己的奖赏，而快乐只有在其他事情都完成后才能获得。

完美主义者通常不会注意到他们否定了自己的快乐。 他们只关注于他们"应该"做和"必须"做的事情。 他们很少会问自己，真正想要从生活中得到什么。 他们自身的期望从小就被封闭起来，他们只知道去做正确的事情，却不知道自己期望什么。

在完美主义者看来，到处都是提高和改进的空间，一些严重强迫型的完美主义者会把大量休息时间花在自我提高上面。

坐公共汽车对他们来说，意味着练习正确的坐姿。

用午餐对他们来说，必须一口咀嚼10下。

自由时间对他们来说，就是去做一些具有建设性或教育性的事情。

　　1 号性格者认为他们的内心有一位严厉的批评家。 这位批评家手握戒尺，时刻都在监督他们，因此他们总是处于自责之中。 对于我们大多数人来说，这种自责的声音只会在我们犯下严重罪行时才会出现，但是对于 1 号完美主义者来说，这种自责声与他们的思维相伴，尽管他们明白这种声音是发自内心，他们更愿意把它视作某种外来的声音。

　　内在的评判家经常会对 1 号的言行举止做出评价。 比如，如果 1 号正在举行一个讲座，内在的评判家就像一位严师，不断地指出 1 号的问题： "你的观点应该更精确些，你的声音有鼻音，不要跑题！"

　　正是因为童年时对批评的害怕，让 1 号性格者培养了内在的监督体系，来自动监控自己的所思所言，所作所为。

　　1 号性格者总是把这种强大的内在评判声看作更高层面的自己，一种超越正常思想的思想，但实际上，这种内在的监控依然源于他们自身的思想。 尽管他们也明白这一点，他们还是更愿意把这种内在的监督视作某种更高层面的存在。

　　.1 号性格者常说，他们的思想决定了他们的感受。 当他们的内在批评声十分强烈时，他们会十分憎恶那些违反规则，又没有自责表现的人。 完美主义者总是在努力实现自身对完美的要求，他们感到有一种力量推动着他们变得更好。

　　对于 1 号性格者来说，内在的评判力量是如此强烈，以至于他们相信其他人也一样拥有这种内在的监控力量。 所以，当他们发现其他人会为了自身的乐趣而去做不正确的事情时，1 号性格者会把这种行为看作蓄意的欺骗。

一个完美主义者的注意力被完全集中在应该做和必须做的事情上。 他们的大脑中已经没有空间去关注他们自身的希望。 因此，他们总是不满，不满实际上代表了长期的恼怒感。 不满，说明他们并没有完全忘记自己的真正需求，而是在为了满足内心的批评声而强迫自己努力工作。

　　1号信奉"后天下之乐而乐"的思想。 也就是说，只有在生活已经稳妥，任务已经完成后，个人才应该考虑自己的休息和乐趣。 他们的时间总是被安排得满满当当，而且时间表上的每一项都是为了实现完美而和谐的生活：音乐时间、锻炼时间、学习时间、看望生病的朋友等等。 他们的时间总是由日程表控制的，一个个单元格有效地消灭了空闲时间，让真正的需求无法出现。

　　一位年轻的完美主义者是这样描述她去艺术学院之前所做的准备工作的：

　　　"我特别想上艺术院校，为此专门花了两年的时间上预备班。但是我要求我的每一步决定都必须完美无缺，结果我至今还没有正式提出入学申请。首先，我必须解决我的艺术理念与政治信仰之间的矛盾。从我的政治观点来看，我的艺术表达过于放纵，所以我必须调整自己的艺术思想，使之符合我的政治信仰。其次，我还要处理我对绘画的喜爱与我的其他爱好之间的矛盾。绘画是一个安静的职业，但是我喜欢大自然，喜欢户外运动。我还要检查我的精神信仰，选择与之相符的艺术主题。在我填写入学申请之前，我必须把我的整个世界观都调整好。"

　　这位有心学艺术的学生在专注于自己的热爱、期望以及绘画给她带来的快乐之前，必须服从于自己内心的评判。 这和清教徒十分相似。 在那个时代，跳舞和游戏都是禁止的，因为这些活动会带来快乐和激情，超越了内心审查体系的限制。

　　完美主义者的世界观来自于这样一个假想：世界上的每一个问题最终都有一个正确的解决办法。 他们把这种唯一的正确性视作追求的目标，不管有没有其他更吸引人的方式。

　　这个世界上可能存在很多种正确的解决途径，对于这个人正确的办法也可能并不适用于其他人，但是完美主义者不会接受这样的思想，他们只认定一种正确的方法，并认定这种方法是绝对正确的，其他想法在他们眼中就统统变成了无稽之谈。 在他们看来，如果所有人都能随心所欲，高兴怎样就怎样，那还有什么力量能够阻止邪恶来破坏所有的美好呢？

　　1 号性格者的问题通常集中于愤怒和情感上，因为童年的时候，他们曾经在这些问题上遭受惩罚。 一般，他们不知道自己什么时候会生气。 即便他们的面部表情已经是咬牙切齿，他们也不会发现自己被激怒，因为在他们的感知中，"坏"情绪是被封闭在意识之外的。 在小组讨论中，一位满脸涨得通红、言词尖锐的 1 号，可能在提出了一大堆批评意见后，还没觉得自己发怒了，他感觉自己不过强调了几个要点而已。

　　愤怒是一种"坏"情绪，他们不喜欢。 所以 1 号性格者通常不会发觉自身的不满，除非他们确定自己是绝对正确的。这时，他们的身体中会产生强大的能量，他们内心的自责逐渐消退，压抑的愤怒被释放出来。

对于成熟的 1 号性格者来说，这种能量可以用于更高尚的目标。他们会在他人追逐金钱和名誉的时候，无私奉献在人道主义工作的最前沿。但是对于不成熟的 1 号性格者来说，同样有价值的目标，只会为他们提供一个所谓的"正义平台"，让他们能够站在上面大声宣布：你们都是错的！

一个完美主义者的心房就好像一栋拥有地下室的房子。内心批评家是这栋房子的主人，但是这位批评家没有意识到栖息在地下室里的情感有时也会膨胀，从地板里漫溢出来。如果内心的情感蔓延得太快，完美主义者就有可能把接受不了的情感倾泻出去。通常的做法是把注意力集中到他人的错误上，或者用酒精来麻醉自己，让内心的批评家昏睡过去。狂欢式的喝酒、间隙性的发怒以及时常的亲密性行为，这些都是 1 号为了释放压力，摆脱内心的莫名需要而经常做出的举动。

对于有些完美主义者而言，为了平衡矛盾，让住在房间里的内心批评家和藏在地下室里不被察觉的情感能够和睦相处，他们会选择在地板上安装"活动门"。也就是说，他们会时不时地打开门，到地下室去看一下。

这样的完美主义者会变成"双面人"。他们会产生两种不同的生活方式，拥有两种截然不同的性情，一种针对于"我熟悉的地方"，另一种针对于"遥远的地方"。在那些他们熟悉的地方，他们是负有责任和受人尊敬的；但是在远离家人和朋友的地方，他们会变得更加放松，甚至放纵。

这种"活动门"的表现形式有很多。有非常简单的，比如到一个完全陌生的地方去匿名度假，把所有责任都抛开；也有非常奇怪的角色组合，比如一个人既是图书管理员，又是一名吸毒者，或者既是商贩，又是小偷。

还有一种解决这种上下层矛盾的方法就是宽容。只要承认了错误，内心的批评家就会平静下来，在宽容的环境中他们更容易发现自己的缺点。这种宽容的关键在于，在他们承认错误的同时，不要让他们感到因为自己的错误而受到污辱或惩罚。只要他们能够承认错误，在弥补错误时，他们就是"九型人格"中最具有耐心和建设性的人。

当他们心怀感恩时，他们就会从一份出色完成的工作中感到快乐。其实一些很简单的事情就能激发1号性格者的完美感：一间收拾干净的屋子、一个结构工整的好句子、谈话中某个感觉良好的时刻。

1号性格者的主要特征：

1号性格者的主要特征包括：

（1）内心的正确标准变成严格的自我要求，不断产生自责的思想。

（2）有一种强迫性需要，只接受正确的事情。

（3）做正确的事情。

（4）在自身的高层道德和伦理观念上拥有坚定的信仰。要做一个更好的人，要求自己做芸芸众生中少数的能做正确事情的人。

（5）对于那些不符合正确标准的需要置之不理。

（6）在思想上把自己同他人比较："我比他们强还是差?"在意他人的批评："他们在评判我吗?"

（7）做决定时犹豫不决，害怕做出错误的决定。

（8）不切实际的社会改良家，把因为自身需要未被满足而产生的怒气转移到其他外在目标上。

（9）发展出两个自己：一个事事操心的自己，住在家里；一个尽情玩乐的自己，出现在遥远的陌生地。

（10）通过改正错误而获得关注。

（11）超强的批评力量。

（12）意识到潜在的完美可能，变成事后诸葛亮，"想想看原本该是多么完美"。

相处之道：学会理性与包容

1. 容忍 1 号的吹毛求疵

1 号完美主义者追求的是心目中的完美，因此在现实中他们常常不遗余力地强调某件事应不应该做，应该怎么做或者不应该怎么做，这常常使他们给别人留下一个"吹毛求疵"的挑剔印象。

处理一件事情时，1 号完美主义者总是要再三地审查才将其放行；在谈话或会议中，发言最多的肯定也是 1 号完美主义者。 过于挑剔的他们经常会说一些这样的话："虽然我不是领导，但是看到你们不能遵守规则，我也很气愤，请按照规定来做，就这么简单，为什么你们就做不到呢？""开车一定要遵守交通规则，否则不但危险，还会造成交通堵塞，难道你们不知道吗？""你看你随随便便的，这样衣着不整，把自己搞得邋里邋遢的，怎么见人啊，怎么就那么随便呢？""你这个人总是不遵守规则，老是迟到，老是犯错误，而且同样的错误会犯好几次，这么简单的事情都做不好，还能做什么呢？"

　　总之，他们在沟通的过程中常常过于关注黑点而忽略了黑点周围的光芒，这样的沟通模式常常会让周围的人感觉到压力，甚至选择逃避和离开他们。例如，1号完美主义者类型的父母就常常为他们的孩子制订严苛的教育计划，从而引起了孩子的反感和对抗。

　　"我的父亲对我要求十分严格，他总是拿我跟周围的孩子做比较，不是跟某一个孩子比，而是拿周围所有孩子的优点跟我一个人比：谁谁谁胆大啦，谁谁谁动手能力强啦，谁谁谁力量大啦……要我集万千优点于一身。然而，人无完人，谁也不能在各方面都胜过其他人。不仅如此，别人没有的优点他也希望我有：作文、珠算、书法……他希望我十全十美，但我在这些方面从来没有让他满意过。在他看来，事情总是简单不过的，只要肯努力，就没有办不到的事。仿佛我没有达到他的要求，都是我的过错，是我没有努力。他不断地苛责我的无能，使我变得越来越自卑，甚至因为觉得自己一无是处而想要自杀。当我进入青春期后，我不再默默忍受父亲的苛刻，转而开始和他对抗，这使得我们父子间的关系十分恶劣。在我高考失利后，父亲出乎意料地没有责骂我，而是和我深谈了一次，并为以前对我的苛刻态度道歉，此时我才发现，父亲苛责的背后是对我深深的爱。"

　　故事中的父亲是一个典型的1号完美主义者，但他挑剔的背后是对儿子深深的爱，因此他才竭力地想告诉儿子什么是正确的道路，什么是错误的道路，只是他忽略了儿子作为一个个体存在的特殊性，他的思想不能替代儿子的思想，儿子的人生要由他自己来决定。 儿子也应该看到父亲苛责背后的关爱，而不要曲解父亲的苛责态度，这样才能在彼此间建立和谐的关系。

因此，人们在和1号完美主义者沟通时，需要明白：尽管他们常常提出很多的"应该"以及"不应该"，但是他们的怒气常常是针对某件具体的事情而言的，并没有完全否定另外一个人的意思，这样人们就能够容忍和理解他们的吹毛求疵，更多地将他们的这种挑剔看作是促使自己前进的动力。

2. 用逻辑分析取信于理性的1号

1号完美主义者重视原则和真理，他们对于事物的看法常常出于理性而不是感性，在与人沟通时，他们更欣赏能够理性思考的人。

1号完美主义者对人的信任可以分为三个层次：第一个层次是认知信任——它直接基于事实和逻辑思考形成，而这种强调事实和逻辑的沟通手段正好满足了1号完美主义者重理性、重分析的个性；第二个层次是情感信任——在和你交往过后，感觉你提供的信息和事实符合他的要求，便可能形成对你在感情上的信赖；第三个层次是行为信任——只有认可了你提供的信息以及做事说话的行为风格后，行为信任才会形成，其表现是长期关系的维持和重复性交往的产生。

因此，人们和1号完美主义者进行沟通的时候，一定要重视逻辑分析，不要和他们云里雾里地谈人生感受，或者逻辑混乱地谈论某件事情，否则会让他们感到厌烦，你们的沟通也不会愉快。

培养逻辑分析的能力，需要养成从多角度认识事物的习惯，全面认识事物的内部与外部之间、某事物同他事物之间的多种多样的联系。 要多角度认识事物，首先要学会"同中求异"的思考习惯：将相同的事物进行比较，找出其中在某个方面的不同之处，将相同的事物区别开来。 同时还必须学会"异中求同"的思考习惯：对不同的事物进行比较，找出其中在某个方面的相同之处，将不同的事物归纳起来。 此外，还需要多了解一些思维发展的理论知识，并经常对理论知识进行形象加工，形成正确的表象，有意识地用理论指导自己的逻辑推理能力，更要学会用意识去调节和控制自己的情绪及心境，使自己保持平静、轻松的情绪和心境，提高自己逻辑推理的水平和质量。

总之，当你具备了一定程度的逻辑分析能力时，你就有了取信于理性的 1 号完美主义者的条件。

3. 面对固执的 1 号，沉默是金

1 号完美主义者常常固守在自己思想的围城中，一旦他们认定了某件事情，常常会划定一些原则和方法，划定一些所谓的标准流程和核心价值观，在他们的心目中，这些东西是完全正确的，是不容置疑的。 对于与自己不同的观点，他们的耳朵就像躲在密不透风的墙壁后边，不管你说什么，他们都坚持认为自己的决定是最正确的选择。 这就是人们常说的

"固执"心理。

从心理学的角度分析，固执指的是人们在认知过程中无法将客观与主观、现实与假设很好地区分开来的心理现象。如果人们将自己这种已有的经验凌驾于现实之上，并过分固化的话，就产生了执迷不悟。也就是说，人本身对事物是有自己的认知的，对事件的态度是由自己的评价来决定的，而且这种评价依赖于其自身的经验。1号完美主义者拥有极强的优越感，这使得他们对待事物的态度更多地由自身的经验主宰，而可能忽略了因时因地而异的客观因素，常常犯错而不自知。

因此，当我们在意见上和1号完美主义者有分歧时，最好不要针尖对麦芒地和他们争辩，因为他们从来都对自己的观点有着盲目且绝对的自信。

有一个人很爱看电视，但他不知道电视机的工作原理，他相信那个小盒子里肯定有许许多多的小人儿，不停地高速运转来更换图像。某一天，他遇到了一个工程师，就向工程师请教电视机的工作原理。工程师生动浅显地为他讲解电视机的频谱、发射、接收、信号扩大等知识，这个人也听得很认真，不停地点头。最后，这个人说他很满意，完全明白了这个工作原理。然后他问："我觉得说来说去，也就是说那小盒子里其实只有很少的几个小人儿，对吧？"

故事中的这个人就具有1号完美主义者的典型心理——固

执己见，即便工程师详细地为他讲解了电视机的工作原理，但他还是坚持自己的观点。面对这样固执的 1 号完美主义者，解释再多都是白费口舌，还不如沉默。

当然，我们也可以试着温和地、有技巧地引导固执的 1 号完美主义者赞同我们的看法，但如果多番努力后依旧无效，还是放弃为佳，以免引发争辩，破坏彼此的关系。

4. 对好为人师的 1 号宽容一些

1 号完美主义者有着强烈的优越感，这使得他们总将自己看作是能够拯救世界的那个人，因此他们总是制订并总想达到最高标准的目标，不仅要求自己遵守这些目标，还要求他人也遵守这些目标。但他们忽视了每个人的能力是不一样的，他们所设定的标准超出了一般人所能接受的，因此极容易给他人造成一种压力。

由此可知，1 号完美主义者是个希望身边的人及事物变得更加美好的理想主义者，因此他们会主动纠正别人的错误行为，总是以"我是为你好"的出发点给别人提许多意见。其实，他们并非想炫耀自己的能力，只是希望帮助你改掉"不正确"的想法或行为罢了。

古人曾说："人之为患，在好为人师。"为什么古人要说"好为人师"是一种"患"呢？就是因为他们早已发现这中间的泛爱倾向——看起来他是这么地关心你，似乎在设身处地地替你着想，其实他们所宣泄的忧虑、担心、不满等，都是他们自己的问题。

因此，人们在和 1 号完美主义者交往时，不仅要懂得宽容和欣赏他们好为人师的心理，还要帮助他们明白：也许你的标准很好，但不一定适合所有人。只有这样，才能帮助1号完美主义者树立正确的价值观，懂得尊重他人的想法，看到他人价值观中优秀的部分，认识到自己并不是绝对正确，并要求他们和他人建立真正和谐的人际关系。

5. 用小幽默使高度紧张的1号放松

1号完美主义者为人谨慎、墨守成规、太过理性，常常对自己和别人要求很高，结果总是批评别人不好，怀疑和否定自我，缺乏自信心，常常因此而无法接受自己，容易因强烈矛盾的内心冲动而崩溃。在这样高度紧张的心理状态下，1号完美主义者往往会成为一个行为刻板的人，缺乏一些轻松与幽默。

因此，人们在和1号完美主义者相处时，可以适当表现出一些幽默感，这样就可缓和他们的紧张情绪，引导他们放松，为深入沟通做好铺垫。

管理 1 号人格员工的妙方

作为完美主义者的上司，了解他们的禀性和所思所想对于双方之间的沟通大有裨益。 只有更好地认识他们、了解他们，你才能顺利地管理好他们，使之为自己所用。 首先，你要明白完美主义者都很自我，他们不会委曲求全，也不可能被驯服，要想使他们服从，方法只有一个，那就是使他们对自己敬服。 其次，你要掌握好批评的尺度，完美主义者自尊心极强，过度的批评会挫伤他们的自尊心，所以用委婉的方式与其进行沟通效果会比较好。 具体来说，需要注意以下事项：

1. 下达指令时用词要精确，避免出现歧义。 完美主义者的思维方式趋于理性，思考任何问题都会探求里面的内在逻辑。 所以当你把工作分派给他们的时候，用词一定要准确、言简意赅，否则他们就可能理解错误，从而把工作搞砸。 一般情况下，完美主义者工作起来有条不紊，不需要上司浪费太多的时间去监督。 他们有自己的目标和规划，会根据工作的需要自发地制作各种明细表,让人看起来一目了然。 所以,与完美主义者共事,一定不要发出模棱两可的指令,他们需要得到的是肯定的、毫无异议的工作方案,而不愿意耗费时间去揣摩和猜测无效信息。 如果你忽略了这一点,势必造成人力和物力的浪费。

2. 不要用权威压制完美主义者,要用事实说服他们,使之心悦诚服。 完美主义者具有不妥协的个性,他们认定的事绝不会轻易做出改变。 他们素来看不起那些卑躬屈膝和逢迎附和的人,当他们觉得你做得不对时,便会断然拒绝你的要求。 你若认为权力就是万能的魔术棒,在他们的身上也一样奏效,那就大错特错了。 在人格上,完美主义者是骄傲的、不屈的,他们绝不会像其他人一样拜倒在权威的脚下。

倘若你用权威压制他们,那么你得到的将是顽强的反抗,导火索一经引燃,你们就会变得水火不容,接下来他们便会愤而辞职,这时候你会为公司失去了好员工而痛心,虽然他们倔强的脾气让你有些吃不消。 所以,管理完美主义者,要“晓之以理,动之以情”,只有这样才能打开他们的心结,并使之心悦诚服,也只有这样,你们之间才会冰释前嫌,进而愉快地相处下去。

3. 要注意疏导完美主义者的情绪,让他们表达自己的不满。 完美主义者的情绪通常情况下比较压抑,但是你不要以为他们过着波澜不惊的生活,就一定是心如止水。 事实上,完美主义者就像神秘的海洋,表面上风平浪静,实际上内心深处早已波涛汹涌。 他们的感情之所以不外露,是因为他们认为随意发怒是一种病态和缺陷,由于他们渴望保持完美的形象，所以会坚决杜绝公开表达愤怒的做法。久而久之，所有的不满沉在心底形成一种无形的力量，等到忍无可忍的那一天，这种力量就会以咆哮的形式爆发出来。这时候你会觉得困惑不解，平素温文尔雅的人为什么会突然大发雷霆，简直莫名其妙。

坏情绪会影响工作，对完美主义者而言也不例外，因此作为上司，你要注意疏导他们的情绪，私下里多与他们交流，让他们尽可能地表达自己的不满，只有这样才能使他们从糟糕的阴影下解脱出来，从而提高其工作效率。

与1号人格上司相处的艺术

作为完美主义者的下属，你需要根据他们的性格特征和心理特点来总结与之和谐相处之道。首先，你要明白他们并不是一群无法让人理解的自虐狂和虐待狂，他们固然有时候情绪激动、讲话刺耳，但这一切都是由他们追求工作的完美所致，所以要从客观的角度来分析他们，并要站在他们的立场上考虑问题。其次，要知道他们求全责备并非为了个人利益，而是为了公司的整体利益着想，所以如果与他们发生了什么不愉快或是口角，不要把工作上的分歧转化成私人恩怨。具体来说，需要注意以下事项。

1. 汇报工作时语言要清晰、直白，富有逻辑性。完美主义者的思维比较活跃，并且极富逻辑性。他们希望自己的下属工作起来井井有条。倘若你汇报工作时语言逻辑混乱、条理不分明，就会招致对方的反感，因为他们会认为这是你能力不足的表现。因此，汇报工作时语言简洁清晰十分重要，只有这样你才能赢得对方最起码的信任和好感。

与完美主义者相处还要注意的一点是，讲话要开诚布公，不要拐弯抹角。完美主义者素来性情豪爽，喜欢开门见山。如果你讲话有所保留或是话里有话，他们就会觉得你在自作聪明或是玩弄伎俩，对你的印象就会很差。完美主义者最讨厌的就是那些华而不实、喜欢夸夸其谈的人，所以作为他们的下属，你要做到的是用行动和实力来证明自己。

　　2. 上班要守时，不要迟到。完美主义者最不能容忍的就是上班迟到。在他们眼里，上班迟到就是散漫、慵懒的表现。他们平素就讨厌那些对自己毫无要求，对待工作得过且过、漫不经心的人。迟到，在他们看来不仅是无视公司的纪律、无视上司的表现，而且是消极怠工、自私懒散的行为。因此，他们决不允许这样的事一而再、再而三地发生。如果你迟到一次，他们会提出批评；如果你迟到两次、三次，甚至更多次，他们就会觉得你简直无可救药。

　　上班守时是作为一个员工最起码的要求。在完美主义者看来，从一个人守不守时完全可以看出这个人的职业素养和道德品质。如果他们的下属经常迟到早退，他们最直接的做法就是请这个人另谋高就；如果他们的下属经常踩点上班，他们就会认为这个人不求上进、斤斤计较；如果他们的下属总是迟到几分钟，他们依然会感觉十分不高兴。不要以为迟到几分钟没什么大不了，殊不知在完美主义者眼中迟到是十分忌讳的事。

　　3. 当工作失误时，要勇于承担责任，不要狡辩。完美主义者具有很强的责任感，因此十分欣赏与自己一样对工作高度负责的下属。如果你的工作出现失误，切记不要急着为自己争辩，因为在完美主义者眼中，勇于负责的人才是值得欣赏的，而推卸责任是不足取的。 记住，在犯错后只要你坦然承认自己的过失，他们虽不会既往不咎，但是火药味也不会太浓，你们之间发生激烈冲突的可能性就会大大降低。

不要试图让完美主义者认为一切的失误都是由客观原因造成的，因为在他们的意识里，早已习惯了将所有的客观原因忽略不计，他们理所当然地认为所有的理由不过是一堆自欺欺人的借口，而你的辩驳在他们的面前只会变得苍白无力。 所以，对你而言，勇于承担责任是一种明智之举。

1 号人格客户的破解之道：破刀式

完美型客户就像木匠手里的刀具，也像雕塑师手里的雕刻刀，又像大夫用的手术刀，随时随地会拿刀对身边的人和事进行精雕细琢，只不过这个精雕细琢是按照他自己认为的规则和道义来进行的。因此针对完美型客户要用破刀式来破解。

1. 破刀式之合乎情理、遵从道义法

力求让你的产品完全符合理法情，师出有名。切记，要想他们购买你的产品，首先是道理上说得过去。合乎道理，购买有名是他们能购买你产品的正当理由，其次是合乎法律，最后还要感情上说得过去。但是对于完美型客户来讲，感情是最后一位，因此你一开始不能用中国的老传统，希望通过拉关系来打动他，因为他们非常自律，重视道德和合理化，因此一上来就拉感情、套近乎、托人送礼攀关系走后门等这些中国传统的关系处理手段，往往可能会适得其反。

清朝曾经有一个主管土木工程的清官，当时慈禧太后正在筹建颐和园，由他主管这个工程，有个商人想趁此机会打入这个工程，大赚一笔，因此准备了巨额厚礼行贿。可惜这个官是个清官，坚决不收一分钱的礼物，而且因为他送礼的缘故，反而对他疏远了。这个官员是一个典型的完美主义者，非常在意这些不守规矩的事情，因此自然会拒绝他。

　　但是这个商人并没有放弃，在试用了多种方法都不行的情况下，他了解到这个清官很孝顺，重视家族，还没有家谱。于是他请名匠精心为他打造了一部精美的家谱，送给这位清官。这位清官见之大喜，就收下这份礼物，并且一定要把花费的银子给他。之后，工程需要木料时，商人再找这位官员，就用了他的木材。这位木材商成功打入了这项工程中，大大赚了一笔。

　　2. 破刀式之完美无缺法

　　你提供的产品一定要在使用上达到完美无缺的程度，让他们挑不出任何缺陷，或者是完全符合完美型客户的挑剔要求，否则他们会拒之门外。

　　3. 破刀式之层层递进法

　　因为这种类型客户注重全方位的层级管理，如果是集团客户或公司客户，你要先做到层层递进，一步步从下面把工作做扎实，取得下面的认同，如果下面有一个客户不认同，出现异议，就会影响到最后决策。

4. 破刀式之激情演绎法

完美型的人因为长期压抑自己性格中不理智的一面，因此常常觉得自己很累。 他们其实也有自己激情和感性的地方，只是碍于自己的高标准和严要求，碍于别人的指责和自己良心受到的谴责，而压抑了。 所以他们中的一部分有时会希望自己可以摆脱这种负担，会欣赏那些有创意、敢作敢为、充满激情和活力的人。 如果他们自己做不到，就会寄希望于自己欣赏的人，或者他们自己会把这种期望通过寄托于某人而实现。 因此你在他们面前不妨也表现得激情和豪放，让他们感受到你的真诚与魅力。 这样他们就有可能会被你打动，进而产生购买行为。 笔者曾经用这种方式打动了一家规模比较大的企业老板，一开始我拜访了他们的车间主任、厂长以及材料采购处，结果被拒绝，他们也认为我公司的产品不错，他们建议我以后有机会去找他们的董事长。 第一次去见董事长，他很威严，不苟言笑。 于是我用了很激情的方式向他展示我公司产品有多么棒，会带给他们什么好处。 令人意外的是，他竟然采纳了我的建议，使用了我的产品。

5. 破刀式之攻心为上、投其所好法

这是一个亘古不变的好方法，对任何人都会行之有效。对他们要充分赞美，肯定他们做事的方式，尊重他们的界限。 然后再采用其他办法，就能很容易让他们买单。

第二章

2号人格：最受欢迎的博爱主义者

2 号性格特征全方位透析

1. 世界观

大家需要我的帮助。我是受欢迎的。

2. 精神通道

2 号性格者总是想要讨好他人，这是一种对意愿的追寻。

从精神层面来看，当儿童学会了去讨好他人，开始为他人的意愿服务时，他们自身的高层意愿就受到破坏。

2 号的性格特征倾向于有策略地模仿高层意愿的行动。从孩童时代起，2 号所关注的就是如何通过讨好他人来保护自己，同时又不至于完全丧失自我。

3.2 号的关注点

(1)想要获得肯定，不愿被拒绝。

(2)会因为被他人需要，成为他人生活的中心或者生活中不可缺少的一部分而骄傲。

（3）在生活的三个关键领域表现出骄傲感。

（4）在一对一情感关系中表现得具有进攻性、诱惑性。

（5）在社会舞台上表现得野心勃勃。

（6）在自我生存上表现出优越特权感。

（7）难以认识到自己的需要和意愿。

（8）为了获得爱而压抑自己的感觉。

（9）操纵他人来获得所需。

（10）能够表现出多个自我，每一个自我都与他人的某种需要相联系。

（11）对多个自我感到困惑。"哪一个才是真正的我呢？"

（12）能够看到他人的潜力，也能够被他人激发出自身的潜能。

（13）渴望自由。觉得自己为了支持他人而受到约束。

（14）变化自我形象来迎合他人需求。

（15）能够体察他人的感情，或者为了满足他人的愿望而改变自己，以此来争取或维系他人对自己的爱。

4. 性格倾向

当注意到他人的潜能，并真心诚意想要帮助他人时，2号便会变得慷慨大方，被他人的奋斗过程所感染，把他人的成功看作自己的成功，把他人的需要看成自己的工作，并且不去考虑回报。当看到自己的付出能够满足他人的需要，能够有所影响时，一种感激的快乐油然而生。

对于2号性格者来说，自己的生命之窗就是朝向他人打开的。 2号关注的是他人的想法、他人的潜能、他人的需要。
在2号的生长环境中，讨好他人是一种谋生技巧，2号就是通
过这种方式来满足自己的需要。 成年以后，他们也会自然而
然地向他人靠拢。 为了得到认可，他们会与周围的人拉帮结
派。 在团队中，他们必须是不可缺少的成员。 这种对地位
的追求可以是完全无意识的。 他人的需求被大声说出来，而
2号则忙着改变自己来满足这些需求。 他们通过改变自己来
让他人高兴，他们非常愿意为他人提供支持，并因此感到
骄傲。

当有人对他们特别崇拜时，他们就会产生这种得意洋洋
的骄傲感。 2号的注意力被这种感觉牢牢吸引，他们不断改
变自己来迎合这种感觉。 如果这种讨好他人的做法变成了一
种习惯，他们的自我观察就停止了。 他们不知道自己在帮助
他人的同时，已经忘记了自己的需要，已经改变自己真实的
状态。 他们只知道，被拒绝的感觉就像世界末日一样，因此
他们需要不断得到他人的肯定。 被拒绝的感觉是如此痛苦，
所以2号努力让自己成为受欢迎的人。 他们积极寻找能融入
到他人中间的方式，很快，他们成了人群中的活跃分子，他
们消息灵通，八面玲珑，似乎谁也离不开他们，但是他们却
失去了自己。

2号要想成长，就要学会去发现他们想要的东西，学会独
立。 当他们发现了自己对他人的真实价值，他们可以选择是
否满足他人的需要。 真正能够帮助2号的人，是那些不会被
他们的改变所诱惑的人，那些不会因为2号的给予才爱他们的
人，那些能够在2号孤独一人时，帮他们度过危机的人。

5. 分支性格关注点

骄傲会影响 2 号性格者对两性关系、社会关系和自我生存的态度。

在一对一情感关系中表现出诱惑性和进攻性。 在一对一的情感关系中，骄傲来自于为诱惑他人而进行的改变。 2 号性格者为了让自己变得更具魅力，会不断调整自身的关注点，以适应伴侣的兴趣，符合伴侣的品位。 2 号有一种天赋，能够让人们对他们产生好感。 即便是非常难对付的人，他们也能让对方露出笑脸。 实际上，2 号的骄傲就来自于这种集万千宠爱于一身，被人当作知心密友的感觉。

2 号表现出的进攻立场让他们不会轻言放弃，尤其是在困难的情感关系中。 2 号是情感关系中的积极追求者，他们总是迎难而上，把所有的关注投给他们的伴侣，却很少关注自己的需求。 通过帮助他人来接近他人，这让 2 号觉得自己总是有用的，不会被人轻视。

老练的 2 号总是能够通过改变自己来吸引各方目光。 2 号感到自己拥有多个不同的自我，他们会与各种各样的人交朋友。 他们身上具备了他人需要的不同品质，他们有不同的招数来对付不同的人，比如在父母面前的 2 号和在情人面前的 2 号是不一样的。 他们所具有的进攻性和诱惑性与性别无关，不论是男性 2 号，还是女性 2 号，在情感关系上都会表现出进攻性和诱惑性。

在社会关系上野心勃勃。 2 号希望自己在社会中能够长期占据重要地位，在他们看来，社会形象和地位是至关重要的。 你和哪些人交往，什么样的人出席你的聚会，他们是怎么看你的，这些都非常重要。 人们通过你的名望和你姓名后面的职位名称来认识你。 2号希望能够吸引那些具有社会影响力的人，与这些人为伍，并让自己成为社会事件的主导者。

他们通过影响有影响力的人来间接发挥自己的影响力。他们召集会议，推动项目实施，促使人们为相互的利益而合作。 社交广泛的2号喜欢成为一个胜利者背后的支持者。 他们能够发现他人身上的潜能，他们被那些有潜力和目标的人所吸引。 他们会把自己的兴趣与他们的老板、导师或者其他公众人物的兴趣联系在一起，在不知不觉中服务于自己的野心。

2号和他们的朋友会互相帮助，朋友之间可以称兄道弟。如果被排斥在外，就会让他们感到不安。 2号对于忠诚和社会尊重度上的变化特别敏感。 他们通过建构权力结构来保护自己人：危险时，提出警告；有机会时，给予提醒。

2号可以是忠诚的献身者、坚贞不渝的狂热追求者，也可以成为整个家庭的支柱。

在自我生存上表现出优越感。 在2号看来，人们是有求于他们的，人们需要他们的帮助。 他们把自己看作是无私的给予者，这个面具掩藏了他们渴望被他人认同和保护的事实。 2号因为自己的独立而骄傲，并坚持认为他人需要他们的帮助。

当他们帮助他人获得成功，但是却发现自己并没有因此而获得奖励时，他们的怒火就会油然而生，这种自我特权就表现出来了。 2号认为自己的无私给予和出色支持应该保护他们所拥有的特权。 通过他人来发挥作用，这种间接的方式比直接说出自己的要求，直接为自己的利益工作要显得更为自然。 这种间接的方式减轻了公然竞争给他们带来的压力，当然也避免了受到社会羞辱的危险。 如果你的支持者赢了，你就赢了。 在庆祝他们的胜利时，从他们那里获得一点特权和恩惠也是理所当然的，比如就职典礼的包厢席位，颁奖仪式上的特别夸奖。

拥有特权的人总是站在队列的最前面，而且活得很好。

与 2 号人格的相处攻略

1. 对感性的 2 号要打"感情牌"

2 号给予者往往倾向于感性做人,因此,他们在与人交往的过程中往往带有较浓厚的感情成分,私人情义的价值超过社会公共规范,使得交往双方彼此信任,关系也十分稳固。因此,人们在和 2 号给予者接触时,要注意和他们建立起私人间的情谊,这样更容易获得 2 号给予者的认可,也能优先获得 2 号给予者的帮助。

其实,人们不仅要在和 2 号给予者的交往中注重建立感性联系,在和其他人格类型的人接触时也要尽量建立私人情感,只有从朋友做起,才能使彼此的关系越来越稳固。

小美在一家著名房地产公司的市场部任推广经理,她接触的人大多是事业有成甚至小有名气的客户。按理说,在这样的环境中,拓宽自己的人际圈应该是不费吹灰之力的事情。

但实际与理论总是有差距的。几年下来，小美的名片盒里有大把交换来的名片，手机、笔记本电脑、记事本里也存满了客户的联络方式。在社交场合，她应酬得八面玲珑、不亦乐乎。看似热闹，但背后的孤独也许只有她自己知道。除了工作上的联系之外，她在这座城市里的朋友并不多，甚至找男朋友都是一个难题。遇到事情需要帮忙的时候，小美抱着几大本名片夹，却实在想不出会有谁肯帮忙；想要倾诉的时候，却不知道该向谁说；每周约会很多人，却没有一个是可以说心里话的知心朋友；每天都会认识很多人，但绝大部分都只是一面之缘，下次有事需要联系的时候跟陌生人没什么两样。因为那些通过工作认识的朋友都是有利益关系的，抛开这层关系便什么都不是。

人的感情多是在相互接触的过程中产生的，所以人与人接触的态度、方式及所处环境都会对感情产生一定的作用。如果没有经常接触，就会像故事中的小美这样，所有的繁忙之后也只是孤独无依。对于一贯注重感性关系的 2 号给予者来说，他们每天要帮助的人实在太多，如果你不能和他们建立起私人情感，他们可能就感受不到你的回报，你就难以优先获得他们的帮助。

因此，只有人们注重与 2 号给予者的情感联系，多和他们进行情感沟通，如周末一起吃饭、购物、参加新鲜有趣的活动，保持一种轻松的相处氛围，注重互相交换信息，了解彼此的意见、感受和需求，懂得在何时做何事，根据对方的情绪反应调整自己的行为，只有这样才能给予 2 号给予者足够的认可，从而在彼此间建立和谐的人际关系。

2. 直接向 2 号求助，满足他的给予心理

在人际交往中，我们免不了求人办事。求人者大多碍于面子，害怕被拒绝，因此往往不敢直接开口，不是借第三者传话，就是说话绕圈子，常常使被求者感到莫名其妙，从而耽误了解决问题的最佳时机。

如果你所求之人是 2 号给予者，那么你大可不必采取拐弯抹角的求人方式，而应直接对他们说出你的需求。因为 2 号给予者渴望付出，在他们看来，被人需要是一件值得高兴的事情，这是证明自己的价值的时候，他们不仅不会拒绝，反而会全心全意地帮你办事，他们的付出甚至远远超过你的需求。

而且，2 号给予者善于观察他人，他们往往具有极强、极敏锐的观察力，他们可能比你更清楚如何满足你的需求。形象点儿来说，他们是天生的"护士"，善于按照病情的轻重缓急分送救治，并且总能保持冷静。

2 号给予者时刻关注他人的需求，并以满足他人需求为乐。因此，面对喜欢助人为乐的 2 号给予者，大家不妨直接开口求助，这往往能让你的困难得到迅速解决，也能让 2 号给予者感到自身的价值得到了体现，如此两全其美，何乐而不为呢？

3. 给予 2 号最渴望的感谢和认同

无论属于哪一种人格类型，人们都希望自己的付出能够

有所收获，这就决定了每一个人都应对他人的给予表示感谢。其实，感谢的力量在人际交往中举足轻重。"谢谢"不仅是一句客套话、一句礼貌用语，它已经成为了人们心灵沟通的润滑剂。

2号给予者的付出看似无私，其实他们在本质上渴望对方给予回报，如果得不到对方的回报，他们就会怀疑自己付出的正确性，甚至会迁怒对方，认为对方是"忘恩负义"之人。

在一辆拥挤的公交车上，一位站着的女士捂着头，表情很痛苦。见此情景，坐在该女士旁边的一个小伙子站了起来，说："这位大姐，您是不是不太舒服？要不您坐这儿吧。"

这位女士什么也没说，一屁股就坐了下来，然后拿出手机开始和朋友煲"电话粥"。

小伙子的同伴气愤不过："大姐，人家给你让座，你怎么连句'谢谢'也没有啊？"

这位女士瞥了小伙子的同伴一眼："他自己愿意让座给我，你管得着吗？"

小伙子火了："大姐，既然你没事，就把座位还给我吧。"

女士惊了："什么？"

小伙子说："我这个座位是让给生病的人坐的，既然你能中气十足地打电话，就说明你健康得很，不需要我给你让座了，请你起来！"

旁边的人也开始窃窃私语："是啊，连句谢谢都不说，就不该给她让座。"

这位女士羞愧得满脸通红，讪讪地站了起来。

诚然，小伙子的行为是有些过激，但这确实是注重他人感恩的 2 号给予者可能会做的事。

每一个人都要明白：没有人有为他人提供帮助的义务。因此，当别人伸出援手的时候，我们应当心怀感恩，及时感谢别人，这样才会让人在帮助你之后觉得心里舒服。否则，别人的积极性一定会大受挫伤，就会逐渐疏远你。对于以他人的感谢为自我价值评判标准的 2 号给予者来说，难以忍受被忽视的痛苦，这常常会引发他们的怒火。

针对 2 号给予者的这种性格特点，我们要对他们的帮助及时表示感谢，并在自己力所能及的范围内给予一定的回报，只有这样才能维系彼此友好的关系。

此外，表示感谢时还要根据对方的不同身份及特点采取相应的方式。老年人自信自己的经历对年轻人有一定的指导作用，年轻人在表示感谢时就应这么说："谢谢您，您的这番话使我明白了许多道理……"这会使老年人感到非常满足，他们会认为：这个年轻人修养很不错，孺子可教。女人常以心地善良、体贴别人作为自己独特的人格魅力，因此在向她们表示感谢时，说"你真好"就比"谢谢你"更好一些，说"幸亏你帮我想到了这点"就比"你想到这点可真不容易呀"要好得多。总之，你要学会随时随地感谢 2 号给予者的帮助。

4. 谨防 2 号的"精神控制"

2 号给予者在帮助别人的时候，往往是从自己的立场推测他人的需求，因此，他们常常会遭遇"好心办坏事"的尴尬。从心理学的角度分析，这是2号给予者内心深处那种强烈的控制欲在作祟，是他们试图通过帮助他人来达到对他人"精神控制"的典型表现。

被帮助者往往是有苦难言：一方面他们难以招架2号给予者的热心肠，另一方面自己对2号给予者的"精神控制"实在是吃不消。然而，如何拒绝2号给予者的热心，又不伤害他们的自尊心，确实是一件伤脑筋的事情。

要想谨防2号给予者的"精神控制"，人们就要在看出他们提供的帮助与自身的发展相违背时，适时提出拒绝，以免在他们的"精神控制"下遭遇"好心办坏事"的悲剧。为了不伤及给予者的自尊心，人们又不应直接拒绝，而要采取委婉拒绝的方式，既要表明对给予者提供帮助的感激，更要让给予者觉得收回他们的"帮助"其实是更好的一种帮助。

总之，委婉拒绝2号给予者的帮助不仅是一种策略，更是一门艺术，只有做到这一点，才能避免自身发生损失，也在一定程度上促使给予者更清醒地看待他人的需求，从而促进他们的自我提升。

5. 鼓励内心无助的2号多谈谈自己

每个人都需要安全感，当我们一时受挫，遭遇学习成绩差、工作拖延、年老多病、失业、悲观抑郁、家庭暴力、拥挤等情况时，会格外渴望得到温暖，而那些不愉快的往事却不断地在脑海中闪现，带给我们更深的恐惧感，这种状态就是人们常说的"无助"。无助之所以产生，是因为人们对自我存在价值产生怀疑，或者说感到自己是毫无价值的。因无助而产生的绝望、抑郁和意志消沉，已成为许多心理和行为问题产生的根源。

2号给予者总是希望通过自己的努力和付出使周围的人，尤其是自己关心的人生活得更舒服、更快乐一些。也就是说，他们总是将别人的需求置于自己之上，因此才经常说出"我无所谓"的话来。

当2号给予者一个人独处时，他被迫要关注自己的内在需求，这时他往往会感到迷茫、无助："我从来不知道怎样表达自己的需要，偶尔尝试关照自己的内在感觉，它竟然是空空荡荡的，尤其是没有人在我跟前的时候。"面对这种空虚、无助，2号给予者本能地想去逃避，这使得他越发不了解自己，越发不能发现并满足自己的需求，内心的无助不仅不会消失，反而会逐渐加深，这就迫使他们关注他人的需求，用外在的价值来定位自己的内在价值。

人们在与2号给予者交往时，总会发现，本来是谈他们自己的事情，结果谈着谈着话题就转到你身上来了。即便你试着把话题拉回来，但谈着谈着，他们又开始不自觉地谈论起你或者他人。总之，2号给予者因为不关注自己的需求，所以在谈话中很少提及自己。然而，沟通是信息互换的过程，如果只是单方面给出信息，则算不上是成功的沟通。

因此，人们在与2号给予者相处时，不仅要对他们的付出给予及时、充分的肯定，更要鼓励他们多谈自己，帮助他们更多地关注自己内心的需求，才能在一定程度上消除他们内心的无助感。

管理2号人格员工的妙方

如果你的下属是给予者，那么恭喜你有这样的得力干将，因为他们不但能很好地完成自己的工作，而且会主动包揽其他的工作。他们似乎与生俱来就精力充沛，能够细心地体察你的需要，然后去做你希望他们做的事。但是你首先要明白，给予者从来都不是呼之则来、挥之则去的角色，虽则他们常常因为过于重视别人的感受而忽视了自我，可是这并不意味着他们完全没有自我。其次，与给予者打交道方法要适当。对于他们对公司做出的贡献，不妨给予适当的嘉奖和表扬。对于他们工作中出现的失误，你需要在私下里委婉地指出来，最好找个机会坦诚地跟他们谈谈。具体来说，需要注意以下事项：

1. 利用肢体语言恰当地表达自己的友好和热情

给予者精于社交，十分喜欢与人相处，他们对肢体语言尤其敏感。在他们眼里，人与人之间的亲疏程度只要通过肢体语言便可以判断出来。 疏远的人彼此客气，表现得颇为拘谨，即便两个人是在交谈也会保持相对远的距离；而亲密的人则会手牵手、肩搭肩，彼此毫无顾忌、谈笑风生。 因此，如果你对他们仅仅持礼貌和尊重的态度，他们便会觉得你难以接近。 倘若你能够跟他们握握手，或者拍拍他们的肩，你们之间的距离就会迅速拉近。

给予者擅长捕捉种种细节，他们能从别人微妙变化的表情中得到大量的信息。 同样，他们可以从人们的各种肢体语言中解读出自己与别人的关系。 因此，一个微笑、一个拥抱都包含了许多的含义，它们能让给予者寻找到友谊的温度。同理，他们对疏远和距离感也十分敏感，如果你对他们冷淡，那么就别想利用他们的热情为自己卖力工作，将心比心一直是他们遵守的准则，所以请记住，恰当的肢体语言就是与给予者缩减距离的最佳方法。

2. 要让给予者时刻感受到他们是被重视和被需要的

有时候给予者像一块难以捉摸的磁铁，有着鲜明尖锐的两极，但中间部分——磁铁的大部分却显得虚弱而柔和，这就是我们大多数人都觉得给予者没有太多棱角的原因。 是的，他们在大多数情况下都表现得十分平和，在大部分时间里我们都觉得他们笑容可掬、没有坏脾气，实际上是他们隐藏了自己的棱角，只表现出我们期望看到的那一面而已。 他们之所以这么做，无非是为了得到一种被重视和被需要的感觉，因为这种感觉就像历久弥新的陈年佳酿一样让他们欲罢不能。

管理给予者下属，你一定不能忽视他们的这个特点。 如果你能够激起他们被重视和被需要的感觉，那么你就能让其在工作中最大限度地发挥出自己的潜能。 如果你能给他们传达出这样一个信息：他们是某些工作的不二人选，那么无论你指派给他们的工作有多么棘手，他们都会尽最大的努力完成，绝不会辜负你的期望，因为你是如此看中和欣赏他们，无论如何他们都不会让你失望的。

3. 对待给予者，要用人性化的方式去管理

在给予者的眼里，一个上司的好坏优劣主要体现在是否有人情味上。 如果一个上司专横跋扈，即使能力再强，在他们眼里也不过是一个不得人心的失败者，他们根本就不会对这类人表示顺从。

要想让给予者的才干为自己所用，首先要赢得他们的心。 你可以通过一些点滴细节来感染他们，如炎热的夏季里递给他们一份消暑的绿豆汤；他们因病缺勤两天又来上班的时候，不妨送上自己温馨的问候。 当他们把多余的时间都用在了为别人加班上，你不妨善意地提醒他们过度代劳不利于同事的成长。 他们把大部分精力都用在了满足别人的需求上，却对自己的需求和期望只字不提，你不妨跟他们长谈一次，鼓励他们说出自己的需求，帮助他们找到自己内心真正的渴望。 在你想批评他们的时候，要记得给他们台阶下。如果你给足了他们面子，他们会感激你。 倘若你无视他们的尊严，你们之间便会鱼死网破，这样的结局是大家都不愿意看到的。

与2号人格上司相处的办公室艺术

作为给予者的下属，你首先要明白，任何时候都不能触碰他们的底线和软肋。虽然给予者一贯扮演着面善心慈的老好人角色，但是他们也像常人那样有着别人不能触碰的雷区。通常情况下，给予者非常心软，即便下属犯了错误也不忍心严厉地批评，甚至有时候会包揽下属的一些活计。但是你要记住，给予者是十分要面子和不喜欢被否定的，所以顶撞和拒绝合作的事是万万不能做的。其次，要客观地看待给予者的各种行为。有人认为给予者表面上喜欢付出、较少索取，而实际上对别人的每一分付出都铭记于心，所以是一群道貌岸然的猎取者而非慈善家。这种观点不能说完全错误，但确实有些偏颇。我们没有理由要求别人做毫无私心的圣人，如果我们过多苛求给予者，只会给双方造成更多的摩擦和不愉快。所以，在与给予者上司相处的时候，务必要注意以下几点。

1. 要正确地对待给予者的好意

作为上司，给予者可以说是体恤下属的好领导，他们不但会在下属的工作遭遇"瓶颈"的时候给予及时的指导和帮助，而且对下属的私事也较为关心。如果你在某个阶段显得失魂落魄、心事重重，他们就会在私下里不动声色地帮你解决困惑。这时你就会为自己拥有这么人性化的上司而庆幸，毕竟在现实生活中，愿意与下级成为朋友的上司少之又少。有多少上司总是带着一副严肃古板的面孔，认为树立威信最好的办法就是与下属保持距离。给予者则不然，他们喜欢用情感来征服下属。

不要以为给予者的热情是取之不尽、用之不竭的，他们也拥有自己的生活和正常人的所需所求，你不能毫无节制地向他们索取。如果把给予者的好意当成理所当然的，那你就大错特错了，要知道没有人希望自己的爱心变得廉价。一旦你触碰到他们的底线，他们也会忍不住向你发泄。

2. 要及时表达自己的谢意

助人为乐是给予者生活的一部分内容，作为上司，他们十分愿意帮助下属进步，从某种程度上说，他们是很好的领路人和优秀的启蒙者。他们会不厌其烦地指点你、纠正你，在一般情况下，不会让手下的任何一名员工掉队。如果给予者曾经对你慷慨相助，那么请你不要秉承"大恩不言谢"的那一套，真诚地表达自己的谢意是十分必要的。

如果你没有这样做，那么你就会给给予者造成这样一种误解，即你对他们提供的帮助毫不领情或不以为然。也许你是个不擅表达感情的人，但是不善辞令不能成为你的借口，否则你将会失去与给予者之间的友谊。 其实，他们并不需要你奉上什么珍贵的礼物，也不需要你花言巧语去说什么客套话，正所谓"千里送鹅毛，礼轻情意重"，只要你的表达是真挚的，给予者就会对你报之以会心的微笑。

3. 拒绝给予者方法要得当

如果给予者上司泛滥的热情和好心给你的生活与工作造成了一定程度的困扰，那么你要切记拒绝他们的时候方法要恰当。 给予者天生就具有极强的保护欲和控制欲，会不自觉地把不需要他们保护的人列为自己的帮助范围，要知道他们的出发点是善意的，所以不要过于激烈地反抗和驳斥他们。

也许你觉得给予者上司包揽你的部分工作不利于你的进步和成长；也许你认为他们过于关注你的私生活，总是让人忍不住怀疑他们的居心；也许你想摆脱这顶折磨人的多余的保护伞，但是请你回想一下，这把伞曾为你遮挡过烈日、遮蔽过风雨。 所以，当你想把那个"不"字大声讲出来的时候，是否也该顾忌一下给予者的感受。 不妨让我们心平气和地说出那个"不"字吧，并礼貌地附上一句"仍然感谢你的好意"，这样也许对双方都好。

2号付出型客户的破解之道：破柔式

付出型客户就像热乎乎的糨糊，能黏住重要人士不放，又像是忠诚的小狗服服帖帖地跟随在你左右，让你离不了他。付出型的客户是这9种客户类型里最柔的一种，这种类型的女客户甚至可以说是柔情似水。付出型客户的这种"柔"可以达到老子所言的至柔，绝对不是懦弱和没有主见。付出型客户有点像太极拳，能轻易让别人在不知不觉之间陷入他们温柔的陷阱，像水一样善容万物。因此，你要攻克付出型客户就要从柔爱、关怀入手，接受他们这种无微不至，巧妙地化解无形的柔性力量。

在所有的客户类型里面，付出型客户因为他热心、开放和付出的特点，相对来说是比较容易攻克的。你只要做到投其所好，对症下药，就总是能做到水到渠成。

作为一个销售人员，在付出型客户面前，你一定要真诚，不要试图伪装自己，因为他们的感觉是非常灵敏和准确的，你的任何不真实都可能会让他们反感。其次你在向他们销售产品前先要与他们建立真诚良好的关系，有了感情基础，他们自然会成为你的客户。

付出型客户不会太在乎你的产品有多好，他们看重的是你们之间的情感关系，如果关系好，他不但会自己选择使用，而且会成为你最好的宣传机器，极力向他身边的人推荐。 一旦你拿下了一个这种特质的客户，你就会万事大吉，他们具有很强的煽动性，去鼓动身边的人也来使用你的产品，有可能给你带来巨大的销售资源和潜在客户。

注意一点：他们这样做的时候，你一定要采取欣赏和感激的态度，不断地去嘉许他们这个人，而不是他们做的这些事情。

另外，你可以通过适当的示弱，来获取他们的帮助。 他们具有天生的同情心，很乐意帮助你。 这种付出和帮助他们几乎不求回报，只是希望你能肯定和认同他们本人。

如果你坐公交车，你会发现那些主动让座的人有相当一部分是付出型特质的人，他们看到有老、弱、孕、残在身边，如果不让座，内心就会极不自在。 当别人最需要帮助时，第一个站出来的肯定是付出型。

因此假若你要攻克付出型特质的客户，你只要把你的产品与关爱家人、关爱身边的人有效地连接起来就可以了。

在针对付出型客户的营销上，一定要做到让他们觉得你很需要帮助，需要他的支持，离开了他就不会成功，让他们有一种成就感——离了他不行。

第三章

3 号人格：胜者为王的实干主义者

3 号性格特征全方位透析

1. 世界观

这个世界是胜者为王。 我只能成功,不能失败。

2. 精神通道

3 号性格者的个性特征表现出对希望的追寻。 他们把希望寄托在自己的努力上, 而不是去遵循众所周知的原则。

内心的空虚让他们心里更看重个人成就的重要性。

拥有一个成功者的形象说明他们付出了诚实的努力。

他们从小就表现得很能干, 因为他们想要获得他人认可, 想要维护自信。

欺骗同样是为了保持在他人眼中的成功者形象。

对于实干者来说, 希望和诚实的努力既是心理成长的优势, 也是联系高层自我的潜在触点。

3.3 号的关注点

(1)希望因为自己的表现而获得爱, 而不是因为自己。

（2）力争第一，喜欢位于榜首的人。

（3）效率、产品、目标、结果。

（4）只有在确保成功的情况下才会参与竞争。避免失败，在失败前就离开。

（5）通过改变自我形象来提高工作效率。

（6）自我欺骗，只接受符合公众形象的感觉。

4. 性格倾向

在九型人格中，每种性格都有各自的关注点，他们关注于不同的信息。3号关注的是突出成就。能够有助于他们获得突出成就的信息会自动前移，而其他信息会自动消失。这样的状态对于完成工作十分有效，每个人在工作中都会采取这种态度。当一个酬劳丰厚的项目摆在眼前时，我们都会自然而然地加快工作效率，就像3号一样，进入实干者的状态。

3号因为他们的成就而被爱，而不是他们的感受。他们在乎的是行动，而不是感觉。形象要比深度更重要。为了让自己能够适应环境、茁壮成长，3号在孩童时代就学会了好好表现、争取成功。他们学会了竞争，学会了同时处理多项工作，学会了推销自己，还学会了如何给他人留下深刻印象。如果只有胜利者才能获得爱，你就必须学会让自己摆出胜利的姿态。

他们的形象可以是具有欺骗性的。这种形象是为了获得胜利的结果，而不是个人需求的真实表达。在不同的场合，他们扮演着不同的角色。他们可以是完美的恋人、高效率的工作者、出色的项目领导。即使自身的感觉十分模糊和陌生，只要在他人眼中他们是成功者，他们就会感觉良好。 一个人一旦失去了自身情感的指南针，自然就会去借助他人来看自己，以满足他人的需求为重。

只要选择了合适的形象，3 号就能表现出角色所赋予的性格特征。 他们忘记了自己是在扮演角色。 他们只知道自己讨厌被他人厌烦的感觉。 人人都爱成功者，所以只要他们能表现出色，他们自然会受到欢迎，自然会让所有人感到高兴。 如果这种习惯成了无意识的条件反射，3 号对自我的观察就停止了。 3 号成了自我欺骗的受害者，他们无法从角色的感觉中走出来，无法找到自己真正的感觉。

实干者如果能够把自己扮演的形象与真实的自我区分开来，他们就获得了成长。 当 3 号发现自己开始自我吹捧时，他们是可以做出选择的：要么悬崖勒马，回归自我；要么继续改变自我，把角色扮演下去。

如果有人想帮助 3 号，就需要在情感上对 3 号给予由表及里的支持，帮助他们重新树立目标。 这样的人必须能够耐心忍受 3 号喜欢转移感觉的习惯，能够提供忠诚的支持，不管 3 号的表现是否令人信服。

5. 分支性格关注点

在情爱关系、社会关系和自我生存上具有欺骗性。

在一对一的情感关系中注重男性、女性形象。 3 号可以说是形象的大师。 在亲密关系中，他们能够把自己打扮成伴侣的梦中情人。 在生意场上，他们的形象能够为自己争取到最大程度的认可。 他们是出色的商人、强劲的对手、细心的情人、理想的伴侣。

为了让他人相信，3号首先要相信自己。他们处处表现出自信，还会带上不同的面具，引诱对方上钩。只要是能够讨伴侣欢心的性格特征，3号都会通过角色表现出来。他们开始欺骗自己不要去相信内心真诚的情感。他们在形象的选择上注重外在吸引力，喜欢赶时髦，这常常让他们混淆了哪些是适合自己的，哪些是正在流行的。

在社会关系中注重声望。无名让3号焦虑。在他人眼中，他们必须是某个人物，否则他们就认为自己是无名小卒。他们常常弄不清到底是该做最好的，还是做最出名的。喜爱交际的3号更看重即刻的公众识别度，而不是私下的名誉。他们非常在乎社会资历、头衔、公共荣誉，以及与社会名流的关系。比如，在哪所大学就读，名片上有几个头衔，认不认识什么名人。

欺骗就是指他们会改变自我形象来吸引社会关注。他们可能并不会意识到，自己在扮演着能人的角色；也不会意识到，自己说的话实际上是言不由衷，是在讨好别人；而他们所表现出来的性格也是别人想要的。3号只知道，如果让其他人占据了舞台的中心，他们会很伤心。其他人可能很好，但我能比他们更好。成为芸芸众生中的无名小辈是他们不愿看到的，所以他们会尽力为自己游说，为自己争取出人头地的机会。在这一过程中，人们很容易被自己想要成为的形象所影响。就像一个演员会深入角色中去一样，他们会接受角色的想法和感觉。只有朝着自己的目标方向前进，3号才能感到安全。

如果他们是在不同的群体之间活动，他们就要准备不同的装束。要选择群体所看重的形象，这样才能获得群体的尊重。3号会不断改变自我来获得群体认可，因为当他们被欣赏时，他们就会觉得自己是个人物。

自我生存上注重安全感。3号总是认为只有金钱才能买到安全，为此他们会想出很多办法来确保自己的饭碗。即便他们过上了富裕的生活，他们还是会担心有朝一日丢掉饭碗，变得一穷二白。3号在情感上的安全观也与他们的收入紧密相连，他们会把大量注意力放在资产积累上。3号做人的成就感来自物质财富的积累。金钱是他们自信的源泉。只要拥有了富人的形象，他们就能够让自己和他人相信，他们是成功的。中心地段的昂贵房产、名牌服装，豪华的旅游路线，这些都是3号关注的。

失去财产会让他们感到生活受到威胁。他们不断工作，因为一旦他们停止工作，他们就会感到焦虑。

如何与 3 号人格相处

1. 和急躁的 3 号沟通，就要直奔主题

3 号实干者追求成功，注重效率，他们经常觉得"人生苦短"，要抓紧时间努力工作，获得自己想要的荣誉、声望、金钱、地位等成功者的必备元素，因此他们总是急匆匆地走在前进的路上，难有停歇的时间。为了保证自己的高效率，让自己尽快达到成功的目标，他们习惯于快速沟通和行动，喜欢直奔主题，绝不拖沓冗长。因此，3 号实干者常常给人一种急躁的印象。

因此与 3 号实干者沟通时，要直奔主题，切中要害：先了解对方最关心项目里面哪些部分，再重点分析，切忌什么都说，因为太烦琐会让他们分散注意力。所以跟 3 号实干者谈话时要懂得把握节奏和突出重点。

2. 对好胜心强的 3 号实干者，合作胜于竞争

3 号实干者的好胜心特别强，事事都要求自己比别人强，

希望得到别人的认同和赞美，这也是他们追求成功的原动力。 当他们看到别人成功时，他们的第一个反应就是："总有一天我会比你更成功。"当他们面对和自己实力相当的人时，会不由自主地产生好胜心："我一定要做得比你好，我一定要比你强。"

他们喜欢竞争，并渴望在竞争中获胜，从而向自己和同行证明：我是优秀的。 为了不被别人比下去，他们往往比别人更努力地工作，寻找各种代表着成功和成就的象征：社交能力、加薪、受欢迎的演讲、签订合约、拥有同他们的老师或领导一样的显要位置。 总之，超越他人可以强化3号实干者的自尊，使他们不会产生太深的无价值感，暂时感觉自己更可爱、更值得关注以及被羡慕。

3号实干者将名利看作是胜利者的象征，并将职业成就看作他们衡量自己作为人的价值的主要砝码，因此他们不断地谋划着自己的升迁，想尽可能快地向上推进，并愿意为此付出巨大的代价：牺牲健康、牺牲婚姻、牺牲家庭、牺牲朋友……总之，一个有声望的头衔或职业能够极好地强化3号实干者的成就感。

为了在竞争中获胜，3号实干者注重社交技巧，喜欢在人际交往中出风头，以吸引那些对他们来说有价值的人，增加自己的社会魅力。

因此，当你遇到3号实干者时，如果你喜欢他们，欣赏他们的勤奋和拼劲，就不妨尽量配合他们，帮助他们达成目标。 当你与他们站在同一阵线时，3号实干者也乐于保护你，与你分享他们的成就。

3. 对 3 号实干者的势利心理，多建议少批评

3 号实干者极度追求成功，这使他们视生存为人生的第一要务，而且他们认为自己必须以成功者的形象生存，因此他们开始变得势利，为人处世喜欢投机取巧，擅长在不同的环境中转变身份，赢得他人的认同，为自己获取利益。 他们可能会变得不诚实，并固执地认为失败是一件丢脸的事情，因此当他们以常规的方式无法取得成功时，他们就可能采取某些极端的方式，只要这些方式能帮助他们获得成功。 总之，为了生存和成功，他们会不惜一切代价。

在这种势利心理的影响下，3 号实干者将世界上的人划分为有价值的人和没有价值的人两类。 为了追求成功，他们会主动接近那些对他们有价值的人，而自动忽略那些对他们没有价值的人。

为了讨好那些有价值的人，3 号实干者会努力将自己塑造成对方心目中理想的形象，从心理上强迫对方臣服于自己，为了保持这种优越性，他们常常会根据对方的想象来改变自己的形象。 由于 3 号实干者具有极其敏锐的观察力，这使他们较为容易在千变万化的人际关系中"判断"出利害关系，以便自己做出进一步的"选择"。 总之，他们极为聪明，十分擅长"见风使舵"。

由此可知，当 3 号实干者面对他人对自己的批评时，他的第一反应往往是："哦，原来他心目中的成功者是那样的，那好，我就变成那样吧。"他们会根据别人的观点迅速调整自己的形象，而不会深思这些批评背后关于个人发展的东西。 也就是说，批评只会使 3 号实干者更好地伪装自己。

因此，人们在面对 3 号实干者时，不妨多建议、少批评，尽量在不破坏其优越感的情况下给出客观意见，引导他们认识自己的内心世界，帮助他们获得更好的成绩。

4. 面对 3 号的多变，客观回应就好

3 号实干者追求成功，他们喜欢在人前塑造一个极富吸引力的成功者的形象，因此他们时刻关注大众对于成功这个概念的理解，而不同的人对成功有不同的理解，这使得 3 号实干者必须根据不同的对象塑造不同的形象。也就是说，3 号实干者是多变的。

如果人们觉得成功者是庄严肃穆的，3 号实干者的男性就会喜欢以西装加领带的严肃形象出现；如果人们觉得成功者是时尚的，3 号实干者的形象中就会出现许多时下的流行元素；如果人们觉得成功者是有个性的，3 号实干者就会表现得特立独行……总之，大众认为成功者应该是什么样子的，实干者就会以什么形象出现，从而彰显自己成功者的身份，满足自己的优越感。

由此可见，3 号实干者十分注重和他人的交流，并尽可能地从他人的信息中挖掘出对自己有价值的东西。如果他们发现对方给出的信息是客观的，对他们有价值，他们就会深入接触对方；如果他们发现对方给出的信息是主观的，对他们毫无价值，或是极大地伤害了他们的利益，他们就会选择忽视对方，或是直接反抗对方。

因此，面对多变的 3 号实干者，我们要尽量保持客观的态度，给予他客观、真实的信息及评价。

5. 对注重目标的 3 号，用结果去引导

追求成功的 3 号实干者是个十足的实干主义者，在他们看来，成功的最基本前提就是要有一个明确的目标。他们认为，生命中如果没有了目标，就难以获得成功，而没有了成功，生活也就毫无意义可言。

因此，3 号实干者总是给自己设定清楚的目标，并且会克服一切困难，锲而不舍地达到目标。当目标太多、太复杂的时候，他们会很主动地使目标清晰化，以防自己的力量分散。

从心理学的角度分析，3 号实干者这种注重目标的心理有助于他们形成积极的心态。因为一个明确的目标意味着一个能"看见"的未来，并激起他们向未来靠近的冲动；它会给他信心，给他力量，让他的能量聚焦，对他的人生产生巨大的推动作用。随着他的努力，目标会越来越接近。即使是实现一个特别微小的目标，在他的心中也会产生一种令人兴奋的成就感。这种成就感又会激励他制订新的目标，获取新的成就。随着这些目标的实现，实干者的思维方式、对待生活和人生的态度就会日益改变，他们将变得更加成熟。

由此可见，人们在和注重目标的 3 号实干者相处时，首先要弄清楚他们的目标是什么，想要的结果是什么，用他们想要的结果去引导行动。总之，只要懂得投其所好地给予 3 号实干者想要的结果，自然能快速赢得他们的信任和支持。

如何与3号人格上司相处

3号的上司是热情洋溢的人，口才又好，如果3号进行演讲，那是非常有感染力和煽动性的。

在3号手下工作，就得用成绩说话。3号本身就是一个行动力很强的人，要让他欣赏你，你就得向他证明你正全力以赴地投入手中的工作。你可以跟2号讲交情，但这对3号不起作用。你的项目搞砸了，如果是2号领导，你们平时关系又不错，他可能会说："我们关系这么好，这次就算了。"但是3号会翻脸。

3号要求的是结果，至于你用什么方法完成工作，他不想知道，也不关心。所以，向3号上司报告的时候，不要讲很多细枝末节的事情，只需要直接告诉他事情的结果就可以了。遇到这样的上司，说话喜欢汇报过程和细节的6号和9号就比较麻烦了。如果你跟3号啰唆半天还没有进入正题，3号肯定就不耐烦听，要问你要结果了。所以，无论是作口头报告还是书面报告，都要简洁明了，目标明确。3号对结果的强调，其实就是因为他有超强的目标感。他最怕的就是没有目标，即使是组织一次娱乐活动，开一个会议，他也要求目标明确。

想要让 3 号同意你的某个提案，你就要告诉他，这个提案对他的好处。你对 3 号上司说，这个项目如果施行的话，民众会得到什么利益……我敢肯定，不出 5 分钟 3 号上司就要摆手叫停了。他心里早就嘀咕了："民众得到什么利益跟我有什么关系？"如果你直接对 3 号说，这个项目如果成功了，就能让你们这个部门比其他部门赢利多，3 号立刻就会签字批准。

不要在还没有准备好的情况下跟 3 号谈工作。3 号性子比较急，缺乏耐心。3 号说，速度就是生命。像 2 号那样，没事就找下属闲聊，在 3 号看来无异于浪费生命。所以，3 号讨厌一切需要长时间投入的事情。盖楼的时候，他恨不得不要下面两层，直接盖第三层。我认识的一个 3 号领导就说："我喜欢直截了当，开门见山，我很讨厌揪住细节不放的人。如果开会的时候有人说了 3 分钟还没有进入正题，我就不让他说了。"

3 号信奉的是弱肉强食，所以 3 号领导的团队，竞争会很激烈。在 3 号手下工作，有时会显得没有人情味儿，但好处是你不需要像在 2 号手下工作那样，想方设法去讨领导的欢心。3 号是唯才论者，只要你有本事，就算他不喜欢你，也不会轻易开除你。

应对3号实干型客户：充分肯定法

实干型人需要别人对自己能力的肯定，希望别人看到自己是"优秀的、成功的、强大的"，尤其是在意别人的肯定。

例如，有一个实干型的人这样描述自己：

> 我从小就是个会察言观色的孩子。我能随时根据不同老师来调整自己的表现。例如，当我要上语文课时，我了解到语文老师喜欢爱学习的孩子，所以，我在他的课上总是规规矩矩的，总会认真听课、认真地把笔记做好；上英语课的时候，我知道英语老师喜欢活跃的孩子，所以，我总是在英语课上踊跃发言，对老师的活动积极响应，因此我也得到了英语老师的喜欢；而到了上数学课的时候，我会表现出认真思考状，表情严肃，因为我知道数学老师喜欢这样的孩子。结果，每位老师都喜欢我，再加上我学习成绩出色，所以，年年都获三好学生。

当然，我的同学会因此嫉妒我，可是我并不在意，老师喜欢我，全校的学生都知道我是个学习好、品德好的孩子就可以了，有没有朋友对我来说并不重要。

每当爸妈拿着我的成绩单告诉叔叔阿姨的时候，叔叔阿姨就会夸我是个好孩子，认为自己给家里带来了荣誉，我感到非常高兴。

可见销售人员可以抓住他的这些特点对其展开攻势策略，那就是只要对他们表示肯定就有可能成功交易。

1. 用语气表达肯定

对销售人员来说，最珍贵的就是和客户在一起的时间，晚点睡觉都没关系，就怕客户不给时间，或者给了时间却因为自己的能力而抓不住。我们的目的是为了达成交易，如果销售过程顺利，客户便会在整个步骤引导下而签订合约或直接就签支票了。如果在销售过程中出现阻滞的话，客户便会借口考虑，他日再来。不但浪费了时间，而且又增大了难度。

根据经验，第一印象是很重要的。如果我们能够在最初的15分钟抓住客户的兴趣，我们便可以赢得他以后的时间。如果我们能够在开场时就能准确地叫出客户的名字及头衔，那么，对于实干型客户来说，他们会非常欣赏这样的人，这暗示了销售人员非常重视他们，是对他们的肯定，所以，这样的开场会给他们留下良好的印象。

实干型客户强调效率，所以，销售人员在进行销售的时候，要做到简明扼要，语言是顺畅的、肯定的，同时，又能生动活泼地吸引客户的目光，这样就一定会吸引住客户。 反之，销售人员说话啰里啰唆，单凭一张嘴说，眼神很难集中，甚至是犹豫的，语气不肯定，同时节奏又比较难把握，令人难以跟随。 那么，客户一定会非常厌烦，有些性格急躁的实干型客户甚至会当场制止你，让你难堪，这是销售人员最忌讳的。

待说完介绍的话的时候，可以请实干型客户提出疑问，这样就会让实干型人感到自己被尊重了，心情会非常舒畅。

当我们在听实干型人讲述产品的时候，我们可以适时而又恰当地提出问题，以配合对方的语气来表达自己的意见，这样也能表达自己对客户的认可和敬重。

有经验的销售人员还会通过巧妙地应答，将沟通对象的谈话引向所需要的话题。

2. 用肢体语言传达肯定信息

销售人员在和实干型客户进行谈话的过程中，可以用面部和双手发出信号，暗示实干型人。 这样就会大大改善销售业绩。

在面部：延续时间少于 0.4 秒的细微面部表情也能显露一个人的情感。 面带微笑使人们觉得你和蔼可亲。 人们脸上的微笑总是没有自己所想象得那么多。 真心的微笑（与之相对的是刻板的微笑，根本没有在眼神里反映出来）能从本质上改变大脑的运作，使自己身心舒畅起来。 这种情感能使人立即进行交流传达。 所以，当销售人员在与客户进行交流的时候，面部要保持很自然的微笑，适时地点头，表示对沟通对象谈话的认可。

实干型相信自己的能力，相信凭借自己的能力什么都能做成，这样的人是希望得到他人真诚的尊重和肯定的，最厌恶的就是他人的虚情假意的奉承。因为这样就表示对他们能力的侮辱和否定，他们会因此非常气愤。如果销售人员不能理解他这样的心理，虚情假笑，客户会非常生气，更不用说买你的产品了。也许有的销售人员会说，自己开始对他不了解，不知道他有什么能力。即便不了解他，也不要因此而忽略他，要相信他一定是有能力的，这样才能使自己发自内心地微笑出来。

我们不仅要面带表情，还可以灵活使用双手，表达自己对他的肯定。"能说会道"的双手能抓住听众，使他们朝着理解与表达的意思这一目标更近一步。试想想人们在结结巴巴用某种外语进行沟通时不得不采用的那些手势吧。使用张开手势给人们以积极肯定的强调，表明你非常热心，完全地专注于眼下所说的事。视觉表达几乎是信息的全部内容。如果和别人交谈时没有四目相投并采用适当的表情或使用开放式的手势，别人是不会相信你所说的话的。

因为实干型常常喜欢高谈阔论，经常会讲述自己的一些成功经历，这时，销售人员就应该在恰当时候和他握手。表达相见恨晚的情感，说一些"原来那件产品是你做的，真是了不起"之类的话。这样会使实干型大大提高自己的荣誉感，会不由自主地把销售人员当成自己的知心人，对销售人员印象颇好。这样交易就很容易成功了。

有个实干型的人曾经这么说："价值是个虚无的东西，看不见摸不到，只有这些物化的钱，或者别人羡慕的眼光才能让我感觉到这些价值的体现。"

　　由此可见，实干型赚钱目的更多的是为了用它买更多的荣誉和尊严，所以说，只要能够让实干型人感受到尊重和肯定，甚至钦佩，那么他就会慷慨地去购买产品了。

第四章

4 号人格：品位独特的浪漫主义者

4号性格特征全方位透析

1. 世界观

有些东西其他人拥有，而我却失去了。 我曾经被抛弃。

2. 精神通道

忧郁在提醒着4号性格者，他们失去了一些东西。 这是一种建立在遗失上的甜蜜悲伤。

从精神上来看，4号孩童为了生存而失去了与本我或者说他们的真实自我的联系。 由于无法获得本原的支持，4号孩童对于他人的抛弃和亲人的远离变得极度敏感。

剧烈的情感波动打破了泰然的状态，因为他们渴望获得真实的联系。

嫉妒是在提醒4号，他人正享受着他们所缺失的快乐。

4号寻求真实联系的过程仿佛是在寻找本我，促使他们寻求的动机是因为他们相信，在平淡生活之外还有更多内容。如果他们认为自身已经圆满，他们就不会再去追寻。

3.4 号的关注点

(1)被缺失的东西所吸引。

(2)嫉妒是因为他们相信自身遗失的东西被他人占有了。"他们那么高兴。""他们那么相爱。""他们那么满意。"

(3)忧郁是分离所产生的甜蜜痛苦。尽管感到缺失，忧郁依然是一种甜蜜的境界。

(4)被自己所爱的人抛弃，导致自信心受损。"如果我的价值更大些，我就不会被遗弃。"

(5)通过情绪、态度、奢侈品和良好品位等外在生活表现来提高自信。用独特的外在形象来掩盖内心的羞愧。

(6)与他人的感觉不同，强调自身情感的独特性。"我的情感是不一样的，我的遭遇让我和其他人不同。"让自己与众不同。

(7)渴望获得遗失的快乐元素：缺失的爱人、遥远的朋友、与上帝的沟通。

(8)不喜欢平庸的生活。平淡的感觉无法满足内心的激情。

(9)在情感关系上推推拉拉。关注遗失的美好，"什么时候我们才能重新产生触电的感觉？"追求无法获得的，而真得到了又会推开。

(10)在情感上变得敏感、深入，能够对陷入困境的人给予帮助。

4.性格倾向

浪漫主义者沉浸在情感世界中。爱与失是他们最关注的。 当两颗心相遇时，他们才会感到完整。 忧郁对于 4 号来说，并不是消极的影响；相反，因为缺失而产生的忧郁具有强大的吸引力。 他们用情感填补内心的空缺，并与他人建立联系。 他们在快乐和悲伤中探寻世界。

当 4 号看到他人在享受他们渴望的快乐时，嫉妒之心就会油然而生，如同插在心口的一把尖刀。 其他人看起来都很满足，他们为自己的工作和家庭感到高兴，他们享受着成就感，而你却被拒绝了。 这并不是针对他人产生的妒忌，而是因为他人的快乐提醒了 4 号，他们自己是不快乐的。 嫉妒推动着 4 号去寻找他们认为可以让人快乐的事物——金钱、独特的生活方式、公众认可、伴侣。 他们在不断重复着这种追寻：从渴望到获得，到失望，到拒绝。 4 号就这样追逐着无法获得的东西，当他们真的得到时，他们又会拒绝。 吸引、拒绝、再吸引，一切就这样周而复始。

当这种推推拉拉的习惯成为自然时，4 号的自我观察就停止了。 他们不知道，当情感关系还处于遥不可及的状态时，他们只看到了这种关系的积极面；他们只知道与某人分离的感觉无法忍受，他们想成为对方情感生活的中心。 相比之下，周围的人是缺乏深度的，只能让他们强颜欢笑。

如果这种关注继续下去，4 号会发现身边的一切和遥远的对象相比都变得苍白无力。 他们发现自己犯了一个错误，原来幸福在别处。 似乎唯一正确的办法就是脱离现在的生活，去追寻遥远的希望。

如果 4 号能够看到杯子中剩下的半杯水，而不是半个空杯子，他们就获得了成长。 他们应该牢记"知足者常乐"，应该满足自己的所有。

在忽远忽近的情感关系中，能够保持冷静，能够看到眼前的美好，能够坚持不后退的伴侣将帮助4号获得幸福。

5. 分支性格关注点

嫉妒将影响情感关系、社会关系和自我生存。

在一对一关系和情爱关系中表现出竞争性。

嫉妒激发了情感关系中的竞争。 这是一种精力充沛的能量，让他们脱离沮丧，追寻缺失。 这是一种"我让你看看"的强劲冲动力。 竞争集中表现在两个方面：一个是争取获得认可（"只要我得到关注，我的价值就会体现"）；另一个是与那些获得认可的人对抗。 这种与对手的对抗可以发展成憎恨。 削减对手的价值就等于削弱对他们的嫉妒。 4号埋伏在暗处，准备抓住机会让对手一棒出局。 充满竞争心的4号就像追逐自身目标的3号一样好斗，但是他们的嫉妒心让他们既想赢得自身目标，又想狠狠地教训对手。 竞争让他们充满能量和活力，还能保证让他们远离沮丧。

充满竞争心的4号渴望来自特殊对象的特殊关注。 所谓特殊对象就是那些生活独特、品位高贵，并且具有天赋的少数人。 如果能够得到皇室的青睐，还管什么平民老百姓呢？他们通过接触有价值的人来提升自信。 贤明的导师和显著的榜样是极具吸引力的。 这种关系的发展要么产生令人满意的互动关系，要么就会陷入"诱惑——拒绝"的怪圈。 谁会被拒绝？谁是控制者？4号会通过降低他人的价值，率先拒绝他人，来降低自己遭到遗弃的风险。 这种来来回回的拒绝和诱感是一种控制手段。 他们不会推得太远，以免失去对方；也不会拉得太近，完全依赖于他人。 这种表现通常不会用于对待朋友，而是用于对待具有竞争力的同行或者可能抛弃自己的伴侣。 如果伴侣在离开他们之后拥有了更成功的新感情，4 号会特别嫉妒。

在社会交往中存在羞愧感。

在社会交往中，缺乏自信的 4 号时常会有一种羞愧感。当他们不符合标准的时候，当他们拿自己与他人比较的时候，当他们看到别人具有自己没有的优点，并赢得社会尊敬的时候，他们的自信心就会下降，羞愧感就会上升。 他们感到自己无法达到他人能够达到的标准，感到自己具有内在的缺陷。 这种缺乏自信心的表现，通常是基于过去曾经发生的遗失。 在幻想的催化下，自己的缺失仿佛被他人获得，生活的乐趣也因此被他人享受了。

羞愧的 4 号会深深地自责，认为自己一无是处。 一个有价值的人怎么会被他人抛弃呢？

他们害怕被拒绝，害怕自身的缺陷被发现。 他们想要躲避那些尖锐的目光，尽量避免社会接触，不让自己的缺陷曝光。 他们对于他人的轻视异常敏感，并强烈渴望获得认同。落选的感觉很糟，听到其他入选人的名字感觉更糟。 他们非常注重形象，通过形象来保护自己。 精英会所的会员资格、吸引人的外表、超凡脱俗的气质和举止都是他们追求的。

在自我生存上无畏。

对当前状况感到失望的 4 号有可能选择铤而走险。 与其在希望和失望中挣扎，为什么不把所有顾虑抛到脑后？这种不顾一切的表现具有一定的自杀倾向，是对命运的放弃。 期望和遗失的反复循环导致内在的危机，由此产生的巨大能量被灌入日常生活中。 在悬崖边上跳舞的冒险生活反而让他们感到解脱，为平淡的人生注入意义和活力。

生存就是要不顾一切地获得让自己感到满意的事物。 嫉妒心会在奢华的生活、有意义的对话和优雅的环境中消失殆尽。 为了追逐一个梦想，浪漫主义者可以忽略基本的生存需要。 渴望梦想实现的感觉如此强烈，不顾一切的 4 号可以通过极度冒险的方式来实现梦想的生活。 如果在实现梦想后，心中又产生了不满，他们还可能摧毁一切，重新再来。 财富来了又去，去了又来。 爱人被吸引过来，又被拒绝，然后又想再次相拥。 对到手的东西失去兴趣，失去以后又重新产生兴趣。

如何与 4 号人格相处

1. 对追求独特的 4 号，认同他的创造力

追求独特的 4 号浪漫主义者往往具有极强的创造力，他们大多感情丰富，浪漫且有创意，拥有敏锐的感觉和独特的审美眼光，艺术特长是他们最大的潜能所在。 他们是非常感性的人，情感非常细腻，很容易将外界的事物延展到一个大多数人看不到的层次，这一过程中就充分展现了他们的创造才能。 而且，4 号浪漫主义者的所有创意都不用逻辑去思考，也不用去学创意结构，他们一般都是凭借感觉自然完成，这是他们的天分。

在一般的状态下，强烈的直觉会帮助他们了解他人是如何思考、感受和看待世界的，这也是一种其他类型的人很难获得的借助潜意识来感知现实的能力。 在最佳的状态下，他们以直觉和创造性指导工作，能够把一些不相关的事情联系起来，并以个人风格和深度来丰富它。

小凡有一双巧手，但上中学的时候必须要穿校服，

这令她觉得特别不舒服。后来上了大学，她就经常在买来的衣服上做一些小的修饰，或加一条花边，或配一些饰物，这样就显得她的衣服与众不同，自然也就令周围的女孩都艳羡不已。每当身边的朋友向她投来羡慕的目光时，她就会觉得特别开心。

故事中的小凡就是典型的富有创造力的 4 号浪漫主义者。4 号浪漫主义者具有别人很难拥有的创造才能，如果得以发挥的话，他们所创造出来的作品必定具有感人至深的力量，这是因为他们能够潜入到潜意识的深处挖掘所能找到的真相，再将其反映到他们的艺术作品中，因此他们的作品也常会令人感受到一种难以言述的情感和想法，并会使人为此叹服不已。

为了让他们的创造力发挥到极致，人们在与 4 号浪漫主义者相处时，需要多给他们一些肯定和欣赏，认同他们的创造力，不要轻易泄露你的不满，更不要随意批评他们。因为 4 号浪漫主义者非常敏感，即使你心里的不满没有完全表露出来，他们也能很快捕捉到这种信息；而且他们还非常自卑，极容易因为他人的否定和批评而加剧内心的缺失感，情绪会变得非常低落，也就难以产生创意。

2. 根据 4 号的感觉来回应

在人际交往中，4 号浪漫主义者更关注自己的需求，他们以自己的情绪为主导，不考虑环境、倾听者的性格等特征，因此常常使听他们说话的人感觉听不懂。

《福布斯》杂志上曾登过一篇名为《良好人际关系的一剂药方》的文章，有以下几点值得借鉴。语言中最重要的五个字是："我以你为荣！"语言中最重要的四个字是："您怎么看？"语言中最重要的三个字是："麻烦您！"语言中最重要的两个字是："谢谢！"语言中最重要的一个字是："你！"那么，语言中最次要的一个字是什么呢？是"我"。

然而，许多人在说话时总是"我"字为先。美国汽车大王亨利·福特曾说："无聊的人是把拳头往自己嘴巴里塞的人，也是'我'字的专卖者。"在商务交谈时，如果你不顾听者的情绪或反应，只是一个劲地强调"我"如何如何，那么必然会引起对方的厌烦与反感。

一旦4号浪漫主义者因为过度表达自我情绪而遭遇人际僵局，受到人们的嘲笑和抱怨，他们便会感到自己不被理解，感到很受伤，于是会选择保持沉默，不再与人交流，以免受到类似的伤害。因为4号浪漫主义者认为，语言很苍白，他们希望别人能够不需要语言就读懂他们。所以，他们很多时候都推崇潜意识的沟通方式。

人们在和4号浪漫主义者沟通的过程中也需要理解他们的感性沟通方式，重视他们的感觉，也要让他们知道你的感觉、想法，并做出相应的回应，以便给他们受到关注的感觉，帮助他们抒发情绪，走出情绪低谷。

3. 理解4号的忧郁

4号浪漫主义者喜欢体验生活中悲伤的一面，他们不会将忧郁看作痛苦，而认为忧郁是生活中的调味剂，忧郁的感觉具有不可抗拒的魅力。 因此，他们常常通过体验忧郁来逃避由失落感和苦恼带来的压力。

我们之所以害怕忧郁，是因为我们将它与痛苦等同起来，其实这是错误地理解了忧郁。 要知道，忧郁意识曾经是人类诗性文化的源头，是造就艺术伟人所不可或缺的精神养分。 契科夫曾表示："我的忧伤是一个人在观察真正的美的时候产生的一种特殊的感觉。"从这个意义上来说，忧郁意识是一种更为成熟的生命体验。 在忧郁体验里我们意识到痛苦、不幸等负面现象所具有的正面意义。

对于 4 号浪漫主义者来说，他们更愿意接受这种强烈的忧郁。 因为这种伤心的感觉能够唤起他们的想象力，让他们觉得和远方的某种事物建立了联系。 对于 4 号浪漫主义者来说，忧郁是一种情绪，这种情绪能够让他们的生活得到升华，让他们感受到情感的细微变化。

4.让沉迷缺失的 4 号珍惜当下

4 号浪漫主义者因为内心有着强烈的缺失感，因此他们总是将注意力放在自己缺失的那一部分上，总在寻找能够弥补自身缺失的美好事物，然而，现实往往不遂人愿，当他们在现实生活中寻找不到自己想要的美好事物时，内心的负面情绪就会爆发，他们开始感到忧郁。 这时他们就会将注意力完全沉浸在自己的想象中，因为在想象中他们能够得到那些美好，他们的缺失也能得到弥补。 总之，当 4 号浪漫主义者在现实生活中遭遇挫折时，他们会利用丰富的想象来弥补。

世界上有三种人：第一种人只会回忆过去，在回忆的过程中体验感伤；第二种人只会空想未来，在空想的过程中不务正事；只有第三种人注重现在，脚踏实地，慢慢积累，一步一步地走向未来。4 号浪漫主义者具有前两种人的特征，但这两种人都不能为自己谋取幸福。

沉湎过去只会使得 4 号浪漫主义者迷失现在的一切。对过去的怀念或追悔，只能徒增自己的烦恼。想象终究不能替代现实，现实生活中发生的问题终究要在现实生活中解决，4号浪漫主义者必须回到现实生活中，找到切实可行的解决办法。也就是说，只有 4 号浪漫主义者开始懂得珍惜当下，他们才能真正体会到生活的快乐。

当面对喜欢沉浸在自己情绪里的 4 号浪漫主义者时，人们需要帮助他们珍惜当下的生活，体验真实生活中的欢欣与悲喜，促使他们关注那些更积极的事情，全面地考虑问题，这样才能获得快乐。

5. 引导 4 号的嫉妒心理往正向发展

因为内心存在强烈的缺失感，所以 4 号浪漫主义者总喜欢有意无意地和他人进行比较，这种比较可能是很小的事情，如穿着，也可能是很大的事情，如自己的朋友或者同事获得了升迁。在这些比较中，追求独特的 4 号浪漫主义者极容易因为自己某些方面比别人差而产生嫉妒心理。

人们在与 4 号浪漫主义者交往时要尽量避免带有炫耀的口吻或行为，还要引导他们的嫉妒心理往正向发展，帮助他们正确看待人与人之间的比较，帮助他们把嫉妒、自傲或者自卑的情绪变为真诚的欣赏，和他人建立和谐的人际关系。

管理 4 号员工：关注其独特性

追求独特的 4 号最看不起的就是钱本位。 如果你对 4 号说："这件事你就照我说的办，你一定会赚到很多钱。"那么 4 号只会用不屑的眼光望望你，心里说："就知道钱！满身的铜臭味！我可是有伟大理想的人呢。"

有一个 4 号最近跟领导闹矛盾了，她很苦恼。事情是这样的：这个 4 号是一个幼儿园老师，她想给班上的小朋友添一些玩具。但是园长觉得没必要，告诉她："我们没有钱添置这些东西，你要清楚，我们是在做生意，是要赢利的。"她委屈地说："我做幼师是想滋润孩子的心灵、想象力和灵魂的，在品质上怎么能打折扣呢?"

这个 4 号幼师遇到的难题也是许多的 4 号经常遇到的。对于 4 号来说，他认为自己的创意是最棒的，即使他的创意在某些地方其实很平常，他也会拒绝承认。 因为他对自己对美的感受力，对自己的创意，太过自信了。要说服 4 号承认这一点，可不是件容易的事情。如果直接压制，就会使 4 号失去工作的热情，就像上面那个被领导打压的 4 号幼师，她正在考虑辞职。

跟 4 号沟通，千万不要用打压法，4 号是非常自我的类型。你可以先认同他的远大目标，然后跟他说不能实施他的方案是有客观原因的，当然，一定要说出个一二三来，要让他清楚你是在否定这件事，而不是他这个人。跟 2 号一样，4 号也经常是人、事不分的。

因为 4 号讨厌平庸，所以他经常为自己的行为找伟大的目标，会在具体做某件事情时，舍掉简单易行的办法，转而去找一些看起来很深奥的方式。

比如，你让 4 号帮你买一份桂林米粉。4 号可能就会跑到全市最有名的做桂林米粉的地方去给你买。为了买这份米粉，他跑了大半个上海，而你则饿了两个小时。你说："随便在哪里买一份就好了。"他却说："只有这家的米粉才是正宗的桂林米粉呀。"你只是想填饱肚子，他追求的却是吃的品位。

所以，4 号在向你汇报某个项目时，可能会给你描绘出一个美好的前景来。当然，你应当让他说出自己的感受来。如果这时你打断他说，"告诉我具体的事实就可以了"，4 号便会很受伤。

同时，你要尊重 4 号的感受，认同 4 号的情感体验。上文提过，4号是天生的悲观主义者，不要以为跟4号喊几句"一切都会好起来""往好的一面看"，4号的情绪就会好起来，就会快乐起来，就会变得乐观了。听到那些话，4号只会觉得你不理解他，从此对你锁上心门。还有，永远不要对4号说"你怎么会这么想呢"，这只会让4号离你更远。

4号员工需要让自己感到与众不同。当他们受到业内重要人士的认可时，他们就会兴高采烈，积极表现。额外奖励和特殊对待非常重要。他们不喜欢被"同等对待"，他们不会高兴自己成为大众的一员。他们最敏感的是比较性的批评。

"你为什么没有张三做得好？"

"你可以比李四做得更好！"

4号需要被倾听，需要让他们的观点得到认可。只要他们认为工作是有价值的，即便是很普通的工作，他们也会兴趣盎然。他们能够让普通的事物变得特别，能够启发他人用不同的眼光去看待日常工作。他们能让平凡升值，让普通变得意义重大。只要他们认为有意义，哪怕是劈柴打水，他们也愿意。

对于一项有意义的事业，4号的忠贞度是高的。只要工作本身有价值，他们也会从工作中发现自己的价值。

怎样与 4 号上司相处

4 号管理者是独特的、有品位的。比如苹果公司的 CEO 乔布斯，在大学仅待了 6 个月的乔布斯却成了苹果公司的代表人物，就连苹果公司的 LOGO 都是缺了一角的苹果，这代表 4 号的缺失美。苹果的每一款产品都如此与众不同，在许多人的观念里，用苹果的产品就代表着品位与格调。从永远都是蓝色牛仔裤、黑色 T 恤衫的乔布斯身上，我们可以看到为什么苹果能有股独特的气质。

"你的时间有限，所以不要为别人而活。不要被教条所限，不要活在别人的观念里，不要让别人的意见左右自己内心的声音。最重要的是，勇敢地去追随自己的心灵和直觉，只有自己的心灵和直觉才知道自己的真实想法，其他一切都是次要的。"这就是 4 号的宣言。

4 号从来只相信自己的直觉，什么市场调查，他们一概不管。

当年杨惠姗和张毅创办琉璃工房就是这样。当时很多国家的玻璃艺术家不过是在自家后院（或车库）放一座炉子，每年做两三件，卖掉就可以收支平衡了。而他们却把淡水工作室盖得像搭电影布景那么大。几年以后，他们又在上海盖了工作室，比淡水工作室还要大。

当然，4号的直觉也出人意料地准，今天的苹果和琉璃工房都是证明。

4号领导者最大的魅力就是他自己。他浪漫、热情而任性。4号的热情不同于3号和7号。3号和7号是激发他的员工，让员工也充满热情；而4号却能够让员工对他充满一种情感上的认同。比如乔布斯，苹果的员工甚至说："我为乔布斯工作！"

4号的领导者不喜欢在员工面前掩饰自己的心情。他今天不高兴了，进公司可能就会板着脸；他今天心情好，就会跟每个人打招呼。有个4号的领导者对我说，他的员工特别善解人意，只要他心情不好，员工就绝不会拿一些乱七八糟的事情来烦他。他不知道，其实是他自己的脸告诉了员工，"我很烦，别理我"，这样一来，员工哪敢烦他呀。

4号领导者的权威来自他出色的创意。这一点，无论是杨惠姗还是乔布斯，都是很好的证明。但是，他们吸引人的地方也是令人厌恶的地方：不愿妥协。4号活得那么自我，又是领导，有时就会显得特别骄傲、特别固执。

远的我们不说，就说被媒体炒得沸沸扬扬的"天线门"。苹果的 iPhone4 由于天线问题出现了信号缺陷，乔布斯对媒体轻描淡写地承认了 iPhone 4 存在信号缺陷，同时又骄傲地指责"报道夸张"，并理直气壮地爆料"同行也存在相似问题"。

乔布斯这种强势的姿态，这种"真实的表达"，让消费者和同行都很生气。

4 号表现得最为专断的地方是他对自己创意的执着。 如果 4 号领导做的广告方案，你去提修改意见的话，他会怒不可遏地压制掉你的想法。

对 4 号来说，工作绝非仅仅为了利润。 很多时间，4 号领导者愿意为自己的行动找到更伟大的目标。 比如杨惠姗，她做琉璃是为了中国文化的传承；而乔布斯就更厉害了，他是为了改变世界。 所以，在向 4 号作报告的时候，利润要讲，但做这件事的长远影响也要讲。

第五章

5 号人格：稳重理性的观察者

5 号性格特征全方位透析

5 号性格者的主要特征包括：

（1）私密。

（2）保持不被涉及的状态；感到威胁时，第一道防线是撤退。

（3）过度强调自我控制。

（4）情感延迟。 在他人面前控制感觉，等到自己一个人的时候，才表露情感。

（5）把生活划分成不同的区域。

（6）希望能够预测到将要发生的事情。

（7）对那些解释人类行为的特殊知识和分析系统感兴趣。

（8）喜欢从一个旁观者的角度来关注自己，与自己生活中的事件和情感隔离。

5 号性格者的内心如同一座壁垒森严的城堡，只有顶部开了几扇很小的窗户。 城堡的主人很少离开，总是躲在高墙后面偷偷审视那些前来敲门的人。

5号性格者觉得自己小时候受到了侵犯；城堡的墙上出现了裂缝，他们的私密被偷走了。他们的防御策略是撤退，尽量减少接触，把自己的需要最简化，尽量保护自己的私人空间。

他们过着隐居的精神生活，除了图书馆和海边，哪儿也不去。他们当然也可以和社会打交道，但往往是站在远处遥控。他们让他人去完成与社会的正面接触，然后通过电话向他们汇报。当5号性格者出现在公共场所时，他们会把真正的自己隐藏起来，让自己的感情最小化。

5号总是避免与社会产生联系，他们喜欢不干涉、不参与、不涉及的状态。金融交易在他们看来是危险的；责任是具有强迫性的；生气和竞争是需要控制的；情感关系则是一种拖累。

5号还会因为他人的积极期待而感到压力。除非他们获得的亲密关系能够保证他们的独立，否则他们就会想办法逃避，或者把这种亲密关系从生活中隔离出来。

5号性格者对于那些让他们置身于众目睽睽之下的接触特别敏感。向他人推荐自己，与他人竞争，或者向他人表示爱意或仇恨，都让他们觉得自己被他人所控制。5号总是远离那些要受到他人评判的活动。他们会给予自己习惯性的自我保护，为自己营造一种优越感，认为自己比那些追求认可和成功的人更优越。他们相信欲望和强烈的情感代表着自我控制力的减弱。当他们看到自己能够轻松拒绝那些主宰了他人生活的需求时，他们会有一种成就感。

一点儿没错，他们非常独立。他们能够一个人幸福生活。 他们的需求很少，他们能从自己的精神生活中找到巨大乐趣，不会为琐事浪费时间和精力。 他们之所以如此独立，是因为他们能够把自己的注意力从情感和本能中抽离出来，并强迫自己生活在自己的思想里。

当5号变得孤立、无法接触时，他们喜欢的私密变成了孤独。 当内心对接触的渴望被唤醒后，5号会发现自己很难和他人接近，他们常常会站在那里，看着自己的生命一点点流逝。

他们生活在不足的状态中，因为他们认为"独立"比满意更重要。 他们总是提醒自己，自身的欲望可能让他们与他人发生接触。 他们内心空荡，无所求，他们依赖于自己已经拥有的事物——填补空间的纪念品和一些填补心灵的珍贵想法。

脱离了情感又渴望获得联系的5号性格者会花上大量的时间和精力，希望与他们的本性建立起精神联系。 他们会通过特殊知识来寻找这种联系。

观察者对那些深奥的科学，尤其是能够解释人类行为的系统知识特别感兴趣。 通过掌握一门系统的学问，比如数学、心理分析学，或者"九型人格"，他们就能从思想上理解事物的相互作用，就能在系统中找到自己的位置。

他们很少去关心财富和物质享受。 在他们看来，金钱的唯一好处就是能够让自己不受干扰，能够购买私密生活，能够让自己有更多时间去学习和追求他们感兴趣的方面。 5号不会把自己有限的精力花在追求世俗物品上。 如果他们继承了一大笔财富，他们会把钱储存起来，继续过独立而节俭的生活。 如果生来就没有什么钱，他们也不会为了挣钱去给他人打工。 5 号会把时间和精力全部投入到精神学习和追求中。

5 号性格者说，在没人的时候，他们的感情会更丰富。如果屋子里有其他人，他们很难表现出真我。 孤独是他们获得丰富个人生活的基础。 当他们独处时，他们反而能感受到与他人更强的联系，他们会记起他人说的话，而在真实的谈话中，他们却可能什么都不记得。 在他们一个人的时候，他们能够自由地回顾一天中没有被察觉的感觉，这能让他们感到生活的快乐。

一个简单的聚会对于 5 号来说可能意味着很多，因为他们会在独处的时候，好好享受当时的感觉。 5 号有很多不同类型的朋友，他们和这些朋友之间分享某种特别的兴趣或感觉。 尽管 5 号会珍惜这种双方之间的特殊信任，但是这些朋友可能永远也不会被 5 号介绍给别人，也不会知道 5 号生活中的其他事情。

5 号性格者不需要言语，就能感觉到与他人的紧密联系。在两性关系中，他们仅需要很少的接触，就能把关系维持下去。 5 号十分重视朋友之间的礼仪，如果是聪明的朋友，他们就不应该期待 5 号当着他们的面流露真情，或者在双方关系中表现得主动，他们应该把 5 号当作身边的观察者和建议者。

5 号不愿被牵扯到别人的生活中，宁愿脱离，也不愿参与。 对自己的义务和他人的需要感到疲惫。 喜欢把责任和义务分清楚，不愿意接触其他人和事，也不愿去体验感情。

进化后的 5 号性格者可以成为优秀的决策制订者、象牙塔里的学者以及自我约束的修道士。

与 5 号相处金律：兴趣引导一切

1. 对独立感强的 5 号，顺着他的兴趣来说话

和九型人格中的其他人格类型相比，5 号观察者可以说是最不喜欢人际交往的人格类型。他们性情安静，喜欢独处。对于他们来说，没人的时候，感情会更丰富。他们认为，孤独是他们获得丰富个人生活的基础。当他们置身于人际交往之中时，他们常常会感到焦虑和不安，害怕他人侵犯自己的私密空间，因此他们总是有意在自己和他人之间营造距离感，努力将自己置于一个旁观者的位置，清醒地观察他人的行为，分析每一个人行为背后的动机，并做出正确的判断。

为了保证自己的独立性，5 号观察者习惯在与他人沟通时以自己的兴趣为导向，不太注意别人的感受。因此，大多数时候，5 号观察者与人交流的语气是非常平静和没有感情色彩的，非常有条理，而且言简意赅，绝不多说一个字。尤其是当他们对对方的话题不感兴趣的时候，更是惜字如金，很少发表意见，即便有，也是敷衍性地说几句套话。

但是，如果 5 号观察者在沟通中遇到了他们感兴趣的话

题，则不再沉默寡言，就会变得滔滔不绝，甚至主动找别人聊天，他们这样做是为了"收料"。 只要对方在简短的几句话中有独特见地，就会吸引他们对其产生兴趣，但当他们收够"料"后，或者不能在对方的身上找到新知识时，态度就会冷淡下来，不再说话。 不过，有时候，5号观察者的沉默未必是拒绝，也许是在仔细地品味。

5号观察者具有敏锐的观察力，因此他们对肢体语言非常敏感，如果你没有表现出很感兴趣的样子，他们就会退缩并将自己封闭在内心的世界里，使你们的沟通变得很困难。 这时，人们需要在尊重5号观察者独立性的基础上，顺着他们的兴趣说话，这样往往能激发他们沟通的欲望。

2. 用热情融化5号的冷漠

5号观察者注重个人的私密性，他们努力营造一个不受外界干扰的个人空间，在这个空间里，他们感情丰富，脑子里充满了快乐的空想和有趣的问题。 一旦他们进入到现实生活中，他们的注意力就集中在对自我隐私的保护和对他人的防御上，他们总是感觉受到威胁，所以很难在别人面前表现出真正的自我。 他们只有站在旁观者的位置时，内心的恐惧感才会有所降低。 因此5号观察者总给人一种冷漠的感觉。

5号观察者的冷漠并不是他们无情的象征，而是他们不懂得如何表达感情。 即便他们内心已是情绪激荡，表面上也会显得不动声色。 因此，人们在与5号观察者相处时，要学会习惯他们的冷漠，要以更热情的态度去对待他们，激发他们内心的热情，增强他们的主动性。

曾经有一个5号观察者这样描述自己的住院经历：

有一次我因为生了很严重的病而住进医院，全身不能动弹，终日躺在床上。我绝望极了，总觉得自己马上就要死了，感到痛苦万分。我住的病房很小，只有一扇窗子可以看见外面的世界，我的室友的床就靠着窗。他看我全身不能动弹，于是便努力给我解闷。他每天下午可以在床上坐一个小时，每次坐起来的时候，他都会描绘窗外的景致给我听。从窗口可以看到公园的湖，湖内有鸭子和天鹅，孩子们在那儿撒面包片、放模型船，年轻的恋人在树下携手散步，人们在绿草如茵的地方玩球、嬉戏。

　　我静静地听着，享受着每一分钟。室友的诉说几乎使我感觉到自己亲眼目睹了外面发生的一切，我忽然感到生命非常美好。

　　某天夜里，室友因为抢救无效去世，我搬到了靠窗的位置。当我用胳膊撑起自己，吃力地往窗外张望时，才发现窗外是一堵空白的墙，我愕然了，但我被室友积极的生活态度所感染，开始乐观地看待生活，我的身体也渐渐好转了。

故事中"我"化解了内心的冷漠，学会积极乐观地面对生活，并最终用热情帮助自己的身体更快恢复。由此可见，热情具有激发生命活力的力量。美国著名现代舞蹈家玛莎·格雷厄姆将热情理解为："一种生机，一种生命力，一种贯穿于自我的令人振奋的东西。"在人际交往中，热情的态度是获得他人信任、维持友谊的关键。

5号观察者多是面冷心热的人，他们面对人群表达自己时往往有困难，不善于表达自己的情感，因此总给人一种冷冰冰的感觉。 然而，人们不要被他们的冷漠吓倒，而要表现出亲切的善意，以积极的生活态度去感染他们，激发他们对生活的热情。

3. 对注重隐私的 5 号，要亲密有间

5 号观察者就像是一位冷眼旁观的裁判，用他的世界观来替整个世界做出评断。 他们的性格如果用一种颜色表示的话，应该是灰色。 他们像灰色一样无所不包，也像灰色一样低调不张扬，还像灰色一样与周围的世界保持距离。 他们总是一副不愿意与别人"深交"的样子，保持一种"君子之交淡如水"的习惯。 有些人看不惯观察者的交往艺术，认为这是冷漠。 其实，这恰恰是观察者深谙与人交往艺术的地方，因为保持距离是一种安全，也是让友谊长久的"保鲜法"。

从心理学的角度来看，5 号观察者之所以要和他人保持距离，是因为注重个人私密性的他们害怕自己在和他人的接触中产生太多的情绪感受。 他们认为拥有情绪、会表达情绪、会变得情绪化的人就是"不正常"的人，唯有理智、客观的人才是"正常人"。 所以他们总是逃避人际关系，避免介入感情太深，不喜欢情感上的牵累，认为爱或憎会带来烦恼，他们觉得满足别人的期望及投入一段情感关系都是负累和约束，这会打扰自己的情绪和思想世界。

因此，人们在与 5 号观察者相处时，要注意保持距离，尊重他们的个人私密空间，做到亲密有间地交往，才能赢得他们长久的信任。

4. 在迷恋知识的 5 号面前做个博学的人

5 号观察者认为世界上的一切问题都能通过知识来解决，

为了避免自己陷入无知、无能的困境，他们总是在不断地学习各种知识。也就是说，5号观察者总是对自己说："当我成为某个方面的专家时，我就能解决一切问题。"

5号观察者对知识的渴求成了一种推动力，不断推动他们钻研各种学术或研究各种原理。同时，他们对于知识的探求又不是那种同时对很多领域产生兴趣、一头扎进书本的方式，他们往往是在现实中经历了某些事件，并在事件中发现了自己原本没有接触过的情况，包括出现了以往没有体验过的情绪、情感的时候，他们就会对这份原本没有过的体会产生疑问。此时他们就会产生一种因"自己不了解"而空虚的感觉，进而在接下来的时间里搜寻与那些情况相关的一切资料，潜心研究。他们会把资料看作是最有价值的物件珍藏起来，久而久之养成了收藏图书的习惯。

他们热衷于追求有深度的知识，越深刻、越抽象的东西，他们越喜欢分析。只要人们略加观察，就会发现你身边的5号观察者不是躲在大学或者科研机构中埋头搞研究，就是沉迷于那些厚的像砖头一样的典籍中难以自拔，总之，他们的生活总是围着知识转。

5号观察者追求知识，也崇拜有知识的人，因此，你可以努力在5号观察者面前做个博学的人，获得他们的认同，快速拉近你们的距离。

5.培养敏锐的观察力，识破5号的旁观心理

5号观察者是非常理性的，他们有时候严谨得像一台电脑或机器。感情极少外露的他们，一生都在进行感性与理性的博弈。

5 号观察者对理性的关注使得他们善于观察，他们敏锐的神经能让他们准确地捕捉到有用的信息，他们的触角多得几乎可以深入到任何角落。 善于观察、勤于思考、喜欢总结就是观察者最好的写照。 他们总是能够看到别人看不到的地方，通过缜密地思考，然后客观地下结论。 观察者的成功多半归于他们喜欢观察和思考的个性。

　　某大公司招聘人才，应者云集，其中多为高学历、多证书、有相关工作经验的求职者。

　　经过三轮淘汰，还剩11个求职者，最终将留用6人。第四轮总裁亲自面试，可奇怪的是，面试现场出现了12名求职者。总裁问：“谁不是应聘的？”坐在最后一排的男子一下站了起来：“先生，我第一轮就被淘汰了，但我想参加一下面试。”在场的人都笑了，包括站在门口闲看的老头子。总裁饶有兴趣地问：“你连第一关都过不了，来这儿又有什么意义呢？”男子说：“我掌握了很多财富，我本人即是财富。”大家又一次笑了，觉得此人不是太狂妄，就是脑子有毛病。男子接着说：“我只有一个本科学历，一个中级职称，但我有11年的工作经验，曾在18家公司任过职……”

　　总裁打断他：“你的学历、职称都不算高，工作11年倒是很不错，但先后跳槽18家公司，我不欣赏。”男子站起身：“先生，我没有跳槽，而是那18家公司先后倒闭了。”在场的人第三次笑了，其中一个人说：“你真是倒霉蛋！”男子也笑了：“相反，我认为这是我的财富！我不倒霉，我只有31岁。”

这时，站在门口的老头子走了进来，给总裁倒茶。男子继续说："我很了解那18家公司，我曾与同事努力挽救那些公司，虽然不成功，但我从那些失败中学到了许多东西。很多人只有成功的经验，而我，有避免错误与失败的经验！"

男子离开座位，一边转身一边说："我深知，成功的经验大抵相似，而失败的原因各不相同。与其用11年学习成功的经验，不如用同样的时间去研究错误与失败；别人成功的经历很难成为我们的财富，但别人的失败过程一定是！"

男子临出门时，忽然回过头说："这11年的经历，培养和锻炼了我对人、对事、对未来的洞察力。举个例子吧，真正的考官并不是您，而是这位倒茶的老人。"

全场11名求职者一片哗然，惊愕地盯着倒茶的老人。老人笑了："很好！你第一个被录取了，因为我急于知道，我的表演为何失败。"

可以说，这个故事中的真正考官——倒茶的老人就是一个典型的5号观察者，他喜欢站在旁观者的角度来观察求职者的行为就很好地证明了这点。 这位求职成功的男子不一定是5号观察者，但他身上具备了观察者的优势——敏锐的观察力，这正是观察者所欣赏的特点。

由此可知，面对擅长观察的观察者，你也需要具备"明察秋毫"的眼睛与缜密思考的心思，才能赢得他们的信任，走进他们的世界。

5号人格员工的管理方法

　　给5号分派工作时，一定要给他思考的时间。 一个4号的领导者对5号员工说："我的直觉告诉我，这个项目必须马上做。"5号会不以为然："直觉有什么依据呀？我要看到分析，有数据支持。"所以，想要说服5号行动，你只有一个办法，那就是有力的数据，严密的逻辑分析。 千万别逼迫5号，你对5号员工说："你现在、立刻、马上去做××事!"5号会非常受不了，他立刻、马上的回答只有一个字："不!"这样的回答会让情绪化的4号领导很生气。 这是因为这个4号不理解他的5号员工。 对5号来讲，回答"不"只是一种应急反应，并不是说事情就这样结束了。 你得给他一些时间，让他慢慢想一想，分析分析。 对于新事物，5号需要时间去理解、去分析、去研究，消化了之后他才会接受。

　　沟通时，你可以对5号说："这件事你不用急着答复，我给你几天的时间，你先考虑成熟以后我们再说下一步。"谈话一结束，5号就会在专属于自己的空间里查阅大量的相关材料，不断地分析事情的缘由，一旦考虑清楚，他就会做决定了。

　　人际关系是5号最头疼的，他认为与人打交道既耗时又耗力，没有任何意义。安排工作时，尽量让5号远离各种纷扰的人际关系。5号也讨厌很多人在一起开会。相比而言，他更喜欢通过邮件来解决问题。在会上，他就是一个冷眼旁观者。这一点与7号不同，7号是一到会上点子就源源不断地来了。5号还有一点与7号不同的是绝对讨厌"惊喜"。7号点子特别多，时不时地会有出人意料的主意，喜欢惊喜，也喜欢给人惊喜。5号却说："所谓的'惊喜'，往往有惊无喜。"明天要做什么，后天要做什么，下个月要做什么，最好提前告诉他。

　　在这一点上，5号和1号似乎有些相似，都很重视计划：但他们的动机是不一样的。1号喜欢计划是因为他喜欢井然有序，他认为只有这样才是正确的；5号需要事先知道事情的发展是为了安全，"出人意料"的情况会让他无法应对。所以，5号的时间是需要"预约"的。他的所有时间都是他自己的，无论上班还是下班，你不预约就别想占用他的时间，即便你是他的上司。5号说："我思故我在，我不是在思考就是在准备思考。"你要是没有预约就想占用5号的时间，5号会发怒。

如何与 5 号人格上司相处

通常，5 号的上司不太受员工欢迎，员工们这样评价 5 号的上司："那个人太冷冰冰了！""跟他在一起就像跟一台机器在一起一样。""他是一个没有人情味的人。"听到这样的评论，5 号的上司也很冤枉，他说："我真的也想了解我的员工，想跟他们说说体己话，但是我一接近他们就会感觉不安。"

不要怀疑 5 号的真诚。我们说每个人都有自己的安全距离，2 号的安全距离相对较少，5 号的安全距离却特别大。2 号需要肢体的接触来消除心理上的疏远，而 5 号却是必须在身体上保持一定的距离来保证自己心理上的安全。5 号的人会自觉地与其他人在身体上保持一定的距离，这一点，会让 2 号的员工很受伤。

在 5 号手下干活，你必须严谨起来。你对 5 号说"我们上半年的发展很迅速"，5 号会抬起头问："从哪里看出来的？"像"很""非常""特别"这样的程度副词都得不到 5 号的回应，5 号想知道的是"上半年的利润是 500 万，比去年同期提高了20％"。 他们只相信数字。

除了冷漠，5号管理者让下属诟病的另一大毛病就是小气。 5号总是严格地控制财务支出。 我认识的一个5号管理者跟我说："我的员工每天一拿起电话就打个没完，我决定在公司搞一套专用的电话，如果打电话超过十分钟就自动断线。"5号就是这样，有时为了这些省钱的小措施还打击了员工的积极性，因小失大，可他却没有意识到。

5号上司还有一个特点，就是对自己的知识特别自信。有一个3号员工很委屈地跟我抱怨他的5号上司："他总是说我笨。 不管我的材料准备得多么完善，他总是能挑到我没有准备好的地方问我，一看到我答不出来，就用不屑的口气训我'怎么连这都没想到呢?'我知道，他的潜台词就是我比他笨。 他觉得天下人就他聪明。"

跟着5号，你还要学会的一点就是独立，别指望他会帮你解决问题。 5号的领导者自己独立工作惯了，会觉得你也应该这样，不到最后关头，可别想他伸手。 这也是员工觉得他缺少人情味的一个方面。

但5号好的一点是绝对的理性。 他可能不喜欢你这个人，却能够公正地评价你的能力，这一点2号的领导者就做不到了。 如果你跟2号的领导者关系不好，那你的工作就要"抓瞎"了。 而跟着5号干则不用担心这个，他们不会把个人的喜好带到工作当中。 5号的管理者虽然不愿意跟下属有亲切的互动，却会不动声色地观察每一个人的表现。 你擅长什么，不擅长什么，他看得非常清楚，并且会公正理性地看待每一个人。

5 号观察型客户的相处

观察型客户就像古代那些在深山里居住的隐士和闭关修炼的道士,注重自己内心世界的宁静,追求心灵的一方净土。 这主要是为了排除外界干扰,获得天地之气。 他们喜欢独处,远离繁华,对人和事多采取遥控指挥的方式。

观察型客户对非言语的征兆非常敏感,如果你没有表现出很感兴趣或不具威胁的样子,他们就会退缩并将自己封闭在自己的世界里,从而给你们的沟通造成困难。 万一在沟通的过程中他们退缩了,也不要太放在心上,切记观察型客户在表达自己这方面有困难。 另外,观察型客户在自己的心里都构筑了一道防线,因此你一定要尊重他们的界线,如果你必须跟他们谈话,要事先知会他们,要给他们单独的时间去做决定。 虽然人们都喜欢被称赞,但是对于观察型,你千万不要过度赞美——你只需要表现出对他们的信任,相信他们能做得很好就足够了,当你要求某件事,请确定你的表达方式是一种请求,而非要求,观察型需要看到你对他的尊重。

对于销售来说，在拜访之前一定要事先预约好，在其空闲的时候拜访，同时在交流的时候，也要注意不侵犯他的个人空间，最好能投其所好地请教其专业问题，取得对方的好感与认同。　如果希望能得到观察型客户的签单，你的产品介绍书、公司简介、计划书等一定要专业细致、逻辑性强、经得起分析和推敲。　千万不要认为观察型客户是外行，如果你这样想，就大错特错了，可能他研究得比你更透彻！

第六章

6 号人格：谨慎多疑的怀疑论者

6号的主要性格特征

6号性格者的主要特征包括：

（1）推延行动。 用思想代替行动。

（2）工作无法善始善终。

（3）忘记对成功和快乐的追求。

（4）对权威的极端态度：要么顺从，要么反抗。

（5）怀疑他人的动机，尤其是权威人士的动机。

（6）认同被压迫者的反抗事业。

（7）对于被压迫者或者强大的领导者表现出忠诚和责任。

（8）害怕直接发火，把自己的怒气归罪于别人。

（9）疑心很重。

（10）在环境中搜索能够解释内在恐惧感的线索。

6号性格者通过强大的想象力和专一的注意力来获得直觉，这两种能力都来自于内心的恐惧。

为了消除这种不安全的感觉，6号性格者可能会选择一个强有力的保护者，也可能站在怀疑论者的立场上，对权威提出批判。 一方面，他们希望能够找到一个领导者，把自己的忠诚奉献给一个能够保护他们的组织，比如教堂、公司或者学校；另一方面，他们又对权威的等级层次相当不信任。 对权威的怀疑，让他们既表现出顺从的姿态，同时又带有怀疑的眼光。

当既定目标被物化时，他们的焦虑也随之增加。 他们犹豫不决，并不是因为他们对于自己的工作有任何困惑，而是因为他们怀疑自己的能力，而且相信他们的成功会让那些充满敌意的权威注意到他们，从而设法阻止他们的努力。

这种反对权威的立场让 6 号性格者逐渐表现出受压迫者的反抗特征。 当他们遇到困难时，他们会冲在最前面；当他们的朋友需要帮助时，他们会英勇地牺牲自己的利益。 他们对于那种"我们反对他们"（us－against－them）的立场特别忠诚，因为一旦坚定了立场，权威的意图就会变得相当明显，他们就可以采取清楚的行动。

怀疑论者相信他们能够看穿那些华而不实和虚伪错误的表象。 害怕在竞争中处于不利地位的他们，总是保持着谨慎的态度，防止自己被他人的花言巧语和阿谀奉承所欺骗。 他们曾经在放松警惕的时候受过伤害，所以"一朝被蛇咬，十年怕井绳"，即便他们得到的是关爱，他们也会提高警惕。

他们的注意力就像一台红外线的扫描仪，总是在环境的各个角落里搜索那些可能对他们产生危害的迹象，总是想检查他人的内心，看看他们的真实想法到底是什么。 表面现象的背后隐藏了什么样的事实，微笑面孔的背后又有什么样的企图，6 号性格者总是想弄清楚这些问题。 他们总是能在争论中击中他人的弱点，发现隐藏在背后的力量。

当 6 号性格者接到警报，或者感觉到内心受到威胁的时候，他们对外界的关注反而会变得更加强烈。 内心越是痛苦，他们就越是喜欢往外看，结果常常找错了让他们感到警惕的原因。 总有些事情让他们感到害怕，而 6 号总认为让他们不舒服的原因正是他人的恶意。 带着这种先入为主的偏见，他们往往会觉得他人是"话里有话"，不管人家怎么说，他们都会觉得对方不怀好意。

总之，6 号性格者总是用怀疑的目光看待一切，因为怀疑而害怕，而疲惫。 用思考代替行动，在采取行动的时候犹豫不决，害怕受到攻击。 他们对失败的原因非常敏感。 他们反对独裁，愿意自我牺牲，而且非常忠诚。 怀疑的态度会产生两种极端：恐惧症型的 6 号性格者觉得自己受到了迫害，并急于屈服以保护自己；反恐惧症型的 6 号性格者虽然也一直处于顾虑之中，但是他们能够站出来面对恐怖，以积极主动的方式化解疑惑。

进化后的 6 号性格者能够成为团队中的好成员、忠实的战士和朋友。 当他人在为自身利益工作时，他们会为了某种理想而工作。

与 6 号人格的相处之道

1. 对防备心强的 6 号，坦诚相待

在九型人格中，6 号怀疑论者绝对属于庸人自扰的一类。他们常常被精神上的单调无趣所困扰，经常质疑自我能力，并焦虑别人在忙些什么。 在人际交往中，他们十分担心自己会被利用、被抛弃。 为了避免这种情况的发生，6 号怀疑论者有着极高的警惕性，他们不停地防备真正或假想的威胁。

尽管防备心强的 6 号怀疑论者内心充满了担忧，但他们不会在外表上表现出来，而是会以随和的态度，以旁敲侧击的方式试探他人的反应，探知他人的真实意图。

人们在与 6 号怀疑论者进行沟通时，要尽量坦诚相待，不要兜圈子，内容要精确而实际。 因为 6 号怀疑论者特别敏感，会觉察到你隐藏的动机和意义。 也不要赞美他们，因为他们是多疑的，很难相信你对他们的赞美。 更不要讥笑或批评他们，这会使他们更缺乏自信。 总之，只要你能保持你的一致性，自然会让怀疑论者对你产生信任。

2.对多疑的 6 号，多包容少猜疑

6 号怀疑论者有着强烈的不安全感，因此他们在为人处世时相当小心谨慎，总是对可能存在的风险及问题感到忧心忡忡。 他们对于环境中的任何一个细微变化，都会十分敏感，这份敏感并不是体察对方的感受，而是通过察觉对方的变化来体会自己内心的感受，而后以逻辑的方式根据这份感受梳理出自己对变化的判断，继而判断所处环境是否安全，自己是应该静观其变，还是应该抽身离去。

总之，在他们看来，怀疑是必需的，有助于他们做出正确可靠的抉择。

因此可知，如果人们在与习惯猜疑的 6 号怀疑论者交流时，也采取猜疑的态度，只会加剧他们的不安全感，恶化彼此的关系，甚至可能激起他们强烈的反抗。

生活中，哪怕是一点点的猜疑，也可能让人失去最珍贵的东西——信任。 猜疑的人往往对别人的一言一行都很敏感，喜欢分析深藏的动机和目的。 这种猜测往往缺乏事实根据，只是根据自己的主观臆断推测、怀疑别人的言行，结果可想而知。

人们在与怀疑论者的交往过程中，需要多包容他们因缺乏安全感而引发的猜疑行为。

3.给优柔寡断的 6 号足够的思考时间

6 号怀疑论者的内心存在着强烈的不安全感，而且他们习惯负面思考，总是将身边的人或事看作可能伤害自己的危险因素。 为了使自己避开危险，处于一个安全稳定的环境，他们总是疑神疑鬼地观察周围的一切，很难对周围的人或事产生信任感。

6号怀疑论者的心理阻碍了他们的行动，促使他们难以做出决定，也就容易给人一种优柔寡断的印象。

从心理学的角度来分析，6号怀疑论者之所以优柔寡断，主要是因为擅长洞察他人内心的他们其实不了解自己的内心世界，即他们的注意力是朝外的。当感觉受到威胁时，这种倾向会更加明显，他们往往把自身受到的威胁归因于他人的恶意。也就是说，6号怀疑论者因为害怕按照自己的意志行事，所以大多缺乏实施行动的能力。

因此，人们在与6号怀疑论者相处时，首先要看清他们优柔寡断的性格。当你需要他们做出某项决定时，千万别急，试着鼓励他"再考虑考虑看"。此外，你还要与他们分享你的观点、意见、理由，再给他们足够的时间和空间好好分析利弊，帮助他们将优柔寡断转变成心思缜密，这对你们都有好处。

4. 用持续的聆听和支持打消6号的疑虑

在人际关系中，6号怀疑论者的怀疑和不安全感会导致他们经常需要确定他人的友好是否属实，并且需要他人的不断表达来印证，偶尔他们还会试探对方的忠诚度，以暗示性的询问来寻求所谓的真相，以此获得安全感。

同时，6号怀疑论者的多疑性格还让他们总是在猜测他人行为背后的动机，有时甚至会臆想他人行为背后是否有什么暗示，这就导致他们太过于敏感。

正由于 6 号怀疑论者经常受到不安全感的折磨，他们才需要寻找到可以互相信任、互相扶持的人做朋友。 6 号怀疑论者总是希望自己的朋友是坚强并有承担力的，可以为他们遮风挡雨，在他们犹豫不决时在旁指引方向，在他们被欺负时为他们讨回公道。 当然，这并不是说 6 号怀疑论者是软弱的懦夫，而是习惯猜疑的他们其实内心一直在寻求他人的肯定，因为他人的肯定和支持会给予他们安全的感觉，他们的潜力只有在安全的环境里才能被发挥出来。

当潜能被激发出来，6 号怀疑论者能感到全身充满了力量和勇气，可以勇敢地迎接外在世界的层层险阻，因为他们知道，这世上至少还有人在守望他们，在他们背后不断地给予他们支持和鼓励。

6 号员工的管理艺术

6 号的员工在工作中会有什么样的表现呢？我们可以看看文学史上有名的 6 号下属——《西游记》中的沙和尚。

沙和尚原本是天上的卷帘大将，由于不小心打了一个玻璃瓶被逐出天庭，成了流沙河的妖怪，后来被观音菩萨劝化，保佑唐僧西天取经。

取经路上，沙和尚的工作是什么呢？大家最常见的就是挑行李。这无疑是一项最苦最累最不起眼的工作。在沙和尚没有加入的时候，这项工作由猪八戒担任。猪八戒是 7 号，最好享乐，有了新人立刻就溜了。6 号最大的优点就是勤恳，只要指示明确，就是百分百执行。所以即使是挑行李这样一项最艰苦、最平常、最枯燥又最默默无闻的工作，沙和尚依然圆满地完成了。

一旦目标明确，6 号无疑会成为组织里一直最坚定的人。

在去西天的路上，孙悟空两次离开唐僧，猪八戒说过许多次要分家回高老庄，唯有沙和尚从来没有离开过唐僧。 这一方面是因为6号无比坚贞的忠心，另一方面则是因为对权威人士观音菩萨的信任。 6号是有着诸多犹疑的人，沙和尚之所以坚定不移地跟随唐僧去西天取经，因为他知道，一路上虽然辛苦，虽然会有许多危险，但最后菩萨总会帮助他们渡过难关。 看《西游记》就知道，八十一难中很少没有菩萨相助的。

所以管理6号，就一定要让6得到清晰的指引，告诉他危机在哪里，并承诺会为他的行动负责。 这样，6号就有可能成为坚定的行动派。

很多时候，6号员工是默默无闻的一群人。 而一旦6号相信自己的团队，并能够得到团队有力的支持，他们就会爆发出强大的力量。 《西游记》中，很多人都质疑沙和尚的武功，因为很多时候他对付的只是一些小妖。 沙和尚的功夫到底如何？我们看看《西游记》第五十七回，"真行者落伽山诉苦，假猴王水帘洞誊文"中的描写：

> 那行者道："贤弟，你原来懵懂，但知其一，不知其二。谅你说你有唐僧，同我保护，我就没有唐僧？我这里另选个有道的真僧在此，老孙独力扶持，有何不可！已选明日起身去矣。你不信，待我请来你看。"叫："小的们，快请老师父出来。"果跑进去，牵出一匹白马，请出一个唐三藏，跟着一个八戒，挑着行李；一个沙僧，拿着锡杖。这沙僧见了大怒道："我老沙行不更名，坐不改姓，哪里又有一个沙和尚！不要无礼！吃我一杖！"好

沙僧，双手举降妖杖，把一个假沙僧劈头一下打死，原来这是一个猴精。那行者恼了，轮金箍棒，率众猴，把沙僧围了。沙僧东冲西撞，打出路口，纵云雾逃生道："这泼猴如此愈懒，我告菩萨去来！"那行者见沙僧打死一个猴精，把沙和尚逼得走了，他也不来追赶，回洞教小的们把打死的妖尸拖在一边，剥了皮，取肉煎炒，将椰子酒、葡萄酒，同众猴都吃了。另选一个会变化的妖猴，还变一个沙和尚，从新教道，要上西方不提。

这里的"行者"是六耳猕猴。 我们都知道六耳猕猴好本事，和孙悟空从地下打到天上都难分胜负，一直斗到了如来老佛祖的面前，遭如来金钵盂暗算之后死在了孙悟空手里，可知六耳猕猴与孙悟空的本事是难分伯仲的。 可是在这里，沙和尚却在六耳猕猴的眼皮底下杀了人，并成功突围，可见沙和尚的本事也是不小的。

管理者同样不能忽视的是作为团队润滑剂的 6 号。 许多情况下，2 号会充当这个角色。 但只要管理者仔细观察就会发现，6 号员工也有非常好的人缘。 沙和尚就是这样，取经团队中没有人对沙和尚有意见。 而且，八戒悟空唐僧三人之间经常爆发的小误会、小摩擦什么的，一般都是沙和尚在调节。

总之，管理 6 号这样的员工，首先你要成为权威。 6 号虽忠于权威，但反抗假权威，如果你名不副实，他就会不服。 另外，给 6 号明晰的指示，让他大胆去干。 6 号焦虑特别多，如果前路不明晰，他就会犹疑不决，就不能行动了。

我们在分析 6 号型人时说道，他们的常用词汇就是"慢"

"等等""让我想想"。 为什么会说这样的话呢？这代表着他们内心的犹豫不决，拿不定主意。

如果你是领导，吩咐 6 号型的员工去做一件事情，交代完之后，你就问道："就这项任务，明天下班之前必须完成，你能不能做到？"看到你严肃的样子，他开始犹豫，说话支支吾吾，含糊其辞。 你一着急，又问了一遍，他可能不太肯定地说道："哦，这个嘛……"接下来他又停住不说了。 你可能急了，问道："到底能不能完成，现在就回答我。""我想八成大概差不多。"一系列模棱两可的话叠加起来，表示非常不确切。 因为他们不敢肯定，内心也不知道到底能不能完成。 为了给领导一个明确的答复，甚至憋得脸红脖子粗，汗都流下来了，但还是不能肯定。

这个时候，你就不要再逼问了，再逼问下去只能是使他们在答案之中叠加更多的模棱两可的词汇。 于是你态度亲切而坚定地说道："放手去做吧，出了事有我呢！"他们一听，立刻如释重负，带着必胜的信心去做了。

6 号员工最大的问题就是面对事情畏首畏尾，犹豫不决。面对一个新的目标或者新的选择时，他们的内心很痛苦，因为他凡事都往坏处想：没成功时，会努力想成功，快到成功时，又惧怕成功，因为他们想到成功后，可能还会带来许多的麻烦和问题。 在他们的思维里，常常出现这样的句式："是的……但是……"他们可能会说："是的，我非常想成为一名有名的演员，但是成名之后，那么多麻烦，就没有自己的生活了。""是的，我非常想嫁给他，但是一旦结婚后，他可能就不会这么爱我了，而我也可能不像现在这么爱他了。"这种"是的……但是……"使他们犹豫不决，在做一件事时总是拖延，而且很难对一件事善始善终。

6号员工爱犹豫，不敢冒险，没有胆量，没有决断能力，这些都是需要克服的问题。

当我面试他时，他坐在我办公台对面的椅子上，肌肉拉得紧紧的，双肩向前倾，面部表情紧张，甚至可以说是带点慌张。我看着他的眼睛，询问他的工作经历时，他看我一眼后，就把视线移走，去盯住我办公桌上的绿植，他不愿意与我进行眼神交流。他说话有些颤抖，声音颤颤巍巍的，我不知道是出于紧张，还是他这种性格的人所独具的特点——在权威面前没有信心。当我让他说一下对自己未来的规划时，他半天切入不了正题，总是在无关紧要之处绕来绕去。我知道他是想又快又好地回答我的问题，可事实上他却事与愿违。

不过，我还是留下了他。因为我从他不敢与我进行眼神交流上，看出了他是一个很顺从的人。而且，他这种说话不嫌啰嗦、绕来绕去地说，对于他所应聘的销售职位来说也是一件好事。面对客户时，如果他绕着弯子说，不切入正题，客户以为他是竭力在做推销，可能会被他这种真诚所打动。事实上，我的判断是正确的，他来到我的公司，销售业绩很好。

可是有一次，他却与一位顾客发生了争执，那位顾客拿着已经过了"三包"和保修期的一件产品来要求退货。这位员工按规定回拒了，可是顾客不依不饶，决定要找消协、找媒体给我们曝光。这种事情我是经历过的，顾客是上帝，但是我们只对好心的上帝客气，对这种成心搞破坏的"上帝"，还是不客气的。

可是这位员工却慌了，他来找我，问我该怎么办。他非常担心，担心被消协处罚，担心被媒体曝光，影响我们产品的声誉，进而导致销售量下降，进而导致公司亏损，进而导致公司倒闭，进而导致我们流落街头……一连串最坏的结果都被他想到了，甚至到最后我们被追债。

看他满脸忧虑的样子，听着他说出一连串的担心，我认真地听着，然后反问道："这种情况，你觉得应该怎么办才好呢？"

虽然他看上去非常焦虑，可是他明确地知道该怎么做：消协来调查就实话实说，媒体来采访也实话实说，身正不怕影子斜。消协见客户用的产品过了"三包"和保修期，会自动说服他们的。媒体若是想挑事，可以到消协那里找证据来解决。

听了这位员工的这番话，我发现他知道该怎么做的，只是担心出现最糟的情况，于是我态度坚决地对他说道："放心去做吧，出了问题有我呢。没事的，这事我心里有底。"他如释重负，去消协解决了这个问题。

一个领导，身边应该有两个6号型的员工，他们在危难的时候，能对你忠心耿耿。对于他们的管理方法，只要吩咐他们在做事时说一句"放手去做吧，出了事有我呢！"就万事大吉了。

与 6 号上司相处的艺术

希特勒是 6 号，通过他，我们来看看 6 号上司的一些
特质。

希特勒是二战的主要发动者，纳粹党党魁。 一般的 6 号
看人是躲躲闪闪犹疑不决的，但有个别 6 号却喜欢故意定定地
盯着别人看。 这一点在希特勒身上特别明显。 许多同时代
的人都表示对希特勒的目光记忆深刻。

阿尔贝特·施佩尔在他的回忆录《第三帝国内幕》
中曾讲到一次跟希特勒的"眨眼决斗"。施佩尔说："谁
能说清楚，这种眨眼决斗中到底有多少是从原始中生出
的直觉与天性……这一次我不得不集中全身所有力量，
以一种近乎非人类所能达到的力量去坚持，努力使自己
不要眨眼认输，时间在这一刻仿佛凝固了一般。"可希特
勒一直盯着施佩尔看，等待着施佩尔屈服认输。后来，
希特勒不得不转身回答邻座一位女士的问题退出了这场

决斗，让施佩尔松了一口气。

　　法国外交官罗伯特·库隆德尔则觉得被希特勒的目光刺穿，神情呆若木鸡；剧作家格哈特·豪普特曼则形容初见希特勒那双魔眼的时刻为一生中最为重要而又伟大的时光；美国外交官的女儿马莎·多德说希特勒的眼睛"令人心惊肉跳并且难以忘怀"；尼采的女儿伊丽莎白形容这双眼睛所发射出的强大力量，能将她的内心深处看穿。

与 6 号上司相处，最难得到的就是信任。一旦得到 6 号的信任，那绝对是一件幸事。

　　爱娃·布劳思曾经因为希特勒自杀，自此她就得到了希特勒的信任，成为了他唯一的情妇。希特勒的姐姐劳巴尔女士不喜欢爱娃，希望希特勒离开爱娃。可希特勒并没有听从姐姐的话，劳巴尔也不得不离开希特勒的住所。她结婚后只有在正式庆贺希特勒的生日时才有机会见到他，而且必须像陌生人一样先在皇家饭店里等候，然后由一位副官把她带到总理府去见弟弟。最后，爱娃与希特勒一起在地窖自杀身亡。

可见，与 6 号领导者相处，最重要的一点就是忠心。但是要让 6 号领导欣然接受一个人真的是太难了。

　　比如刘备，他也是一个 6 号领导者。直至死，他对诸葛亮还是充满了疑虑。所以白帝城托孤，他对诸葛亮说："君才十倍曹丕，必能安邦定国，终定大事。若嗣子可辅，则辅之；如其不才，君可自为成都之主。"同时，还任命李严为太子太傅，这其实就是在平衡诸葛亮的势力，担心诸葛亮谋反。后来诸葛亮的几次北伐没有成功，很大原因就是李严拖了后腿。毛宗岗评《三国演义》时就很直率地说："或问先主令孔明自取之，为真话乎，为假语乎？曰：以为真，则是真；以为假，则亦假也。"到死刘备还是对诸葛亮有猜疑的。

再看希特勒。他虽然对爱娃好，可直到死前几个小时才跟她结婚。一直以来，除了几个亲信，很少有人知道爱娃的存在。可见，他对爱娃的信任也不是全部的。

对于6号来说，忠诚胜于能力。

6号领导最让人郁闷的一点是犹豫迟疑。比如刘备，他的人生目标是很清晰的，匡复汉室。但是，在完成这个目标的过程中，他一直在不断地寻找际遇与依赖。他曾经投靠过公孙瓒、曹操、袁绍、刘表，在这些人当中不断地选择，直至自己壮大起来。6号的领导者就是这样，作决定很难，小心翼翼，有时显得优柔寡断。

6号的成功源自坚持。刘备虽然一直挨打，但没有放弃，直至三分天下。

6 号疑虑型客户破解之道：破疑式

破疑式一方面是指要破 6 号的怀疑，才能成交；另一方面是你也要善于把握他们的疑虑心态，善用这一点才能促进销售。 疑虑型所看到的世界充满威胁和危机，所有事物都难以预测，难以肯定，他们坚信"君子不立危墙之下"，凡事要先谋而后动，做什么事情前，一定会尽量想清楚，计划好，从而逃避、远离抑或是面对、冲破那份危险。 若他们选择面对危险，就会勇往直前，以即时行动去掩盖不安情绪；若他们选择逃避危险，则会通过向他们信任的人发问、搜集资料、进行分析，务求找出一个最好的方法预防任何危机出现。

在工作生活中，疑虑型总是迟迟不愿采取实际行动，因为在他们看来，失败的恐惧往往比成功的希望要大得多，这种行动上的犹豫不决在很多情况下是一种隐藏的习惯，这主要来自于内心的质疑，有时候可能本来有一个很好的想法，也产生了把想法付诸实践的冲动，但是注意力很快发生了转移，开始怀疑行动的正确性，他们常常会半途而废，留下一个没有完成的工作。

当然从好的方面来讲，疑虑型性格中的多疑、犹豫的习惯也可以变成有用的工具：对权威的怀疑能够变成具有建设性的批评；犹豫不决能让他们用更多的时间去思考和评估自己的想法，发现其中的漏洞；想象最糟糕的情况可以让他们有备无患。因为总是在思考问题，所以当问题真的发生时，他是解决问题的专家。

销售人员对于疑虑型客户，应该表现出欣赏他的忠诚、智慧、思考与解决问题的能力，同时肯定与他之间的关系，这种关系应该上升到朋友的层次，而不仅仅是销售者与销售对象的关系，开放、诚实地面对疑虑型客户，开诚布公地谈话，这样才能最大限度地消除疑虑型性格者的疑虑，赢得赞同。一定要记得不要夸大他们，或者转弯抹角。

疑虑型本身是比较多疑的一类人，所以当你与他们定下清晰目标的时候，不要再有任何猜疑。在沟通过程中，如果存在纷争，作为销售人员应该让他们知道你是全心全意在找出解决问题的方法。鼓励和帮助他们弄清楚事实与他们所担心的是否一致，问清楚他们感到疑虑的真正原因，从而打消客户的疑虑，赢得签单。

疑虑型会是保险公司的最佳客户，疑虑型在所有型号中应该是买保险最主动和最多的，如果业务员能快速找到疑虑型客户，一定可以有很好的业绩。在向疑虑型客户销售保险产品的时候，也有一些应该注意的细节，除了要注重诚信、有一说一外，切忌夸大产品的保障功能，相反，你甚至可以跟疑虑型客户指出产品缺点。 我们面对别的类型的客户可能会向其反复说明购买某保险产品会给他带来什么样的好处和保障，但对疑虑型，你不应该这样，你应该告诉他不购买此产品的坏处，这对于疑虑型客户来说，是一个很有针对性的销售话术。

第七章

7 号人格：自由奔放的享乐主义者

7 号的主要性格特征

7 号性格者的主要特征包括：

1. 需要保持高度的兴奋。 同时参与多项活动，对很多事情都感兴趣。 喜欢保持感情的高峰状态。

2. 保持多种选择，并当作一种避免对单一任务进行承诺的工具。

3. 用快乐的精神活动，比如用谈话、计划和思考来取代深层的接触。

4. 避免与他人发生直接冲突。

5. 喜欢把信息相互关联进行系统分析，从不相关或者看似矛盾的观点中找到不寻常的联系和相似点。 善于从有困难或有限制的任务中理智性地逃脱。

7 号看上去一点都不害怕。 他们给人的感觉很放松、很阳光，喜欢计划并把计划付诸实行。 他们把自己的思想集中在对成功未来的规划上，多疑症状（6 号的表现）不会在他们身上出现。

7 号是恋青春狂，希望自己是永远长不大的孩子。他们的性格也很像希腊神话中的美少年那西塞斯（Narcissus）。

每个人都需要一点点健康的自恋，我们都需要发现自己独特的价值和特质。但是如果我们过于沉迷于自身的独特性中，而对于那些反映客观真相的建议视而不见，那就有问题了。享乐主义者就是这样的人，他们坚信自己是出类拔萃的，他们只寻找那些支持他们观点的环境和人。他们拥有细腻敏感的品位，希望享受生活中最美好的一切。他们喜欢保持积极乐观的情绪，喜欢冒险，并对结果充满期望，似乎有一种化学力量让他们不断挑战极限。

7 号性格者的世界观在 20 世纪 60 年代的反文化运动（上世纪 60 年代美国青年人当中形成的一种以反战和反主流文化为特征的价值观和生活方式）中相当流行。在那个佩花嬉皮士（上世纪 60 年代在美国出现的一批佩戴鲜花，宣扬"爱情与和平"的反战嬉皮士）流行的年代，7 号性格者的理想得到了最纯洁的阐释。那些佩戴鲜花的年轻嬉皮士，他们脱离世俗、自由奔放、回归简单的生活，把社会最大限度地理想化。

随着这场运动的发展，7 号性格者世界观中的阴暗面也开始浮现。他们坚持理想中的现实，但是又无法让这种理想状态在现实中实现。他们的态度变得极度主观，个人身上的任何特点都被高度强调，最后把自己变成了过于自恋的那西塞斯。

自我欺骗的效应越来越严重，"哼，我就高兴我是我！"这种内心的毒药取代了改变外在的要求，心理上的自言自语和漂亮的逃避取代了真正的努力和付出。

　　7 号性格者相信生命是没有止境的，总是有令他们感兴趣的事情等着他们。 认为如果生命不去冒险，又有什么意义呢？ 为什么在可以前进的时候坐在那里不动呢？

　　7 号喜欢同时拥有多种选择，并且为自己安排后备计划。他们往往准备了过多的计划，结果无法让自己完全投入到某件事情中， 他们心里考虑的是 "哪个计划是目前最合适的"。 如果 A 计划被取消了，就去执行 B 计划。 如果 B 计划无法进展，我们还有 C 计划。 如果 A 计划失败了，而 C 计划又太无聊，我们至少可以选择 B,而 B 计划可能会引出 D 计划。

　　从防御策略上看，根据一系列连续的选择来计划未来，能够增强生活中的愉悦感，消除枯燥和痛苦。 比如，一个在鞋店里工作的 7 号性格者，可能会把街对面那家和自己老板争夺市场的竞争对手当作另一个后备选择。 他们可能会想象自己在对面那家店里做同样的工作。 这样的计划对于 7 号来说很自然，他所关注的是两份工作的相似性，却不会意识到这两家鞋店是多么敌对的竞争对手。

　　从积极的方面来看，这种注意力集中的方式能够带来具有创造性的解决问题的方式，能够在看似冲突的观点中找到正确的联系。 7 号性格者几乎拥有了世界上最乐观的世界观。 正因为如此，他们对未来雄心勃勃，幻想最好的机会和最满意的生活。

　　他们是童话中的小飞侠，那个像孩子一样天真的成年人；他们是恋青春狂，渴望永远年轻。 他们对任何事都是一知半解，不断更换恋人，感情肤浅，爱好冒险，喜欢美食与美酒。 他们从来不愿意做出承诺，总是希望拥有多种选择，总是希望处在情绪的高潮中。 他们是乐天派，喜欢前呼后拥的感觉，做事常常半途而废。

进化后的 7 号性格者可以成为优秀的综合管理者、理论家、也可以成为一个多才多艺的人。

如何与 7 号人格相处

1. 帮助随性的 7 号培养专注力

在一个群体中，健康状态下的 7 号享乐主义者可能是最能干的那个。如果享乐主义者在智力方面具有先天优势，那么他可能会是个天才。即使没有先天禀赋，他们也会比同龄的人多一些才艺，很容易成为团队中令人瞩目的那一个。这是因为，他们对每一项技能，都有一种务实的态度，不会担心可能遇到的阻碍，对于他们来说，有兴趣就要去做，他们的精力更多的是专注在未来上。

让兴趣引导行动的享乐主义者往往是随性的，他们不喜欢接受规范的教条限制，喜欢我行我素，在行动时总是显得有点散漫。他们很害怕沉闷束缚，因此在做事的时候很少会列出一份周详的计划，更多的时候是随性而起，想做就做。

在与人谈话时，他们也多表现得随性而自我，当他兴奋的时候，常常会抓住一个人就说，也不管对方感不感兴趣。他们喜欢漫无目的地闲谈。他们的话题不拘一格，可以是体育、餐饮，也可以是从前的电影。因此，随性的享乐主义者常常给人一种"三分钟热度"的印象。这种散漫的个性，其实是很不利于他们在某些方面有长足发展的，有的时候，他们还可能被自己的这种散漫个性所连累，给人留下不好或很难放心的印象，白白耽误了很多大好机会。

细究享乐主义者这种随性心理产生的原因，人们会发现：他们内心的恐惧是产生这种随性心理的根源。当享乐主义者对某件事情过于投入时，他们的心里会由于注意力的局限而发出反对声音，从而令他们感到恐慌，因此他们会以同时关注或选择多种事物来逃避这种恐慌的心理。

人们在与享乐主义者相处时，首先要做的就是扫除他们心中的恐慌，专注力就是扫除恐慌的利器。要想帮助享乐主义者培养专注力，比较有效的方法是将他们探索的大目标分解成一个个循序渐进的小目标，每当他们完成一个小目标，就和他们一起庆祝，分享他们达成目标后的喜悦感，引导他们试着自己制订每个小目标。当他们将"分解目标"的做事方式变成一种习惯后，他们自然就能够做到坚持了，也就能更多地享受到成功的快乐。

2. 为乐观的 7 号营造轻松快乐的氛围

7 号享乐主义者具有天真、坦诚的个性，他们常常把焦点放在快乐、轻松上，他们觉得这样的人生才有意思。

约翰是一家公司的销售主管，他的心情总是很好。当有人问他近况如何时，他的回答就是："我快乐无比。"

如果哪位同事心情不好，他就会告诉对方怎么去看事物好的一面。他说："每天早上，我一醒来就对自己说，约翰，你今天有两种选择，你可以选择心情愉快，也可以选择心情不好，我选择心情愉快。每当有坏事情发生，我可以选择成为一个受害者，也可以选择从中学些东西，我选择后者。人生就是选择，你要学会选择如何去面对各种处境。归根结底，是你自己选择如何面对人生。"

有一天，他被三个持枪的歹徒拦住了。歹徒朝他开了枪。

幸运的是，约翰被及时送进了急诊室，经过 18 个小时的抢救和几个星期的精心治疗，约翰出院了，只是仍有小部分弹片留在他的体内。

半年后，他的一位朋友见到了他。朋友问他近况如何，他说："我快乐无比。想不想看看我的伤疤？"朋友看了伤疤后，问他当时想了些什么。约翰答道："当我躺在地上时，我对自己说有两个选择：一是死，一是活。我选择了活。医护人员都很好，他们告诉我，我会好的。但在他们把我推进急诊室后，我从他们的眼神中读到了'他是个死人'。我知道我需要采取一些行动。"

"你采取了什么行动？"朋友问。

约翰说："有个护士问我是否对什么东西过敏。我马上答'是的'。这时，所有的医生、护士都停下来等我说下去。我深吸了一口气，然后大声吼道'是子弹！'在一片大笑声中，我又说道'请把我当活人来医，而不是死人。'"

约翰就这样活了下来。

约翰就是一个典型的 7 号享乐主义者，他乐观地面对生活，即便是身陷困境——处于死亡的边缘，他也能够保持轻松愉快的心情享受这独特的经历，并带动起他人的积极情绪，共同营造一个轻松快乐的氛围。

因此，和 7 号享乐主义者在一起，就应该考虑他们的这一特点，和他们交往的时候，不要太严肃和拘谨，要放开一点，这样的话，他们也会和你产生更多的共鸣，而你们的交际也才可以更加顺利地进行。

3. 对爱冒险的 7 号，谈点新奇刺激的话题

7 号享乐主义者头脑灵活、思维敏捷，这些敏捷的思维都指向了对"新、奇、特"的感受和追求上，也因此导致他们平日里经常一心多用，同时进行很多事情。虽然有时候会手忙脚乱，但他们似乎很享受这样的状态，认为这很刺激。因此，他们会在日常生活中安排各种好玩、新奇和刺激的事情，什么新鲜、潮流的东西他都想要尝试一下，虽然他们很少坚持下来。

他们也很乐于和别人分享这些事情，如果我们能主动和他们谈论这些事情，常常能引起他们的极大兴趣。和他们在一起时，人们可以谈论各种各样的事物，如足球、篮球、魔方、电影，等等。只要是新奇刺激的话题，就能引起他们极大的兴趣。

有位汽车推销员为了推销进口高级越野车而专程拜访一位企业家，当他表明来意时，对方明确表示自己没有购买此车的打算，汽车推销员并未气馁，因为他注意到企业家的办公桌上有张他参加攀岩比赛时获奖的照片。正好这位汽车推销员也爱好攀岩，于是他转变话题，开始和企业家谈论起即将在某地举办的室外攀岩比赛。两人就攀岩的技巧话题谈得津津有味，不知不觉就到了下班时间。两人还不尽兴，又相约着一起吃晚饭继续谈论攀岩的话题。最终，为了去外地参加攀岩比赛，这位企业家决定购买一辆这位推销员介绍的进口高级越野车，还邀请了这位推销员和他同行。

　　故事中的这位企业家是个典型的 7 号享乐主义者：爱冒险。 因为惊险刺激是攀岩运动最根本的特点，它能充分满足人们回归自然、寻求刺激、挑战自我的欲望。 因此，当故事中的汽车推销员谈及攀岩这个新奇刺激的运动时，企业家的兴趣被快速激发，开始和推销员就攀岩进行了深入的交流，并将其纳入了可信任的范围内。

　　由此可见，要想和爱冒险的 7 号享乐主义者建立和谐的关系，需要人们经常关注生活中一切新鲜有趣的事物，如最新的游戏、最酷的运动等，更要懂得在和他们相处的过程中相互交流看法，共同探讨心得，这样才能赢得他们的信任和支持。

　　4.帮助责任心缺失的 7 号培养纪律性
　　一般说来，7 号享乐主义者的责任心是所有人格类型中最差的。 因为他们常常无法执着于一件事情，也就与"为某件事情负责"的说法搭不上关系。 在他们的字典里，"责任"等同于"限制""枷锁"，总会让他们痛苦万分。 因此，他们总是以任性、放纵的态度对抗、应付一切加在他们身上的责任，认为这样别人就永远无法控制他们了。

但是"没有规矩，不成方圆"，生活在社会这个大集体里，没有责任心和纪律性注定会走很多弯路、吃很多苦。

因此，我们在与7号享乐主义者相处时，要注意帮助他们节制疯狂寻找新鲜刺激的行为，引导他们将精力集中在值得参与的事物上，慢慢地让他们自己控制这个过程。 最终让享乐主义者学会自我节制，慢慢调节性格中冲动的一面，令他们变得更专心、更有忍耐力、视野更开阔，做事也就能够更加心无旁骛。

但要注意的是，培养7号享乐主义者的纪律性并不是限制他们的自由。 正如意大利教育家玛丽亚·蒙台梭利所说："纪律是一种积极的状态，是建立在自由的基础之上的。"积极的纪律是一种高尚的教育原则，它和由强制产生的"不动"是完全不同的。

要想让缺乏责任心的7号享乐主义者培养纪律性，我们需要让他们在团队活动中充分理解纪律和责任的重要性，在理解的基础上接受和遵守集体的规则，负起应有的责任。

5. 帮助逃避问题的7号面对问题

7号享乐主义者追求快乐的背后潜藏着极强的逃避悲伤的心理，因此他们的最大问题是不能察觉问题已经发生。 他们不会被环境扰乱情绪，便以为别人的心情也是永远阳光普照，不会乌云蔽日，因此他们理解不到别人的焦虑与哀愁。

7 号享乐主义者有忽视现实问题的倾向，总是把问题拖到明天。因此，人们在与享乐主义者相处时，要尽量帮助他们正视问题，引导他们将问题看成是他们成长的好机会。当享乐主义者开始逃避问题时，不妨提醒他们静下心来分析问题，找出有利的一面，努力化解不利的一面，真正解决问题，获得真正的快乐。

如何管理 7 号人格员工

如何管理 7 号员工？我们从《西游记》说起。 在《西游记》中，所有的笑料都是得自猪八戒。 试想一下，要是没有猪八戒，漫漫取经路将会多么单调呀。 这就是 7 号，有他在的地方就有笑声。

7 号还有一个大优点就是不记仇。 猪八戒前一刻还跟孙悟空吵得天翻地覆，后一刻就 "猴哥猴哥" 地叫得无比亲热。 一些不了解 7 号的人经常会被 7 号伤着，因为 7 号说人的时候根本不会考虑对方的感受，他觉得好玩就说出口了。

7 号因为自己的这张嘴讨人厌，也因为这张嘴而讨人爱。猪八戒最厉害的地方是哄得师傅唐僧高兴。 我们都知道，唐僧是取经团队的领导者，如果不听领导的话，是要受紧箍之苦的。 3 号孙悟空总是 "勇" 字当头，看到妖精变化成的美女、老妪、儿童等，总是一棒子打死了事，惹得唐僧每每火起，紧箍咒伺候。 猪八戒就不会这么干，他总是自觉地跟领导站在同一战线上，领导说那是好人，他便跟着说是好人。

即使妖精原形毕露，他也不忘给唐僧一个台阶下，说那是猴子使的"障眼法"。所以唐僧虽然也会在嘴上骂猪八戒是"呆子""夯货"，但每次猪八戒与孙悟空起冲突时，他总是护着猪八戒的。

7号喜欢的是自由的、充满创意的工作环境。什么事7号都喜欢趁着有兴趣时一鼓作气干完，需要持久耐力的工作可不是7号擅长做的。一碰到需要很长时间完成的工作，7号就"晕菜"了。所以取经路上，最不坚定的那个人就是猪八戒了。

当然，想让7号行动起来，也不是什么难事。你只要提出一个能引起他兴趣的点子，他肯定就会去做。但是，你也不要忘记7号的善变性。7号可没有好耐心把事情从头到尾地做完，虎头蛇尾是他的常态。

而且，7号还喜欢推卸责任。你要避免他推卸责任的这类情况发生，事先得到他的承诺就尤为重要。

7号说："这件事我能够在下月中旬完成。"这时，可千万不要心满意足地离开，最好是立刻拿出纸和笔来："我们把这个日期写下来吧。"为了避免他到时逃避责任，还要向他强调："如果这件事失败了，我们的后果就是……"写明他要承担的责任。如果能够让他自己跳出来答应一件事，那就是他真正的承诺了。

7号都是有梦想的。这也是最终猪八戒能够完成西天取经大任的原因所在。因此，要管理7号，就要肯定他的梦想。如果你对他的点子表现得一点也不欣赏，处处压制他，那无异于剪掉了他的双翅。要让7号知道他的梦想应该如何实现。

如何与7号上司相处

    1901年12月5日，华特·迪士尼出生于美国芝加哥。他生活在农场，并由此熟悉了鸡、鸭、猪等小动物。华特最喜欢一只名为"波克"的小猪。他回忆说："它特爱恶作剧，在它想闹的时候，它可以跟一只小狗一样调皮，跟芭蕾舞演员一样灵活。它喜欢悄悄从我背后顶我一下，然后高兴地哼哼着大摇大摆地走开了，如果我被顶倒了，它就更得意了。"

    华特最出名的就是他无人能及的想象力。他创造了米老鼠和唐老鸭，这使他比中国的孔子、英国的莎士比亚、法国的伏尔泰还要出名。

    他制作了世界第一部有声动画片《蒸汽船威利》（也译作《威利汽船》《威廉号汽艇》，1928年）和第一部动画长片《白雪公主和七个小矮人》（1938），这些为他赢得了无数的荣誉。《白雪公主》是世界上第一部有剧情的长篇动画电影，同时也是世界上第一次发行电影原声音乐的唱片，世界上第一部使用多层次摄影机拍摄的动画，还是世界第一部举行隆重首映式的动画电影，并获得奥斯卡特别成就奖。从此动画电影不仅仅是儿童娱乐的一种形式，也开始成为主流的电影形态，而迪士尼公司也由此成为了动画电影的龙头大哥。

此外，华特还创建了世界上第一座迪士尼主题乐园——美国加利福尼亚州阿纳海姆（Anahelm）的迪士尼乐园，并开始规划位于美国佛罗里达州奥兰多的迪士尼世界（后来被其侄子罗伊·迪士尼改为华特迪士尼世界）主题公园。

华特·迪士尼一生获得了 48 个奥斯卡奖提名和 7 个艾美奖，是世界上获得奥斯卡奖最多的人。 华特是典型的 7 号型性格。

在 7 号手下工作，别轻易否定他的想法，否则会惹他暴怒的。 如果直接否定 7 号，7 号会接受不了的。

尼尔·加布勒写了一本名为《华特·迪士尼：美国梦想的成就》的传记。

在书中，尼尔讲道，在一次开会讨论一部电影的背景曲时，华特的三哥罗伊·迪士尼建议使用更加通俗的音乐。 华特随即把他踢出房间，说："滚回去，多看看书。"

由于喜欢想象，对于 7 号来说，新的体验和想法总是呈现着迷人的光芒，他们喜欢把对未来的美好憧憬映射到现实中，并希望得到其他人的认同。 所以在面对 7 号领导时，一定要注意这一点，你应该加入到他们轻松愉快的谈话中，参与他们的喜悦，倾听并欣赏他们的美好远景，不要试图去证明他们的想法不可行，切记，他们正在分享他们的美好蓝图。

如果你觉得他们的想法实在不可行，不要直接反对，可以给他们一些时间重新思考，他们自然会判断是否接纳你的想法。

跟着 7 号，需要提防的是被 7 号推诿责任。 9 个型号中，7 号是最喜欢推卸责任的类型。

而 7 号好的一点是等级观念不强。 就好像韦小宝，三教九流，人人都是他的朋友，不管是走卒兵士，还是王公大臣，他都平等对待，这也让他屡次化险为夷。 7 号上司，你跟他称兄道弟，同桌喝酒，醉了开一些没大没小的玩笑，他都不会介意。

7号娱乐型客户破解之道：破耙式

耙子是猪八戒的随身武器，代表了这类型特质人的风格：疏漏、顽皮。猪八戒身上具有典型的娱乐型特质，追求享乐、逃避压力、贪吃贪睡、享受主义。猪八戒具有很强的亲和力，据调查显示他是《西游记》四个主角中最受欢迎的一个。

1. 破耙式之快乐接触法

采用快乐开心的接触方式，或者把你的产品与能带给他们的快乐联系在一起，自然能成交。

2. 破耙式之新奇冒险法

制订一系列新奇刺激的冒险计划来接近他们。

3. 破耙式之充分肯定法

充分肯定他们的行为和举止，与他们打成一片，销售自然成功。

第八章

8 号人格：强势气派的英雄主义者

8 号的主要性格特征

8 号性格者的主要特征包括：

（1）控制个人的占有物和空间，控制那些可能影响自己生活的人。

（2）具有进攻性，公开表达自己的愤怒。

（3）关注正义，喜欢保护他人。

（4）把打架和性爱当作与他人接触的方式。相信那些在正面冲突中不退缩的人。

（5）把行为过度看作克服厌倦的良药。夜生活、疯狂娱乐、彻夜狂欢、暴饮暴食……

（6）难以意识到自我的依赖性。当别人爱上他们时，他们会通过各种方式拒绝真实情感，比如离开、认为无聊或者暗自谴责自己对他人的误导。

（7）常常把所有事物极端化，"要么全有要么全无"。他人要么是强大的，要么是弱小的，要么是公平的，要么是不公平的，没有中间类型存在。这种注意力的关注方式导致无法认识到自身的弱点。

8号性格者把自己当作保护者。他们为朋友和那些无辜的人提供庇护伞，让他们躲在自己身体后面，自己则挺身而出去和那些不公正的恶势力进行斗争。

8号不会在冲突中退缩。相反，他们认为自己是正义的执行者，他们为自己能够保护弱小者而感到骄傲。他们表达爱意的方式也往往是强有力的保护而不是温柔的情感流露。在8号看来，对爱的承诺就意味着让伴侣安全地依偎在自己的保护伞下。

8号关注的核心问题是控制。谁掌握权力，他是否公平？他们喜欢领导者的位置，希望能够用自己的能力来控制局势，希望控制其他强劲的竞争者。

如果8号处于下属的位置，他们会尽量忽视要被人领导的事实。如果缺乏清楚的惩罚措施，他们会有意挑战规则。如果他们处于领导者的位置，8号会希望拥有一个安全的个人王国。他们的策略往往是迅速控制全局，而不是通过协商或谈判的方式来寻找合作者。

保护者会通过类似打架这种正面冲突，来考验对方的动机。他们与朋友打架实际上是为了争取更亲密的接触，因为8号认为，真相往往来自正面的对抗。但是一般人恐怕不会理解，亲密和愤怒可以紧密相连的事实往往让人感到不可思议。

8号强硬的外表实际上是为了保护自己，保护那颗从小就处于危险环境中，渴望找到依靠的心。许多8号自从失去了童年的天真后，就把自己的温柔埋葬在了心底。在他们长大后，再也没有流露出温情。

他们一生都习惯关注外界，习惯去寻找那些该受到惩罚的人，这种习惯导致的不幸结果是，当他们最终把注意力投向内心，发现我们每个人都要对自己的错误承担一部分责任时，他们很可能无法接受这样的现实，甚至产生自杀的念头。

8号不论怎样责备他人，都不会对自己进行惩罚。谴责和惩罚错误是他们的天性。只要找到一个值得谴责的明确对象，8号就通过合法渠道获得了控制权，把自己塑造成了正义的执行者、无辜者的保护神。外在的威胁会点燃8号心中的怒火，让8号产生一种强有力的感觉。他们可能也会害怕，比如害怕自己在对手面前变得脆弱，或者害怕信任的人背叛自己，但是这种害怕只是潜藏在内心，而内心的怒火总是能取代这种潜在的畏惧。

弱肉强食，优胜劣汰，这就是8号的世界观。因此，8号总是在用怀疑的眼光审视世界。对他们来说，安全意味着知道你要反对谁，同时知道谁会在你背后支持你。当他们面对压力时，他们的注意力会集中在双方力量的比较上，会去研究对方的弱点。对方是无辜的，还是有罪的；是朋友，还是敌人；是强者，还是懦夫？保护者很少会质疑他们自己的观点，研究自己的心理动机只会摧毁他们原本坚定的个人立场。

8号希望能够预测和控制自己的生活，但是一旦失去了保护者的身份，他们就会感到厌烦和枯燥。一旦行为规则被抛弃，8号往往会去破坏他们曾经坚持的原则。如果8号感到厌倦，或者有过剩的能量需要发泄，他们将制造麻烦。 最常见的表现就是与他人打架，干扰朋友的生活，或者小题大做——"谁偷了我的土豆去皮器？ 欠揍的家伙！"

　　行为过度是另一种发泄多余能量的方法，也是8号性格者打发无聊的常用办法。 只要是让他们感觉良好的事情，他们就会没有节制地做下去。 彻夜狂欢，疯狂工作，直到疲劳过度。 喜欢一种食物就一口气吃下三盘。 一旦注意力锁定快乐，就很难再被转移到其他地方。 他们喜欢好事接踵而至的感觉。 如果参加狂欢，他们一定是那些曲终人散后，依然不愿离去的客人。

　　对于8号性格者而言，他们缺乏的是童年的天真，这种天真无邪的状态在他们为了生存而与外界斗争的过程中遗失了。

如何与 8 号人格相处

1. 无惧 8 号的强势，直接说出你的要求

8 号领导者总是显得自信而有魄力，他们的语言很强势，提出的问题也很尖锐，他们对于等待一个答案很不耐烦。

他们的言语常常斩钉截铁，富有霸气，他们在与人沟通时也不喜欢拐弯抹角，对于什么事情都喜欢拿到桌面上谈，有什么说什么，直截了当。他们经常说"喂，你去帮我把垃圾倒掉""我给你说，你明天把那本书给我带过来""走，一起逛街去""你怎么还没有帮我做好啊""你什么时候能定下来"类似这样的话，显得强势而又干脆。

一些人难以适应 8 号领导者的直接和强势，如果你试着学习他们的沟通风格，简单而直接地说出自己的用意和要求，不回避问题或者避重就轻，这样的交流其实也会非常真实和有效。下面是一位律师讲述的他的经历：

李老板是朋友介绍给我的一个客户，他是一个集团

企业的董事长，对工作伙伴十分严厉，具有极强的领导才干。

　　他有一些关于公司重组的法律难题需要解决，出于朋友的面子，我跟李老板说，在收费方面，我会尽量优惠，并且给了他一个合适的价格。李老板很快告诉我，他们没有这么高的预算，希望我在收费上再少一些，否则就找其他律师合作了。

　　我告诉他可以打听一下行情，以及我一贯的收费标准，就这类案子，跟我以前的收费标准相比，已经相当优惠的了。另外，我告诉他几年前我代理过的一个公司重组的案子。当事人说他认识十名律师，他们代理这个案子收费不过十万元，而我跟他开价却是三十万元，而且一点都不打折。问题是，我帮助他们拟订了良好的方案和规避风险的策略，他们公司重组的计划提前半年就完成了。

　　我告诉李老板，人跟人不能相提并论，报酬也会有落差。我帮人审查一份小合同，中间只帮人改了两个字，花了我不到二十分钟，我就收了人家八千元。

　　李老板听了我的话，认为我够坦诚，也就放心地让我代理这个案子，对我的报价也不再纠缠了。

　　面对强势的 8 号领导者李老板，"我"没有退缩，而是直接说出了自己的观点以及理由，最终赢得了这位强势的领导者的信任，接下了这笔生意。

　　由此可见，要和 8 号领导者和谐相处，你需要明白他们强势的目的是为了掌控一切，而掌控一切的前提是了解真相，因此，你只需要直接说出你的要求并告诉他理由，就能够赢得他们的信任和支持。

2.对愤怒的 8 号，冷处理为佳

8 号领导者特别容易发怒，而且他们发怒的时候常常会失去理智，忘记自己在做什么。他们会摔东西，会口出脏话，会说出一些很过分或有威胁性的话。

面对愤怒的 8 号领导者，我们如果要和他很好地相处，就应该尽量保持冷静，不要在气头上和他争辩，而要等他们冷静下来，这样的沟通可能会更加顺利。

> 有一个农夫因为一件小事和邻居争吵起来，争论得面红耳赤，谁也不肯退让。最后，农夫只好气呼呼地去找智者，因为他是当地最有智慧、最公道的人，他肯定能断定谁是谁非。
>
> "智者，您来帮我们评评理吧！我那邻居简直不可理喻！他竟然……"农夫怒气冲冲，一见到智者就开始了他的抱怨和指责。但当他要大肆讲述邻居的不是时，被智者打断了。智者说："对不起，正巧我现在有事，麻烦你先回去，明天再说吧。"
>
> 第二天一大早，农夫又愤愤不平地来了，不过，显然没有昨天那么生气了。"今天您一定要帮我评个是非对错，那个人简直是……"他又开始数落起邻居来。智者不快不慢地说："你的怒气还没有消退，等你心平气和后再说吧！正好我昨天的事情还没有办完。"

接下来的几天，农夫没有再来找智者。有一天智者散步时遇到了农夫，他正在地里忙碌着，心情显然平静了许多。智者问道："现在你还需要我来评理吗？"说完，微笑地看着农夫。农夫羞愧地笑了笑，说："我已经心平气和了！现在想来那也不是什么大事，不值得生那么大的气，只是给您添麻烦了。"

智者仍然心平气和地说："这就对了，我不急于和你说这件事情就是想给你思考的时间让你消消气啊！记住，任何时候都不要在气头上说话或行动。"

故事中的农夫就具有典型的8号领导者特征——易愤怒，但愤怒来得快去得也快。智者正是看出了这一点，才让农夫自己冷静，果然怒火很快就自行消失了。

8号领导者愤怒情绪发生的主要特点是短暂，如果在他们的气头上争论，只会让双方陷入更加火热的争斗之中，而等他们"气头"过后，矛盾就较易解决。就像故事中的智者所说的，不要在气头上说话或者行动。面对愤怒8号，我们一定要给他们一些时间，让他们发泄心中的怒火，等他们恢复理智的时候，你也就可以更好地和他们沟通交流了。

3. 对自尊心强的8号给予足够的尊重

8号领导者非常注重个人的尊严，他们尽管非常强势，但是他们并不一定要求你喜欢他，所以，当你表示你并不喜欢他们时，他们可能不会生气，但是如果你对他们表示出轻视，或者没有给予应有的尊重，他们的怒火会马上升起，马上和你进入争斗或冲突的状态。

由此可见，尊重是人们和 8 号领导者友好相处所需要的一种状态，他们感觉受到尊重的时候，就会对你表示出自己的善意。许多时候，给予他人尊重也是对他人最好的鼓励和支持。

　　一位商人路过一个地下通道时，看到了一个衣衫褴褛的铅笔推销员，顿生一股怜悯之情。他不假思索地将 10 元钱塞到铅笔推销员的手中，然后头也不回地走开了。走了没几步，商人忽然觉得这样做不妥，于是连忙返回来，抱歉地解释说自己忘了取笔，希望他不要介意。最后，商人郑重其事地说："您和我一样，都是商人。"

　　一年之后，在一个商贾云集、热烈隆重的社交场合，一位西装革履、风度翩翩的推销商迎上这位商人，不无感激地自我介绍道："您可能早已忘记我了，而我也不知道您的名字，但我永远不会忘记您。您就是那位重新给了我自尊和自信的人。我一直觉得自己是个推销铅笔的乞丐，直到您亲口对我说，我和您一样都是商人为止。"

　　没想到商人简简单单的一句话，竟使一个自卑的人顿然树立起了自信。正是有了这种自信，使他看到了自己的价值和优势，终于通过努力获得了成功。不难想象，倘若当初没有那么一句尊重鼓励的话，纵然给他几千元也无济于事，断不会出现从自认乞丐到自信自强的转变。

对于自尊心强的 8 号领导者来说，他们总是看重他人给予自己的尊重。 他们在生活中很有主见，为人处世有一套自己的标准，不喜欢被别人指手画脚，同时他们亦会要求身边的人能够尊重他们的主见和行为标准——是否遵守并不重要，但绝对要尊重。 他们会把这份尊重看作自己掌控环境的成就感，亦会觉得对方"给面子"，于是他们便将对方视为"自己人"。

因此，人们在与8号领导者相处时要给予他们足够的尊重，只有这样你才能得到他们的尊重。 其实8号领导者也有一颗知恩图报的心，只要我们用心付出了，就一定会有收获的。

4. 别在公正的8号面前玩心计

8号领导者追求公正，渴望建立一个完全公平公正的生存环境，因此他们十分关注"真相"，认为只有充满真相的世界才是公平公正的。 他们总是十分关注他人隐藏的企图，想知道对方说的话是不是真的。

由此可见，8号领导者是九型人格中最讲究"真"字的人，只要有一个人跟着他们，能够服从、听从他们的意见，并且能够对他们讲真话，他们就会非常友好地对待这个人。假如有一天他们发现这个人没有讲真话，就会很生气，无法容忍这个人。 8号领导者为什么会把"真"看得这么重要呢？ 因为他们是要掌控大局的人，如果你不讲真话，他们就无法了解事情的真相，如果不知道事实，他们就无从控制。

在8号领导者看来，"敌人"并不可怕，"敌人"可以让他们充满斗志，他们更害怕欺骗和背叛。 如果一个人在8号领导者面前玩弄权谋、操纵他们、说谎，就会引发他们的怒火和报复。

　　曾巩是宋朝的一位大诗人。有一次神宗皇帝召见曾巩，问他："你与王安石是布衣之交，王安石这个人到底怎么样呢？"

　　曾况没有因为自己与王安石多年的交情而抬高他，而是很客观直率地回答说："王安石的文章和行为确实不在汉代著名文学家扬雄之下；不过，他为人过吝，终比不上扬雄。"

　　宋神宗听了这番话，感到很惊异，又问道："你和王安石是好朋友，为什么这样说他呢？据我所知，王安石轻视富贵，你怎么说是'吝'呢？"

　　曾巩回答说："虽然我们是朋友，但朋友并不等于没有毛病。王安石勇于作为，而'吝'于改过。我所说的'吝'乃是指他不善于接受别人的批评意见，改正自己的错误，并不是说他贪惜财富啊！"

　　宋神宗听后称赞道："此乃公允之论。"

在古代，皇帝是"公正""权威"的象征，在皇帝面前说假话、玩心计，会被视作"欺君之罪"，遭到严厉的惩罚。曾巩在代表"公正"的宋神宗面前讲真话，不仅没有损害好友王安石的前途，也为自己赢得了权威者的信任。
　　生活中，许多追求公正的8号领导者都渴望像古代的皇帝一样做个控制一切的权威者，他们尤其看重身边人的真诚，对于那些有问题不及时汇报，而在背后做小动作的人绝对会给予严厉的报复。

5. 对暴躁的 8 号，冲突也是一种沟通

渴望控制一切的 8 号领导者不放过每一次斗争的机会，他们到处都有对手。这是因为对 8 号领导者来说，斗争或冲突也是一种积极的接触方式。所谓"不打不相识"，一场痛快的斗争能够让他们对他人的真实意图更加了解。

总之，8 号领导者是硬派人物，他们不喜欢懦弱的人。他们认为任何事都可以"摆上台面"讲清楚，如果明明有事却碍于人际关系而互相隐瞒、互相包庇，不公开解决，这有违他们追求公平公正以及真相的原则，反而容易激发他们的怒火。因此，人们在与领导者相处时，要无惧他们的暴躁，和他据理力争。

如何管理 8 号人格员工

　　有些领导，为了给员工鼓劲，经常夸赞员工的正确做法或是取得的成绩，这种方法对于成就型的员工非常管用，因为他们从小就希望在学习和能力方面得到家长或是老师的夸奖，参加工作后希望得到老板或领导的夸奖，这像给他们打了强心剂一样，使他们更加卖力地工作，但是对于领袖型的员工，这一招一定要慎用。

　　如果领袖型员工正在卖力地做着一件事，比如说擦桌子。身为领导的你看在眼里，当着其他同事的面夸奖道："××表现不错呀，这桌子擦得真干净！"领袖型员工听后，可能面无表情地看你一眼，然后放下抹布——不玩了！而且以后你也可能不会再看到他做这件事了。这是为什么呢？

　　领袖型人格认为这种夸奖是有辱他的智商，拿他当三岁小孩子呢！在他眼里，只有不懂事的孩子才吃这一套，一夸奖就高兴了，会继续做得更好。在他看来，领导夸奖员工是居心不良，是想用夸奖来控制别人，是利用这点让别人像傻子一样去卖命，而自己却不是这样的傻子。

领袖型的人天生与称赞绝缘，他们不喜欢别人称赞自己，而自己也不会称赞别人，如果他们有下属，下属做得好未必得到他的称赞，但是做得差肯定会挨骂。所以作为领导，要掌握领袖型员工的这一特点，尽管他们做得很好，但是不要称赞他们。

领袖型的人具有领导的能力，所以作为领导，若发现自己的员工中有属于领袖型的人，就要善于利用这一优点，给他一定的权力，让他当上一个小头目或小领导。如果培养好了，他会为你创造很多价值。他在做事时具有决断能力，能让你省很多心。如果忠诚型的员工，你提拔他为领导，他不会运用权力，也没有决策能力，会非常依赖你，等于你只是找了一个执行者。但是领袖型的员工却有这方面的能力。如果你交代给他一个任务目标，他与你达成共识之后，一定会竭尽所能，抱着豁出去的态度干到底，不达目的誓不罢休。中间遇到困难，也不会找你来哭诉，或是恳求你援助或是降低目标，这不是他们的做法。领袖型的人具有铁汉的性质，海明威那句名言"人可以被毁灭，但不可被打败"很能代表他们的精神。

所以，你可以放权给领袖型的员工，让他做一个小领导，然后把最难完成的任务交给他，一般情况下，他都不会让你失望的。但是，在安排他做领导后，你还要注意以下几点：

第一，在安排了领袖型的员工做小领导后，你要注意给他们人事权力，若是你为他们配好了下属，他也基本上不会用，因为他要招自己的人马。 如果你安排好什么自己的亲信或是耳目在他的身边监视着他，早晚会让他给炒了。 若是你不同意，他则会撂挑子不干了。 疑人不用，用人不疑，给领袖型的人放权，让他们自己招兵买马，这才是真正的放权。

第二，身为领导，你在对待不同部门之间，一定要公平公正，否则，这个领袖型的员工会跟你不依不饶。 特别是他的手下人受到不公正待遇时，他会找你来闹事。

所以，对待领袖型的员工，少夸奖，多放权，而且要保证公平与公正，这样他们就充分发挥自己的能力为你效劳了。 但是，你要留一个心眼，他们不会长久地为你效劳的，总有一天，他们羽翼丰满时，会离开你单飞的，身为领导的你，要有这种心理准备才好。

与 8 号人格上司的相处艺术

讲到 8 号的管理者，历史上有一位非常有名的人物，项羽。 用项羽来诠释 8 号领导者的性格是最合适不过的了。

很多电视影视作品都把项羽描绘成一介莽夫，证明就是鸿门宴上放走了刘邦，以至于在楚汉之争中败北自刎。 其实，项羽是一个极有才能的军事指挥者，所以司马迁评价 8 号的项羽"才气过人"。 而鸿门宴之举，正是 8 号领导者的性格所致。

8 号喜欢正面竞争，但他不喜欢暗箱操作。 一个 10 岁的孩子要跟 15 岁的 8 号比赛跑步，8 号是一定不会应战的，因为彼此实力悬殊，"胜之不武"。 因此，我们也就能理解为何项羽会放走刘邦，他要的是战场上面对面的决战。 所以在 8 号手下工作，你最好用实力说话，不要拉关系搞帮派，8 号很讨厌这样的人。

在 8 号上司面前，一定要勇于承担责任，千万不要为自己的错误找借口。 8 号是成果导向的人，在他眼里，"没有任何借口"，结果最重要。 跟着 8 号上司，溜须拍马是没用的。 他喜欢正直的人，喜欢听真相。 如果你对他说真话，说明你很有勇气，他会敬重你。 像 8 号这样既喜欢听真相又很强势的人，容易让人难以接近。

楚汉之争失败后，项羽自刎于乌江，这也是 8 号必然的选择。 如果是其他的型号，肯定不会选择自杀。 比如 6 号刘备，在遇到诸葛亮之前，逃亡简直就是家常便饭。

8 号的一生都很辛苦，他们的童年总是缺少安全，必须自己保护自己，项羽也是这样。 在秦灭六国时，他们家族作为楚国的贵族惨遭屠杀，祖父项董被车裂，他与弟弟项庄随叔父项梁流亡到吴县，也就是今天的江苏苏州。 年少的项羽必须要强大起来，才能自我保护，才能保护家人。 于是，权力成为了他人生的终极目标。 因为，有了权力他才能保护自己，保护家人。 8 号对自己的定位就是一个保护者，可是，到了后来，他连自己心爱的女人都没办法保全，只能眼睁睁地看着她死在自己面前，这对 8 号是一个沉重的打击。

我们都知道那段凄恻的故事：公元前 202 年，项羽被汉军围困垓下，就是今天的安徽省灵璧县南，四面楚歌，只好对酒悲歌"力拔山兮气盖世，时不利兮骓不逝，骓不逝兮可奈何，虞兮虞兮奈若何?"随侍在侧的虞姬，怆然拔剑起舞，并以歌和之"汉兵已略地，四方楚歌声；大王意气尽，贱妾何聊生。"唱完就拔剑自杀了。

8 号一生都习惯关注外界，去寻找外界该受到惩罚的人，然后扮演正义的使者。 一旦他们把注意力投注到自身，意识到自己才是整个错误的始作俑者时，他们很可能无法接受这样的现实，于是以自杀为解脱。

虞姬的死已经触动了项羽的内心，迫使他不得不去关注自我。逃到乌江边时，强大的心理压力已经让他不负重荷。所以，当乌江的亭长停船岸边，让他渡江以便东山再起时，他却不想走了。他说："当年我与江东子弟八千人渡江向西，今无一人生还，纵然江东父老可怜我而尊我为王，难道我就不觉得愧疚么?"于是自刎而死!

所以，8号的领导者是非常"护犊"的。"打狗还要看主人"，他的员工，他自己可以训可以骂，但别人不能动。我认识一个8号的领导者，因为员工被人打了，他就叫上全公司的人去找对方算账，把对方吓得够呛。

8号会保护自己的下属，为下属争取利益。如果单位里别的部门做得少，待遇却比8号领导的部门高，那么8号就会跑到领导那里去理论，为自己的员工争取利益。8号常说："我的员工跟着我，我就得出头帮他们说话。"

跟着8号上司，只要你有本事，你就会发展得比较好，因为8号的目标很远大。

8号领袖型客户破解之道：破锤式

大锤是所有兵器中最有气势和力量的，还代表了圆润，一个大大的球体竟然能游刃有余地运用，象征领袖型客户能控制一切的能量。

他们的情绪波动有时候比较大，容易发怒。暴饮暴食，对他们来讲最瞧不起那些唯唯诺诺、两面三刀、阿谀奉承的人，所以甜言蜜语不大会对他们产生效果。做事情有时候容易冲动，大喜大悲。

1. 破锤式之直截了当法

销售产品时尽量说重点，他们才不会不耐烦，并愿意听你继续介绍。你认为你们起了争执、冲突，他却可能觉得这是很过瘾、很有效的沟通模式。所以你要记着，冲突对他们而言是进一步沟通的开始，而非结束。万一你觉得"争吵"太过厉害，不舒服时，不妨直接告诉他们你的感受。他们可以接受直接的批评，但不要取笑或讥讽他们，这会使他们产生敌意，做出攻击行为。 玩弄权谋、操纵他们、说谎，都是他们讨厌的行为，记得跟他们沟通的最好方式是：直接、说重点，销售产品时一定要直截了当，提出这个产品能如何增强他对企业的掌控力、对员工的掌控力，对企业的成长有直接的帮助，甚至能增加他的尊严和权威。

领袖型的客户一旦接受你的销售，通常会成为你终生的客户。 但是他们的防护墙也相当顽固和厚实，往往难以攻克。 所以你需要真正了解他个性中的弱点，然后善加利用。在你去接触他之前，把产品能带给他的核心价值直截了当地告诉他，并且告诉他如果不用你的产品和服务将会带给他多么严重的后果，给企业造成多么大的损失。 卖点一定要清晰明确，把产品的优点和将带给他的好处一一罗列。

2. 破锤式之"不打不相识"法

向领袖型客户销售产品的时候，你一定不要表现出懦弱。 可能第一次他不接受，不过没关系，只要你赢得了他的尊重，销售就会是迟早的事。 甚至你可以表现出你强硬的一面，他们会识英雄、敬英雄，对你刮目相看的。

《亮剑》里的李云龙和楚云飞都是典型的领袖型性格，他们交往的方式就是不打不相识，他们通过这种方式开始尊敬对方，成为好朋友。 最后他们在战场上有异常惨烈的交锋，是硬碰硬，结果两个人都受了重伤，住进了医院。 他们认为对待对手尊敬对方的最好方式就是一决高下，而不要去保留。

《倚天屠龙记》里有个著名的人物叫赵敏，赵敏是蒙古的公主，她足智多谋，做事果决，决不拖泥带水，是个很厉害的人物，也是个典型的领袖型人物，明教众多顶尖的高手竟然被她暗算，有性命之忧，张无忌无计可施百般无奈下去找赵敏讨要解药，却不断地被她暗算，掉入赵敏设计的陷阱中，万幸的是危机中张无忌将赵敏一同拖下。怎奈赵敏就是不拿出解药，于是张无忌用了各种方法来折磨赵敏，最后不仅获得了解药，并且获得了赵敏的芳心，直到最后赵敏对张无忌仍是死心塌地地跟随。

3. 破锤式之以柔克刚法

还有很重要的一点，《道德经》言：天下至柔克至刚。万事万物相生相克，领袖型客户也不会例外。因为领袖型客户通常都是至刚之人，所以柔能克刚；这里的柔绝对不是软弱，不是懦弱和唯唯诺诺，不是没有主见，而是一种似水之柔。这种柔似风之绵，无处不在，无所不至，善容万物。因此假若你有至柔的一面也能很快攻克这个类型的客户，得胜而归。项羽是个典型的领袖型人物，但是却被柔情似水的虞姬所俘虏。所谓英雄难过美人关，英雄通常都是领袖型人物，而美人都是柔情似水的女性。明末吴三桂冲冠一怒为红颜，结果造成明末大乱，清兵趁机入关，直接导致了明朝的灭亡。古今中外多少英雄拜倒在石榴裙下。因此如果你的客户是这种至刚性情的8号领袖型，你用这一招一定会奏效，当然，不能超越道德的底线。

第九章

9 号人格：平和低调的和平主义者

9 号的主要性格特征

9 号性格者的主要特征包括：

1. 用不必要的事物来取代真实的需要。 最重要的事情往往被留在了一天的最后时刻。

2. 难以做出决定，又很难说"不"。

3. 根据习惯行动，重复熟悉的解决方法。 仪式主义。

4. 压抑身体的能量和怒火。

5. 用被动进攻和顽固坚持来表现控制力。

6. 关注他人的立场。 难以保持个人的主张，但是却能拥有感知他人内心体验的能力。 与 2 号性格者"给予者"有相似的地方。

9 号认识到他们自己的主张得不到重视，他们只能麻醉自己，分散自己的精力，让大脑把自己忘记。

当他们心中产生了某种个人的需要时，其他琐事反而变成了头等重要的事情，就好像如果不把餐桌收拾干净，客人就不会付账一样。 9 号离他们自身那些需要解决的优先选项越近，就越容易去注意那些无关紧要的事情，借此分散注意力。

　　他们的时间越充足，他们做的事情反而越少，因为他们很难分清楚哪些是重要的事情，哪些是不重要的事情。9号性格者说，他们总是无法知道自己的需要，因为他们过度投入到他人的愿望中，他们把精力分散在那些不太重要的事情上。他们看太多的电视，他们的生活没有新鲜感；更糟糕的是，他们还暴饮暴食。

　　9号性格者倾向于依照他人的日程安排来生活。因为他们觉得自己的地位无足轻重，但他们又希望与他人保持联系。他们学会了迎合他人，把他人的爱好当作自己的爱好。在感情的初期或者一项新任务的初始阶段，9号总觉得是他人的兴奋把他们带入其中，而不是他们自己决定要投入进来的。当9号对他人做出承诺后，他们会在履行承诺的中途突然清醒，觉得自己被他人的愿望拖累，不知道自己是如何走到这一步的，但是又很难拒绝这段关系。

　　对于很容易就受到他人情感影响的9号来说，说"不"是相当困难的事情。在9号看来，对他人说"不"就如同自己遭到拒绝一样难受。他们更愿意对他人点头，同意他人的观点，而不是公开表达自己的怒火，因为他们害怕发怒会导致分离。

　　9号性格者获得安全感的方式与众不同，他们逃避自己的需要，不愿做出决定和承诺。

　　9号性格是"九型人格"系统中最顽固的类型。因为9号虽然会被某个问题所困惑，但是这并不意味着他们急于解决这个问题。那些尝试帮助9号做出决定的人，还有那些给9号施加压力让他们表明立场的人，往往会发现9号已经把自己的双腿都埋在了沼泽中，拒绝做出任何移动。

9号即使表面上很顺从，但内心还是会有所保留，他们因为要迎合他人而感到愤怒，因为自己从不被重视而感到愤怒。9号的决定就是不做决定，保持生气状态，但是这种生气仅限于内心。

一旦确定了一个立场，9号坚持这个立场的顽固态度就像当初他们不愿选择立场一样。9号性格者被称为调停者、和平维护者，因为他们天生的矛盾心理让他们能够同意冲突双方的观点，但是又不会完全成为某一方的支持者。

9号制定决策的过程是相当缓慢的，因为心中装满了以前那些尚未解决的问题。决定对他们来说，就是要做出一些了结、一些放弃、一些改变、一些发展，这些都会让他们产生分离的担忧。9号喜欢拥有的东西越多越好，失去的东西越少越好；他们喜欢去做熟悉的事情，而不愿去冒险尝试突然的改变。

如果你觉得"九型人格"中的每一种性格都与你有共同点，那么你很可能就是9号性格者。

9号性格者习惯把自身的能量和注意力从真正的需要中挪开，所以他们常常表现出怠惰的特征。让9号性格者忘记自己最容易的方法，就是把他们的注意力转移到一个能够让人上瘾的习性上。这种上瘾的习性既可以是吸食大麻、酗酒，也可以是喜欢看肥皂剧，或者其他一些生活中的小小满足感。一旦养成了这样的习性，9号的思维就会被这种习性所局限，他们就会忘记生命中真正宝贵和重要的东西。

9 号性格者在感到安全的环境中充满活力和效力，但是如果他们从事的活动是无关紧要的，仅仅是内心需求的替代品，那么即使他们做得很出色，他们也会觉得失去了生命中最重要的东西。

对于陷入重要选择左右为难的 9 号来说，计划安排可能就是他们的救世主。一个设计很好的安排，能够让 9 号放心行动，因为他们听从外界的选择。

9 号性格者对过去有超强的记忆力，因为记忆让他们感到自己的存在。通过坚守过去，9 号可以不去面对现实的承诺。

9 号的抑郁来自无所事事。他们通过遏制身体的能量来让自己保持平衡。这种遏制让他们总是有足够能量去从事那些无关紧要的事情，却把最重要的事情放在了最后。9 号把自己与那些已知的、熟悉的行动拴在一起，忙碌的状态让 9 号没有时间感到抑郁，当然也就没有时间去设定期望，或者发现自己的优先需求。

当 9 号陷入这种无所事事的状态时，他们需要来自外界的帮助。一段新的感情、一个新的机会或者一个清楚的计划安排都能帮他们重新发动起来。如果 9 号能够把自己依附在他人的兴趣上，或者让自己去回应他人的需要，他们会更乐于行动。

9 号习惯压抑自己的怒火，直到他们受到的干扰达到了某种令人无法忍受的程度。他们控制自己的怒火，但并没有放弃对他人的反抗。尽管表面上是顺从的，但没有表达的愤怒反而为他们提供能量，去采取被动的反抗行为。

对调停者来说，让别人发脾气是轻而易举的事情，因为他们总是知道对方想要什么。只要他们不按照对方的心愿去做，就会让他人恼羞成怒。虽然习惯了用间接的方式去表达怒火，但实际上，如果他们能够选择直接的方式表达愤怒，他们将获得极大的解脱。

9 号的内心总是在挣扎，一面是不断累积的被压抑已久的愤怒情绪，另一面是对各方立场的全面考虑和顾虑。

进化后的 9 号性格者能够成为优秀的调解员、顾问、谈判者，只要不偏离方向，就能取得好成绩。

与 9 号人格的相处金律

1. 不受 9 号的迷茫心理影响，紧抓谈话重点

害怕做选择的 9 号调停者常常是迷茫的，他们在与人交流时，常常会提供过量的信息，他们似乎很享受这种围着问题打转的状态，因为他们从来不去直接解答问题。

9 号调停者的迷茫心理其实是因为他们关注问题时常常会站在各个角度，而不会站在一个固定的角度去看问题，他们搜集的信息常常是百科全书的信息。他们喜欢了解和掌握有关某一个专题的所有信息，这些信息没有一个中心架构，常常是零散的，也会让人感觉非常烦琐。但他们依然担心，自己是否占有了所有的信息。

9 号调停者经常认为别人没有关注他们，所以他们会反复述说同样的一件事，生怕别人不理解。

由此可见，9 号调停者的问题在于描述过多的细节，让听众陷入到资讯的海洋当中，这通常会覆盖信息中重要的内容。对于没有重点的讲话，听众肯定会感到困惑或厌倦的。

话不在多，够用则行。过多的资讯只会占用别人的时间。

人们在和 9 号调停者沟通时，需要调停者具备极强的语言提炼能力，并适当运用引导发问法限定他们的资讯，才能迅速抓住他们想要表达的核心思想。

2. 引导被动的 9 号主动去思考

如果你想让 9 号调停者在实际的交流中说出他们的心声，有一个非常有用的技巧，那就是用提问的方式引导他们思考，并鼓励他们说出自己的观点。

提问之所以有这么好的效果，是因为提问不仅可以传达自己的立场、感受，引起对方的注意，还能为对方的思考提供既定的方向，让对方在指定的方向上的思考，从而获得自己希望得到的信息。

这对于常常迷失自我的 9 号调停者来说尤为见效。因为9 号调停者常是发散型地思考，他们很难专心思考一个问题。而且，他们缺少强烈的自我，当他们接收过多的信息时，他们的内心也会有如一团乱麻一样，自己都弄不清楚自己的想法，加之他们不习惯表露自我，外人就更难知道他们真实的想法了。

面对被动、迷茫的 9 号调停者，如果你懂得发问，就能帮助他们将内心纷杂的信息做一个清晰的归纳，从而得出你想要的信息。面对一个个问题，9 号调停者被迫跳出那个倦怠的心理状态，开始思考这些问题的答案，并渐渐看到了自己的需求和发展方向。

9 号调停者这种需要外力刺激才能主动思考的心理可用心理学上的"马蝇效应"来解释。

马蝇效应来源于美国前总统讲过的一个故事:"有一次我和我的兄弟在肯塔基州老家的一个农场里犁玉米地,我吆马,他扶犁。这匹马很懒,但有一段时间它却在地里跑得飞快,我都差点儿跟不上它。到了地头,我才发现有一只很大的马蝇叮在它的身上,于是我把马蝇打落了。我的兄弟问我为什么要打掉它。我回答说:"我不忍心让这匹马被咬。"我的兄弟说:"哎呀,正是这家伙才使马跑起来的啊!"

没有马蝇叮咬,马慢慢吞吞,走走停停;有马蝇叮咬,马不敢怠慢,跑得飞快。 再懒惰的马,只要身上有马蝇,它也会精神抖擞,飞快奔跑,这种现象就叫作马蝇效应。

许多时候,倦怠的 9 号调停者就像故事中那匹懒惰的马一样,总是慢吞吞地行走。 如果人们能适当地问一些问题,他们在问题的刺激下,就可以发挥更大的积极性,发挥自己应有的才智。

3. 对外柔内刚的 9 号,多建议少命令

9 号调停者有一个特点,他们表面顺从,但是内心刚硬,也就是人们常说的外柔内刚。

面对 9 号调停者,人们如果使用命令的方法,那么他们内心的不满情绪会上升,甚至会转变成愤怒。 他们尽管习惯妥

协，但是非常敏感，常常会采取对抗的情绪，因此这样的方法并不可取。 当然，害怕冲突的 9 号不会直接表现出自己的愤怒，他们会采取很隐晦的方式，如消极怠工。

如果采取建议的方法，则会让他们感觉到你对他们的认可，他们会自发地帮助你，这个时候，你们共同的意志能让他们自动自发地帮你做事。

因此人们在与 9 号调停者交往时，要避免使用命令的方法，而是采取建议的方法。

4. 对害怕冲突的 9 号，采取合作的态度

9 号调停者不喜欢冲突，总是尽量避免发生冲突，他们甚至可以牺牲自己的利益，来换取和平，但是一旦冲突真正发生了，他们也会采取敌对的态度。

9 号调停者对于不合作的态度特别敏感，因此在和他们交往的时候，要懂得采取合作的态度。 合作的态度是人际沟通的一项重要前提，卡耐基先生就曾通过这样的一个故事来说明合作态度的重要性。

在离我家一分钟行程的地方，是一片未开发的森林。春天的时候，小树丛会镶上一层白霜，小松鼠开始筑巢养育下一代。我常带小猎犬雷克斯到森林里散步，由于一向很少在这里碰见其他的人，我就让雷克斯自由奔跑。

一天，我们在森林里碰见一位骑警，那位警察显然很想表示一下自己的权威。"为什么让这只狗到处乱跑？为什么不用皮带或口罩？你不知道这是犯法的吗？"他指

责道。

"是的，我知道。"我温和地回答，"但我以为在这种荒无人烟的地方，不会有什么危险。"

"你以为？你以为！法律可一点儿也不在意你怎么以为。这只狗很可能会咬伤小孩或松鼠，知道吗？我这次不处罚你，若是我再见到它不戴口罩或系上皮带，你就要直接去向法官解释理由了。"我再次温和地表示一定遵守规定。

我是想遵守法律规定，但雷克斯不喜欢口罩，我也不喜欢。所以，我们决定冒一下险。一日下午，我又带雷克斯到森林里去，我们跑过一座小山丘的顶部，忽然——那真是尴尬的一刻——我又见到了那位法律所赋予的权威，他正骑着一匹红棕色的马，而雷克斯正笔直地朝他跑去。

我被逮个正着，这次是无法逃脱了。所以不等他开口，我便抢先发言："警官先生，我是被你逮个正着，罪证俱在，没什么借口了。上星期你还警告我，假如不戴口罩、不系上皮带的话，不可让狗到这里来，否则便要接受处罚。"

"是啊，我是这么讲过。"骑警的语气相当温和，"我知道，这么一只小狗，让它在荒无人烟的地方跑跑，的确是很大的诱惑。"

"的确是很大的诱惑。"我回答，"只是，这违反了法律的规定。"

"啊，一只这么小的狗，应该不会伤到什么人。"骑警不同意。

"但它可能咬伤了小松鼠。"我又说。

"啊，别把事情想得太严重了。"警察告诉我，"我告诉你怎么办。把这只小狗带到我看不见的地方去，我们就不用再提这件事了"。

卡耐基第一次采取的态度不是那么合作，结果骑警给了他严厉的警告，而第二次他采取了合作的态度，结果骑警却在为其开脱责任。

人性当中确实存在这样的弱点，不喜欢别人对抗，对于害怕冲突的9号调停者来说尤其如此，因为他们更在乎和谐。因此，人们在和9号调停者交往的过程中，更应该注意采取合作的态度，这样他们能感觉到你对和谐关系的诚意，如果你表现出敌对的态度，他们就会从中感觉到你的轻蔑和冒犯，而拒绝和你沟通，或者和你发生一些冲突。

5. 帮助遗失自我的9号找到他的目标

9号调停者是缺乏目标的，因为他们不关注自我。 这种自我遗失的心理特征，决定了人们在和9号调停者进行沟通的时候，应该懂得提供具体的细节和要求，以帮助他们找到目标。

遗失自我的另一个表现就是9号调停者会在做事的过程中，出现注意力不集中的现象，他们常常会在无意中耽误了工期。 他们不是特别会安排时间，常常在项目的初期非常轻松，优哉游哉地进行，但是到了项目的后期，常常觉得时间不够用，或者草草完工，或者延误。为了防止出现这个问题，人们一定要懂得给9号调停者具体的要求，让他们明确自己的责任是什么，项目进度大概是什么样子的，并且时时提醒他们。只有这样，他们才能比较专心地进行一件事情，并且确保事情能够按时完成。

有一位父亲带着他的三个孩子去森林打猎。

"你看到了什么？"父亲问老大。"我看到了猎枪、猎物，还有无边的森林。"老大回答。"不对。"父亲摇摇头说。

父亲以相同的问题问老二。"我看到爸爸、大哥、弟弟、猎枪、猎物，还有无边的森林。"老二回答。"不对。"父亲又摇摇头说。

父亲以相同的问题问老三。"我只看到了猎物。"老三回答。"答对了。"父亲高兴地点点头说。

老三答对了，是因为老三看到了目标，而且看到了清晰的目标。

故事中的三个孩子可以代表9号调停者的三种发展阶段：老大、老二的思维都太发散，接收的信息太多、太凌乱，这就是自我迷失的表现，而只看到猎物的老三有着高度的专注力，属于成熟阶段的9号调停者。故事中的父亲就是一个引导者，引导所有的孩子都像老三一样目标明确。人们在与9号调停者相处时，也要像故事中的父亲一样做好引导者，帮助他们走出自我迷失的困境，找到他们的目标。

如果拥有了专注力，9 号调停者就不会再为选择而烦恼，也不会再害怕冲突，更不用屈服于他人的观点，而是专注于自己的需求，并做得越来越好。　正如奥地利著名小说家斯蒂芬·茨威格所说："一切艺术与伟业的奥妙都在于专注，那是一种精力的高度集中，把易于弥散的意志贯注于一件事情的本领。"

如何管理 9 号人格员工

9 号觉得每个人都有自己的角度，从各自的角度看，他们的想法都是正确的。 这样的 9 号特别容易认同别人，也特别容易把自己的观点放在一边。 有的领导者会比较喜欢 9 号，因为他善于妥协，绝对不会跟领导对着干。

但是你要记住 9 号的一句话："我可以同意你的观点，但这不代表我没有观点。" 9 号有自己的立场，只是不想与人冲突而已。 9 号的两边是 1 号和 8 号，他也像 1 号和 8 号一样，是一个特别固执的人，不会轻易改变自己。 他们会消极抵制，刻意对抗。 他嘴里说着"好"，却并不去做。 而且，9 号抱着"多做多错，少做少错，不做不错"的看法，觉得多一事不如少一事，做与不做也差不多，所以做什么都不紧不慢。 所以 9 号总给人"慢半拍"的感觉，让人无可奈何。

管理者要清楚 9 号的"散漫"，尽管他答应了"好"，也要提前提醒、检查。 比如，周一你吩咐 9 号周三交一个方案，那么周二一早你一定要提醒 9 号，这样才能保证周三 9 号能按时完成工作：如果你派完活就不管 9 号了，9 号可能会以为你只是随便说说的，不会认真对待，到了周三可就晚了。

9 号容易沉溺在细节里，把最初的目标搞得无影无踪。管理这样的 9 号，首先要帮助他建立清晰的工作目标，让他把目标写下来，保持跟进，并且要随时确认他的行动。

还有一点，9 号是一群知足常乐、对生命没有太多的要求的人，这样，他们前进的动力就非常小。 这时候，你要引导 9 号说出他的理想，他想要达到的人生境界。 然后，你帮助他把大理想分解成小目标。 不然的话，他就会逃避，就只能被工作推着走。

如果有可能，尽可能单独辅导 9 号，也就是为 9 号提供贴身的辅导。 当你把所有的注意力都放在他身上时，他会重新审视自己，重新认识自己，发挥自己杰出的能力。

怎样与 9 号上司相处

9 号领导者的风格，老子概括得最好："太上，不知有之。其次，亲而誉之。其次，畏之。其次，侮之。信不足焉，有不信焉。悠兮其贵言，功成事遂，百姓皆谓我自然。"这段话的意思就是：

最好的统治者，人们不知道有他的存在；其次一等，人民亲近并赞美他；再次一等，人民害怕他；最次一等，人民轻侮他。统治者如果诚信不足，那人民就不会信任他。统治者应该悠闲自如，不要随意发号施令。这样才能功业成功、事情顺遂，百姓们都说"我们本来就是这样的啊"。

跟着这样喜欢"无为而治"的 9 号不会有太多的压力，也不会有太多的竞争，大家都会一团和气。但不好的一点是容易出现"大锅饭"局面。很多有斗志的 3 号受不了这一点，这样的人在 9 号的团队里会过得比较郁闷。想改造 9 号，可能性很小。跟着 9 号上司，你最好学会随遇而安。

9 号上司特别亲和，没有架子，员工经常直接去敲他的门。

9号上司最好的一点是愿意授权，跟着9号上司是最能够发挥个人特长的。而8号是非常强势的，最受不了别人跟他争权。

《杜拉拉升职记》中的人力资源总监李斯特就是一个典型的9号。玫瑰一跟他提加薪升职，他就无限制地拖。但是他很清楚杜拉拉的能力，很多重要的事情都会放心地交给杜拉拉去做，甚至允许杜拉拉越级直接向总裁何好德报告。当杜拉拉在工作中遇到问题时，他就打起了太极，杜拉拉只好依靠自己的聪明才智去摆平。

9号上司可以花时间聆听你的叙述，与你讨论计划中的正反面，但他不会用自己的行动去帮助你。在他看来，时间能解决一切。

9号上司有时表现得很官僚，让人感觉很窝火。杜拉拉聪明能干自然是她能够快速升职的重要原因，但遇到李斯特这样一个9号的上司，对她来说也是一种很大的促进。因为跟着这样的领导，你想做事就必须自己想办法，就必须快速成长。

9号是最善于建立团队的管理者，比如唐僧就是这样的领导者。像孙悟空那样有本事的3号，猪八戒那样的多面手7号，沙僧那样的忠诚者6号，都可以被他所领导，一团和气又不耽误正事。作为僧侣，唐僧一路上乐善好施、除暴安良，作为这个团队的领头人，他经常教诲大家，出家人要以慈悲为怀，而且他也这样做了。

用牵引法应对 9 号和平型客户

和平型客户因为在购买东西的时候总是表现出犹豫不决，拖拖拉拉，很容易被别人的思想左右，所以，销售人员可以充当他们的主心骨，帮助他们出主意。 首先让我们来看一个案例：

　　一位老大爷来到一家药店里，走到咳嗽用药货架前研究了半天，看了好长一段时间，经过再三比较后，他最终拿了几样比较"顺眼"的药品，又拿在手中仔细地看了一下，便走向店员，询问这其中哪种药效果会更好。

　　这时候，一名店员发现其中有一种是公司规定的主要推荐品种，便机灵地指着说："这种不错。"

　　老大爷半信半疑地说："我看这种最近广告打得挺好，而且是某某明星代言的，效果应该也不错吧。"

　　店员灵机一动，立即附和道："是的，这个也是非常好的药！"

老大爷又指着手中的另外一种牌子的药，对那位店员说："这个是止咳糖浆，服用起来挺方便的，而且还是老牌子，应该也可以的。"

店员立刻点头回答说："确实是老牌子，非常有疗效。"

老大爷心中也没有一个主意，本来是想咨询一下店员，让店员帮着出一个主意，但是他接二连三的提问都没有得到自己想要的答案，最后，老大爷也失去了选择的能力，只好放下药品对店员说："等医生开了药方我再来买吧……"

我们对这个案例再分析一下，这位老大爷在购买商品的时候，心理不稳定，没有主见，很容易接受别人意见以及广告宣传，在听了这个药店店员意见的时候显得小心谨慎，挑选药品动作缓慢，费时较多。有时可能因为犹豫不决而中断购买行为，想买而又不知道哪个是最好的。在这个时候，这名销售人员不该一味地"附和"，因为老大爷是想让他参与其中，帮他做个"参谋"的。但是，这名销售人员没有真正地为客户着想，没有注意到客户的想法，结果自己搞砸了这笔交易，其实只要销售人员稍加指点，这笔生意就很容易成交了。比如销售人员可以这样说：

店员："这种不错。"
老大爷："我看这种最近广告打得挺好，而且是某某明星代言的。效果应该也不错吧。"

店员：“是的，这个也是非常好的药，但是，这种药属于西药，副作用要大一些，对于老年人不太适合！”

老大爷：“这个是止咳糖浆，服用起来挺方便的，而且还是老牌子，应该也可以的。”

店员：“嗯，这个是老牌子了，并且它采用的是全中药成分，对人的身体伤害非常小，但是，药效也非常缓慢。大爷，您就买我刚才给您推荐的这瓶吧。这个是采用的中西结合疗法，这种药副作用小，疗效快，是我们这里的主打产品，现在销售情况非常好。”

如果这样一说，我们可以肯定老大爷一定会选购这种药品了，因为他已经有很强的购买意愿了，只是因为自己无法决定哪个更好，不能确定购买哪个，销售人员只要稍加指点，就可以了。

和平型客户都非常和善，很信任别人，所以，当他选购商品的时候，你去主动帮助他们挑选商品，他们不会怀疑你的动机，当然销售人员要根据他们的喜好选择最适合他们的产品。千万不要把他们当成傻瓜，他们有自己的想法，只是因为自己的想法太多了，一时间不知道该先满足自己哪个需求，所以，你只要帮助把他们的需求排一下顺序，让他们知道哪个需求是最重要的就可以了。

比如，某名和平型客户来到服装店里，看到这些衣服都很漂亮，都非常不错，一时之间不知道该选择哪一件了，这个时候，销售人员可以上前询问一下，比如问他“您想买这件衣服在什么时候穿？”然后再根据客户的回答，找到最适合他的产品。 当然，还可以在销售的时候告诉他各种颜色都比较适合哪些场合，哪个时间段穿，通常都搭配什么衣服穿，通过你这样周全的介绍，就容易使和平型了解到自己买衣服的目的是什么。 否则，他们即便刚进店的时候还打定主意要买什么样的衣服，但是，一旦进入店里，看到每件衣服上都有自己需要的那一点，就忘记了自己买衣服的初衷，就会变得犹豫不决，最后就可能因为一时难以决断，便选择放弃购买。

　　总之，销售人员在和平型面前要表现得主动一些，要站稳立场，事先确定卖哪件产品，引导他把注意力集中到这件产品上，让他发现这件产品是最适合他们的。